철도공학 개론
Railway Engineering

철도공학 개론

Railway Engineering

Second Edition

V. A. Profillidis 저 서사범 역

BG 북갤러리

▮▮▮▮ 역자 서문

    우리 철도는 100년 이상의 역사를 지내오면서 고속철도의 신선을 건설하고, 기존 선로의 개량과 속도의 향상, 승차감의 향상, 안전도의 향상 등 공학 분야에서 전문화된 기술로서 괄목한 성장을 하여 왔습니다. 철도의 르네상스 시대를 맞이하여 철도산업은 앞으로 더욱 성장, 발전할 것이며, 철도기술에 대한 수요는 더 고급화된 전문 기술을 필요로 하고 있습니다. 그러나 국내 철도기술을 살펴보면 외형적인 발전과는 다르게 기술적인 면에서 다소의 문제점과 어려움도 있는 것이 현실입니다.

    좀더 체계적이고 공학적인 기술과 경험을 갖춘 철도 기술자를 양성하는데는 철도공학의 역할이 중요하므로 이에 다소라도 도움이 되도록 V. A. Profillidis 박사가 지은 《Railway Engineering(Second Edition)》을 번역하여 발행하게 되었습니다. 높은 수학 수준의 책이 있지만 이 책은 예를 들어 궤도 역학의 해석을 단순화하여 복잡한 상술(詳述)을 피하고 간결하면서도 철도 기술을 공학적인 관점에서 체계적으로 이해할 수 있도록 정리하고 배열하였으므로 많은 학생과 전문가에게 유용할 것이라고 생각합니다.

    최근에 개발된 새로운 철도 기술의 좀더 상세한 내용은 역자의 한글판 《최신 철도선로》를 참조하기 바라며, V. A. Profillidis 박사의 《철도공학》과 상기의 《최신 철도선로》는 국내의 철도 재료나 기준, 시스템, 환경 등과 다소 다른 UIC나 유럽의 철도를 기준으로 하고 있으므로 국내의 관련 사항에 관하여는 역자의 저서 《철도공학의 이해》, 《선로공학》, 《궤도장비와 선로관리》, 《궤도시공학》 등을 참조하시기 바랍니다. 상기의 책들은 각각 내용을 상술한 부분과 생략 부분이 있고 겹치는 부분이 있는 등 나름대로 특색이 있으므로 철도 기술자, 컨설팅 엔지니어 및 학생들은 이를 종합적으로 활용하는 것이 좋겠습니다.

    끝으로, 고속철도의 궤도 건설을 위하여 힘쓰시는 공단의 궤도처 직원들을 포함한 궤도 기술 관계자 여러분과 저에게 도움을 주신 여러분 및 이 책의 발행에 협조하여 주신 도서출판 〈BG북갤러리〉 임직원 여러분에게 감사를 드립니다. 철도기술의 발전에 조금이라도 도움이 되도록 휴일과 취침시간을 줄이는 등 많은 시간을 할애하여 이 책을 번역하였으나, 번역상의 오류나 용어의 부적합 등 많은 미비점이 있을 것으로 생각되니 독자 여러분의 많은 지적을 바랍니다.

2003. 5. 수락산 기슭에서

徐士範

4

Ph. Roumegue're
(국제철도연합 일반이사)

이 책은 V. A. Profillidis 박사가 지은 철도공학의 제2판이다.

본인은 초판의 추천서에서 그의 공학적 지식에 기초한 정보에 더하여 V. A. Profillidis 박사가 수송경제화의 세계에 기여를 하였으며, 특히 순수하게 이론적 견지에서가 아니고 오히려 추상적이고 일시적인 추론이 없는 현실적인 접근법으로부터 경제학을 다루는 전문가의 서클에서 빛나는 기여를 하였다는 점을 지적하였다.

그러므로 이 제2판이 1995년에 발행된 초판에 추가하여 이미 필요한 개정과 함께 새로운 지식을 포함하고 있다는 것은 본인에게 놀랄 일이 아니다.

V. A. Profillidis 박사는 이 책의 새로운 판에서 수송 시장에서의 철도 모드의 위치를 나타내고 수송 시장에서 철도 모드의 장래를 위하여 극히 중요한 이슈(즉 시장이 행한 선택을 어떻게 규정하는가 뿐만 아니라 협력이 잘 되는 시장의 영역과 경쟁이 끊임없이 지속되는 영역을 전체 사회 경제적인 수익을 최적화하기 위하여 어떻게 하여야 하는가)의 예를 수반한 철도 수송 시장에서의 구성 조직을 다루었다.

게다가 이 책의 새로운 판은 외부 효과의 기본적인 이슈를 탐구하였으며, 우리가 충분히 책임이 있게 되고 기여하게 될 장래의 존재를 격렬한 상황으로 남기는 것을 피하도록 하였다. 철도의 방침은 빠르게 코스를 변경하는 것이 매우 중요하다. 그런데 V. A. Profillidis 박사는 대단히 분명하게 숫자, 평가를 나타냈으므로 경고 신호 및 경계 신호를 이미 명백하게 하였다.

Rio와 Kyoto 의정서는 이전보다 오늘날 더 문제로 되어 있는 이슈에 대한 기초를 다졌으며, 다가오는 세계 집회가 철도 방책에 영향을 주도록 이 정보를 사용할 것을 희망하였다. 그러므로 적용된 선택이 철도 수송 및 도시와 교외수송에서 철도의 수많은 파생적 결과로 대표되는 보다 완전하고 보다 안전한 모드를 더 지향하는 경향을 보일 것이다.

철도 기술을 설명함에 있어 그리고 철도가 우리의 자연 자원 낭비의 끝없는 풍조와 오염의 누적 영향을 저지하기 위하여 어떻게 하여야 하는가를 설명함에 있어, 이 제2판은 초판과 같은 명쾌함과 함께 크게 실용적인 견지에서 철도 수송 현장의 포괄적이고 문헌이 잘 부기한 개설을 제공하였다.

초판은 세계를 통하여 철도 사이클, 공학 연구소 및 철도 회사의 전문가들에게 이미 널리 판매되었다. 이 새로운 판은 저자의 넓은 지식과 개발된 주제의 경험에 기초한 훨씬 더 철저한 개설로서 같은 패턴이 뒤따를 것이다.

철도는 오늘날 재건의 시대에 있다. 고속 신선이 건설되고, 기존 선로를 갱신하고 있으며, 승차감이 높은 차량을 도입하고 물류 관리 및 합동 교통을 개발하고 있다. 환경 문제의 인식, 고속도로와 공항의 정체 및 더 큰 안전에 대한 추구는 수송 시스템의 범위 내에서 철도에게 새로운 역할을 부여하였다.

그 동안에 해석의 방법은 상당히 발전하였으며 컴퓨터의 적용과 사용은 구식 철도 방법과 기술을 변화시켰다. 2000년의 철도와 1960년대의 철도 간의 유일한 공통의 특징은 열차가 궤도 위를 이동하는 것이지만, 총체적인 기술과 설계가 다르다.

철도공학은 철도기술과 운영을 다루는 공학 분야이다. 이 두 본질은 이분야(異分野) 제휴의 접근법이다. 그것은 엔지니어의 능력 범위 내에서 고려될지라도, 경제와 사회 과학의 좋은 지식이 또한 필요하다.

모든 기술적 활동과 경제적 활동과 같이 철도는 (19세기 후반부에서 약 1950년까지) 개발의 단계와 (1950년부터 1980년대 중반까지) 위기의 단계를 통하였다. 첫 번째 단계에서는 철도가 국가 수송을 독점한 반면에 두 번째 단계에서는 철도가 자동차와 항공기와 경쟁의 결과로서 수송 활동의 큰 감소를 경험하였다.

그러나 수 년 동안에 철도는 새로운 개발 단계에 있으며, 특히 고속, 통근 서비스, 화물 교통, 합동 수송, 물류 관리, 자기부상열차 등의 분야에서 그러하다. 그들의 시장 점유율이 낮을지라도(유럽에서 여객 교통에 대하여 7%, 화물 교통에서 17%), 철도는 더 좋은 장래를 예기할 수 있다.

이 책은 철도 기술자, 컨설팅 기술자 및 공과대학 학생의 사용을 의도하였으며, 그들이 일상의 과학적인 작업과 공부하는 동안에 필요하게 될 철도기술과 과학적인 분석의 간명하고 유용한 개요를 마련하는 것을 목적으로 한다. 각 장은 연구된 현상의 간결한 이론적 분석과 적용, 특정한 철도 구성요소의 차트와 설계를 포함하고 있다. 이 방식에서 (과장된 중점이 없이) 현상의 이론적 분석에 대한 요구조건이 적합하고 표, 계산 도표, 규정 등에 대한 기술자의 요구를 만족시킨다.

이 책은 철도의 토목공학 양상을 포함하고 있다. 따라서 주로 궤도를 주제로 하여 기술한다. 선로가 전철화되어 있고 궤도의 다양한 양상의 분석을 위하여 열차 동역학이 필요하다고 가정하여 열차 동역학도 또한 이 책에 포함하였다. 또한 수송 양상과 약간의 운전 양상을 유사하게 이 책에 포함시켰다.

철도들은 그들의 기술에서 큰 차이를 나타낸다. 어떤 철도는 하나의 그러한 기술에 유효할 것이지만, 다른 철도에는 유효하지 않다. 이 문제를 극복하기 위하여 가장 큰 범위의 가능성에 대하여 국제철도연합(UIC)의 규정을 사용하였다. 특정한 기술 또는 방법을 나타낼 때는 언제나 그 적용의 한계를 분명하게 강조하였다.

이 책은 20년 동안 철도 당면과제에 대하여 과학적, 전문적 및 교육적 노력을 한 결과이다. 제1판은 1995년 11월에 발행하였으며, 2000년에 발행한 제2판은 1995~2000년 사이에 진행된 발전을 고려하였다.

저자는 책에 관한 서문과 어떤 문제에 관한 관점의 변화를 써주신 국제철도연합의 일반이사 Ph. Roumegue′re 씨에게 깊은 감사를 드린다. 또한 유용한 제안을 하여주신 London-Imperial College 대학교 철도정책센터의 W. Steinmetz 씨와 C. Bonnett 씨에게도 감사를 드린다.

어려운 기술 본문의 타이핑은 Helen Pipinika 씨가 수행하고, 도면은 Nancy Parinta 씨가 작성하였으며, George Botzoris 씨가 교정을 하였다. 근면과 인내에 대하여 그들에게 특별한 감사를 드린다.

그러나 지식에 관하여 절대적이고 영구적인 것이 없기 때문에 독자들의 견해와 코멘트를 환영할 것이다.

V. A. Profillidis

목차

1. 철도와 수송

2. 궤도 시스템

3. 노반

4. 궤도의 기계적 거동

5. 레일

6. 침목, 슬래브 궤도 및 레일 체결 장치

7. 도상 및 궤도 부설

8. 횡 영향과 탈선

9. 궤도의 선형

10. 포인트와 크로싱

11. 궤도의 보수

12. 열차 동역학

13. 디젤 운전과 전기 운전

1. 철도와 수송

1.1 철도의 발전

1.1.1 역사적 요점

인간 활동의 여명이래 오늘날까지 사람과 물자의 빠르고 안전한 수송은 모든 조직 사회에서 불변의 목표이었다. 수송의 개발에서 기본적인 혁신은 차륜(약 B.C. 3000), 철도 및 비행기의 발명을 포함한다는 것은 일반적으로 인정되고 있다(38)*, (1). 현재와 같은 형의 철도는 19 세기의 초에 영국 광산에서 출현하였다. 그들의 주된 특징은 철도 차량에 단일 자유도(自由度)를 주고, 금속 대 금속 접촉을 통하여 궤도에 의하여 안내되는 차륜의 이동이다.

그러나 철도의 선구자는 19 세기보다 훨씬 더 일찍이 출현하였다. 금속 가이드를 이용한 마차 또는 짐마차의 이동은 스위스 Bassel에서 발견된 1550경의 그라비야(gravure) 인쇄물에 도해되어 있으며, 그것은 Alsace의 광산에서 채용된 수송 방법을 보여준다. 안내되는 마차의 이동은 일반적으로 마차의 이동을 쉽게 하고 속도를 올리기 위하여 석재 포장에 만든 홈에 의하여 입증되는 것처럼 Roman 시대에 이미 알고 있었다(1).

---

*괄호 안의 숫자는 참고 문헌을 나타낸다. 참고 문헌의 리스트는 책의 끝 부분에 있다.

Parthenon의 하얀 대리석과 여러 고전적인 유적지가 발견된 Athens 근처 Mount Penteli에 있는 암석 지반의 깊은 홈은 대리석 슬래브를 건설 현장까지 운반하기 위하여 고대 그리스에서 채용한 방법이라는 것을 아직도 입증하고 있다. 더욱이 어떤 저자에 따르면(38) 마차의 안내 이동은 고대 그리스에서, 2륜 짐마차를 안내하도록 진흙 도로 위에 목재 홈을 부설함에 의하여 적용되었다. 두 개의 홈은 하나의 마차를 수용하도록 시대의 요구에 적합하였다. 두 대의 마차가 마주칠 때는 젊은 운전자가 늙은 운전자에게 길을 양보하였다. 그러한 마주침에서 길의 양보를 거절하고 반대 방향에서 오는 늙은 짐마차 운전자를 죽인 Oedipus는 그가 자기의 아버지 Laius인 것을 알지 못하였다고 하는 일화도 있었다(38).

1.1.2 철도의 황금기

철도의 개발은 산업 혁명, 증기 기관의 도입 및 석탄과 철 광산의 광대한 개척에 결정적으로 영향을 받았다. 최초의 철도 선로는 1930년경에 대부분의 유럽 국가에서 운영되기 시작하였으며 대부분의 철도망은 20 세기의 초기에 최대 밀도에 도달하였다. 철도의 대규모 성장에 기여하는 인자는 (시간을 기준으로) 빠르게 연결할 수 있게 하는 빠른 속도이었다. 증기 동력 기관은 1835년에 영국에서 100 km/h, 1890년에 프랑스에서 144 km/h, 1903년 독일에서 213 km/h 등(시험 주행에서) 이미 인상적인 성능을 달성하였다. 최고 운전 속도가 훨씬 낮았을지라도(시험 속도의 1/2 내지 2/3), 그들은 철도 수송의 빠른 성장에 기여하였다.

20 세기 초에 적용한 전기 운전은 철도의 그 이상의 개발을 허용하였으며, 제2차 세계대전 이전에 신호와 집중 원격 제어의 발달은 1950년대에 철도를 현재의 형으로 만들었다.

1.1.3 철도와 그 밖의 경쟁 교통 수단

그러나 시대의 풍조가 변하였고 20 세기 초에 강한 인상을 주었던 것은 머지 않아 차츰 만족스럽지 않게 되었다. 비행기와 사유 자동차는 수송의 선택을 이미 충분한 스케일로 제공하게 되었다. 경쟁의 압력을 가정하면, 철도는 현대화되고 개량되어야 하며, 특히 속도, 수송비 절감과 더 좋은 조직 및 제공된 서비스의 개량에 관하여 그러하다. 그러므로 우리는 250~300 km/h(515 km/h의 속도는 프랑스가 시험 주행에서 달성하였다)로 운행하는 고속 열차, 합동 수송(철도-도로의 합동 수송), 여객(통근 서비스)과 화물(벌크 적재)의 고용량 수송의 시대까지 왔다(5a), (14), (18), (25), (26). 따라서 철도는 21 세기의 초기에 새로운 도전의 정면에 있다.

그럼에도 불구하고, (금속 대 금속 접촉에 기초하는) 재래 철도와 병행하여, (철도와 같이) 안내되는 차량 주행을 사용할지라도 이동 차량과 지지 하부구조간에 어떠한 접촉도 피하는 기술을 사용하는 실험적인 개발이 1970년대 중반부터 계속되었다. 이들은 에어러 트레인(aerotrain, 역주 : 프로펠러 추진식 공기 부상 열차)과 자기 부상 열차 또는 마그레브(maglev)이며, 시험 주행에서는 에어러 트레인의 경우에 1969년에 422 km/h, 마그레브의 경우에 1999년에 552 km/h의 속도에 달하였다 (39) (또한, 이하의 제1.7절 참조).

철도의 발달은 일반적인 경제 활동에 자극을 받아왔으며, 그것은 세계적 레벨에서 세 개의 경제적 사이클을 분명하게 만든다(20b) (20c) (그림 1.1).

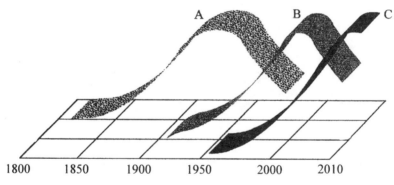

A. 약탈, 석탄, 증기철도, 무기화학
B. 석유, 전기, 전기철도, 사유 차
C. 컴퓨터, 로봇공학, 통신공학, 고속열차, 비행기

그림 1.1 경제적 사이클과 수송 기술

1.1.4 철도 조직의 발전

철도 기업의 조직은 작은 사유 사업의 형으로 19 세기 후기와 20 세기 초에 시작하였다. 여러 국가의 경제와 방위수단 및 이미 나타나기 시작한 적자에 대한 철도의 정책적 중요성은 1935~1960년 사이에 대부분의 정부가 그들의 철도를 국유화하도록 이끌었다. 그러므로 1950년대 이후 대부분의 철도는 한편으로 국가 규모로 계획된 철도 수송의 개발 및 다른 한편으로 불가변성 및 현대화에 대한 저항뿐만 아니라 적자의 누적을 수반하는 국가 경영의 일부로 되었다(1960년대~1980년대 기간).

1990년대 동안 수송 시장의 발전(주로 그들이 30년 이상 동안 운영하여온 통제 체제로부터 수송 활동의 단계적인 자유화)은 철도가 수송 시장에서 경쟁력이 있게 하기 위하여 그들 수송 서비스의 조직에서 더 많은 융통성을 나타내고, 수송비를 저감하며, 새로운 기술을 적용하고, 그들의 상대적인 장점을 촉진하며, 그리고 현대화하도록 철도에 강요하였다. 일본, 영국, 스웨덴 등과 같은 일부 국가들은 이미 그들의 국유 철도를 사유화였다(24). 다른 수송 수단(도로 차량, 비행기)이 제공하는 서비스와 비교하여 수송 시장에 대한 기술과 혁신이 재정적으로 효율적이지 않고 경쟁력이 없는 한 그들이 존재할 이유가 없을 것이다(32), (34), (41).

1991년 이후 철도 활동의 자유화에 대한 주요 단계는 철도의 단일 조직을 폐지하는 소위 "운영에서 기반 시설의 분리"이었다. 국가의 책임은 효율적이고 안전한 철도 기반시설을 (철도 운영자에게) 제공하는 것이며, 많은 철도 운영자들은 철도 기반시설의 사용료를 지불하면서 열차를 운행할 수 있다(20d), (20e) (또한, 제1.13절 참조). 이와 같은 분리는 같은 노선을 주행하는 많은 철도 회사들 사이에서 경쟁을 유도할 것으로 판단된다.

1.2 철도 수송의 특성

철도 수송의 주요 특성은 열차에 몇 개의 수송 유니트를 연결하는 용량을 포함한다. 그러므로 화물 수송에서 복수로 연결한 15,000 톤의 열차는 미국에서 매일 운행되고 있다(실제의 시험 주행은 50,000 톤의 화물 열차를 다루었다. 반면에, 오스트레일리아의 광물 열차는 25,000 톤을 넘는다). 철도는 여객 서비스에서도 마찬가지로 많은 사람을 수송하는 능력이 있다. 일본 철도의 신칸센 고속 열차는 도쿄와 오사카간(515 km의 거리)에서 하루에 520,000 명의 여객을 수송하고 있으며, 이들 두 도시간에서 정기적으로 약 370,000 명을 수송한다.

철도 수송의 또 다른 특성은 두 개의 자유도(自由度)를 가지는 자동차와 비교하여

하나의 자유도를 가지는 점이다. 하나의 자유도는 철도에 대하여 문전까지의 교통(door to door)을 불가능하게 만들지만 자동 제어, 컴퓨터와 전자공학의 대규모 사용에 유리하다. 그 결과로서 단위 수송 용량(통근 열차는 흔히 시간당 각 방향으로 60,000 명의 여객을 수송한다)이 크게 증가한다.

전 절에서 나타낸 것처럼 철도 수송은 금속 대 금속 접촉을 통하여 궤도 위에서 안내된 차륜의 이동으로 특징지어지며, 그것은 회전 저항을 (운반된 톤당 3 kg 미만으로) 상당히 줄인다. 따라서 철도 차량은 동일한 추진력으로 도로 차량보다 훨씬 더 큰 하중을 운반한다. 그 결과로서 철도 수송은 동일 교통에 대하여 도로 수송보다 절반 정도의 에너지를 소비한다. 비행기와의 비교는 더 명확하게 되며, 비행기는 철도보다 에너지를 5~7 배 더 소비한다(그림 1.2) (31), (32).

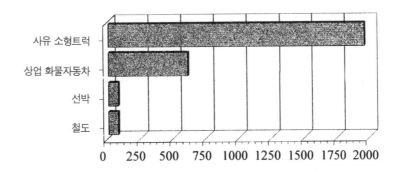

그림 1.2 화물 1톤을 1km 운반 하는데 소비되는 에너지, 철도＝100

개인 회사와 그룹의 이해 관계는 지금까지 수송 방책에서 에너지 소비의 특징을 고려할 여지가 없었다. 그러나 전(全)세계에서 석유의 비축은 오늘날 이후 3 세대 동안 최대 수요를 충족시킬 수 있으며(그림 1.3) 그들은 이전의 해들과 비교하여 낮은 석유 가격에 의하여 자극을 받았다(그림 1.4). 어떠한 경우에도 석유의 비축이 인간의 수요를 충족시킬 수 있는 나머지 햇수는 도래하는 신흥 경제의 수요를 고려하지 않고 오늘날의 소비 율로 계산한다. 예를 들어, 중국이 2050년에 오늘날의 포르투갈이 가진 만큼 자가용차 소유자를 가지는 경우에 모든 석유 비축은 사라질 것이다. 에너지 전문가들은 대략 2010~2020년을 잠재적 에너지 위기로 예견한다.

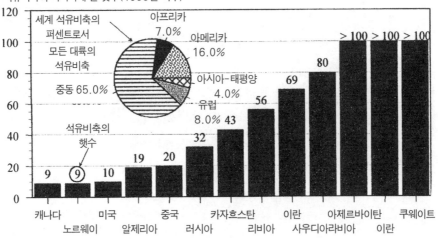

석유비축이 바닥나게 될 햇수(1999년 이후)

세계 석유비축의
퍼센트로서
모든 대륙의
석유비축

아프리카
7.0%
아메리카
16.0%
아시아-태평양
4.0%
유럽
8.0%
중동 65.0%

석유비축의
햇수

그림 1.3 세계 여러 나라의 에너지 비축

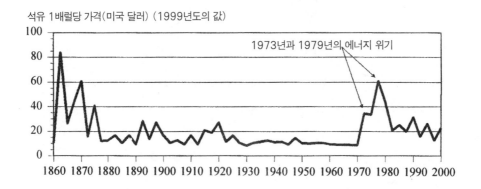

석유 1배럴당 가격(미국 달러) (1999년도의 값)

1973년과 1979년의 에너지 위기

그림 1.4 1860년에서 2000까지 석유 가격(1999년의 값)의 전개(US 달러)

철도 수송의 또 다른 장점은 훨씬 더 낮은 환경 오염이다. 전기 열차는 오염을 일으키지 않으며, 또한 디젤 동력 열차는 동일 교통에 대하여 자동차보다 15 배 적게 오염을 발생시킨다(32).

세계 도처의 사람들은 수송 안전에 대하여 더 민감아여져 가고 있다. 동일 교통량에 대하여 도로에서 발생하는 사망의 위험은 철도 수송에서보다 8 배 더 큰 반면에, 도로에서 발생하는 부상의 위험은 철도의 200 배 이상이다(그림 1.5) (32). 이것은 정말로 강하게 인상을 주는 철도의 성능이다.

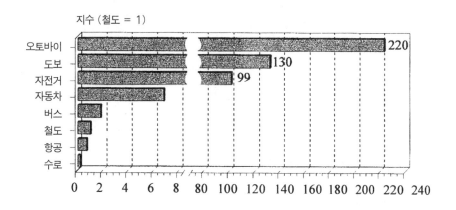

그림 1.5 여행 거리에 의한 사망의 위험(1998)

마지막으로, 토지 점유는 철도 수송이 다른 수송 수단보다 훨씬 더 적으며, 특히 도로 수송보다 3 배 더 적다. 비행기와 비교의 목적으로 파리~리용간 고속 신선(429 km의 거리)이 Roissy의 파리 신공항만큼 공간을 점유한다는 것에 주목할 만하다(역주 : 기타 사항은 《궤도시공학》 및 《철도공학의 이해》 참조).

1.3 철도 교통의 발전

1.3.1 수송 시스템의 조직에서 철도와 도로 수송의 관계

1950년 이후 10년은 자가용 자동차의 상당한 증가를 나타내었다. 여행의 수는 주로 다음의 결과로서 크게 증가하였다.
- 인구의 증가.

- 자가용차 소유 지표의 증가에 수반한 생활 수준의 향상. 유럽 연합(EU) 국가들
  에 대한 이 지표의 평균치는 2000년 현재 주민 2.16 명당 자가용차 1 대이며 그
  것은 2010년에 주민 1.92 명당 자가용차 1 대의 값에 도달할 것이라고 추정된다
  (그림 1.6). 개인 자동차 소유 지표는 국민 생산에 직접 관련되지만, 각 나라에
  대한 여러 가지 수송 수단의 발달과 지리적 위치에 영향을 받으므로 비례하지 않
  는다.
- 이동성 증가의 결과로서 국경에 대한 중요성의 점진적인 감소.

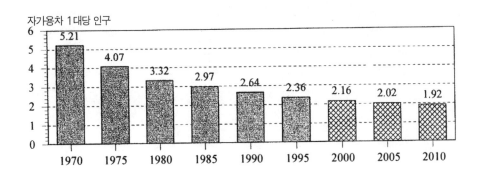

그림 1.6 유럽연합 국가들의 평균 자가용차 소유 지표(15)

이 이동성 증가의 많은 부분은 공공 수단에 의한 수송(PUT)의 손상에 대하여 사
유 수단의 수송(PRT)에 흡수되었다. PRT가 자가용차 소유 지표(PCO)의 증가하는
함수인 반면에 PUT는 경험 식 (1.1)과 (1.2)로 주어지는 함수이라는 것이 실제로 발
견되었다(15).

$$PRT = 5.7\left[1 - e^{-\frac{PCO}{450}}\right] \tag{1.1}$$

$$\frac{총\ 여객\ 열차}{PRT} = 1 + \frac{PRT}{PUT} \tag{1.2}$$

따라서 (철도 수송을 포함하여) 공공 수송은 최근 수십 년의 이동성 증가에서 얻을

수 있는 정도까지 이익을 얻지 못하였다.

철도 수송에서 이 침체의 원인은 제1.4.1항에서 분석하며, 다음과 같은 사유 도로수송의 장점에 주로 초점을 맞추었다.

- 문전 수송(door to door transport)
- 높은 승차감
- 더 높은 속도와 (따라서) 더 적은 주행 시간
- 유연성
- 낮은 비용
- (체계적인 마케팅과 촉진 노력의 결과로서) 이미지의 개선

철도는 겨우 1980년대와 주로 1990년대 동안에만 사유 도로 수송을 초월하는 장점의 얼마간을 충족시킬 수 있는 해법을 마련하기 시작하였다.

1.3.2 경제 발전과 수송 활동

그러나 전체로서의 수송 활동의 증가는 국민 총생산의 증가와 거의 같은 속도에 있

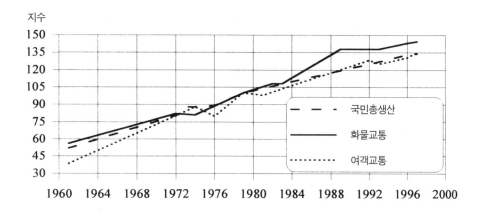

그림 1.7 1960~1997년 유럽 교통장관 협의회(ECMT)* 국가들의 국민 총생산에 관련하는 총 여객 교통(인-km)과 총 화물 교통(톤-km)의 경향, (32)

---

*오스트리아, 덴마크, 핀란드, 프랑스, 독일, 그리스, 아이슬란드, 아일랜드, 이탈리아, 룩셈부르크, 노르웨이, 포르투갈, 스페인, 스웨덴, 스위스랜드, 터키, 영국, 구 유고슬라비아

다는 것을 나타낸다(32). 항공 수송의 발전 속도는 GNP 증가 속도보다 더 큰(거의 2 배) 반면에, 철도 수송의 증가 속도는 더 늦다(21a), (20b), (20c), (24).

1.3.3 철도의 여객 교통

여기서는 먼저, 유럽 교통장관 회의의 데이터에 관한 분석에 초점을 맞추며, 이들 국가의 철도는 1997년도에 여객 교통(인-km)에서 6.9 %를 분담하였다(그림 1.8). 철도의 감소하는 경향은 대략 1996~1997년에 전환된 것으로 보인다. 그러나 세계의 여러 국가에서 철도 분담의 상당한 차이가 관찰되었다(그림 1.9).

1980년대와 1990년대 동안 국가 수송 시장에서 차지하는 철도의 시장 분담률은 주

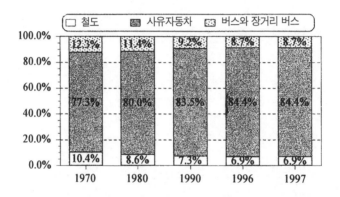

그림 1.8 ECMT 국가에서 각종 수송 모드에 대한 여객 교통 분담의 전개, (20a)

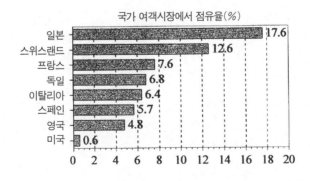

그림 1.9 세계 여러 국가의 여객 시장에서 철도의 분담(1997)

로 철도가 시장과 사회의 요구조건을 충족시키는 정도에 좌우될 뿐만 아니라 국가 조정의 정도와 방침에도 좌우되었다. 후자의 점진적인 감소는 2000년 이후 수송 시장 내에서 철도의 위치를 결정하는 유일한 결정적인 파라미터로서 철도의 적용을 시장의 요구 조건에 맡긴다.

각 수송 모드에 대하여와 ECMT 국가에 대한 (여객-km의) 수송 활동의 기준 년도로서의 1970년에 비하여 1970~1997년 사이의 기간 동안 사유 자동차는 세 배로 되었으며, 버스는 50 %만큼, 철도는 40 %만큼 증가하였다(그림 1.10), (20), (20a), (25), (42). 그림 1.11은 세계 각 국의 철도 여객 교통을 도해한다.

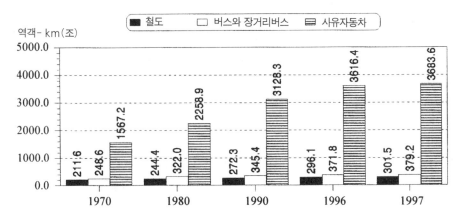

그림 1.10 ECMT 국가들의 여러 수송 모드에 대한 여객 교통의 전개, (20a)

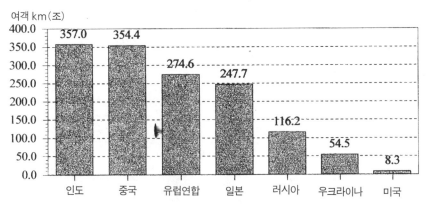

그림 1.11 세계 각국의 철도 여객 교통, (20a)

1.3.4 철도의 화물 교통

철도는 지난 30년 동안 화물 수송에서 철도 분담의 중요한 감소를 경험하였다. 이리 하여, ECMT 국가에서 철도의 화물 분담은 1970년의 31.1 %에서 1997년의 15.0 %로 떨어졌다(그림 1.12). 그러나 그것은 이 하향의 경향으로부터의 전환과 회복을 개설하는 것이다.

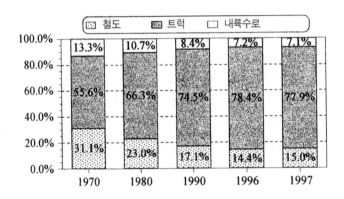

그림 1.12 ECMT 국가들의 여러 수송 모드에 대한 화물 교통 분담의 전개, (20a)

그림 1.13은 세계 각 국의 화물 수송 시장에서 철도의 분담을 나타낸다.

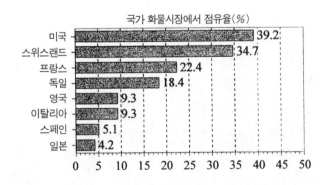

그림 1.13 세계 각국의 화물 수송 시장에서 철도의 분담, (1997)

화물 수송에서 각 수송 모드의 (톤-km의) 수송 활동에 대한 기준 년도로서 1970년을 사용하면, 도로 운송 회사는 1970~1997년 사이에 그들 수송 활동이 3 배로 된 반면에, 철도는 수송 활동이 거의 그대로 이다(그림 1.14). 그림 1.15는 세계 각 국의 철도 화물 교통을 나타낸 것이다.

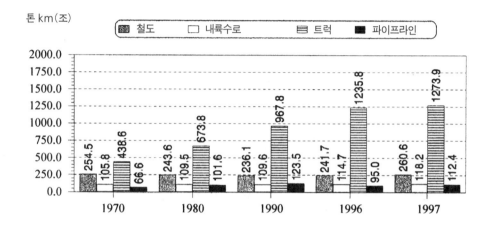

그림 1.14 ECMT 국가들의 여러 수송 모드에 대한 화물 교통의 전개, (20a)

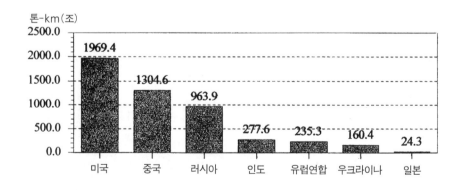

그림 1.15 세계의 여러 국가에서 철도 화물 교통 (1997)

1.3.5 세계의 철도 활동 데이터

표 1.1은 1998년의 전 세계에 걸친 몇몇 국가에 대하여 다음의 사항을 나타낸다 (20).
- 철도 선로의 연장
- 전철화 철도 선로의 연장
- (여객과 여객-km의) 여객 교통
- (통과 톤수와 톤-km의) 화물 교통
- 직원 수
- 철도의 생산성

1.4 철도의 두 성질 : 사업과 기술

1.4.1 철도가 과거로부터 물려받은 약점

철도 발전에 관한 상기 분석은 100~150년 전에 건설된 철도 선로의 현존이 특정한 선로의 운영을 계속하는 것을 결코 충분히 정당화할 수 없음을 분명하게 보여준다. 철도는 철도의 상대적인 장점을 찾아야만 하며, 그것은 필요한 기술적 현대화에 의하여 개발하여야 한다. 다른 한편으로, 그들은 수십 년 동안 그들을 보호하여온 국가 보호정책의 우산을 포기하고 다른 산업에 적용된 경쟁의 룰과 동일한 룰로 지배되는 기업으로 운영되어야 한다.

그러나 철도는 수십 년 동안 국가 보호정책의 결과로서 심각한 핸디캡을 물려받았다 (11), (12), (34).
- 경영과 조직의 불가변성. 철도 관리는 수십 년 동안 현행의 상황만을 다루었다. 중요한 문제는 흔히 정치 기준에 기초한 감독 부처가 다루었다.
- 일상의 과업에서 인원의 누적 및 경영을 위한 직원 조직을 위한 직원과 위치의 기술적 업그레이드를 위한 직원의 부족
- 높은 수송비용, 흔히 시대에 뒤진 운영 방법의 결과
- 대다수의 경우에 수송의 요구조건에 적합하지 않은 수준의 서비스를 제공하는 흔

표 1.1 1998년의 세계 여러 국가의 철도망과 교통, (20)

국가	선로 연장 (km)	전철화 연장 (km)	평균 직원 (천 명)	여객 수송 (백만 명)	여객-거리 (백만 인·km)	화물 수송 (백만 톤)	화물-거리 (백만 톤·km)	철도 생산성*
알제리	4,272	301	14.6	34.1	1,163	8.3	2,174	228.6
오스트레일리아	9,496	1,871	14.8	42.3	1,114	110.4	30,119	2,110.3
오스트리아	5,643	3,384	53.5	179.5	7,971	76.5	15,354	436.0
벨기에	3,410	2,511	40.0	145.9	7,097	60.7	7,600	367.0
불가리아	4,290	2,708	42.7	64.3	4,740	24.5	6,115	254.2
중국	57,583	12,984	1,635.7	929.9	369,097	1,532.1	1,226,152	975.3
체코 공화국	9,430	2,984	91.5	182.0	7,001	93.5	18,286	276.4
덴마크	2,264	448	10.9	148.7	5,382	8.5	1,708	650.5
이집트	5,006	54	71.1	1,314.0	64,860	12.8	4,012	968.7
핀란드	5,867	2,197	14.0	51.4	3,377	40.7	9,885	947.3
프랑스	31,724	14,225	175.1	811.8	64,256	136.7	53,965	675.2
독일	38,127	18,857	209.6	1,332.0	59,184	288.7	73,273	632.0
그리스	2,503	76	11.8	13.2	1,816	2.2	322	181.2
인도	58,887	13,490	1,578.8	4,348.4	379,897	409.0	284,249	420.7
이란	6,248	149	30.0	6.2	5,426	21.6	12,638	602.1
이라크	2,339	0	7.7	1.9	821	2.3	751	204.2
아일랜드	1,945	37	10.7	25.4	1,421	2.4	466	176.4
이스라엘	647	0	1.2	6.4	383	9.2	990	1,144.2
이탈리아	16,041	10,447	118.3	440.5	47,285	75.6	22,386	588.9
일본	20,122	12,048	185.0	8,747.9	242,809	47.8	24,339	1,444.0
카자흐스탄	13,642	3,661	147.2	21.6	10,668	170.0	99,877	751.0
네덜란드	2,807	1,987	26.6	318.9	14,759	23.8	3,778	696.9
노르웨이	4,207	2,061	10.4	47.0	2,590	21.7	2,976	535.2
폴란드	23,210	11,614	217.8	324.5	20,553	202.9	60,937	374.2
포르투갈	2,794	873	13.1	178.0	4,602	9.0	2,048	507.6
러시아	86,151	39,636	1,474.1	751.8	97,429	802.7	901,381	677.6
사우디아라비아	1,392	0	2.1	0.7	219	2.1	960	561.4
남아프리카	21,791	10,421	9.9	485.4	12,728	n.a.	102,777	11,667.2
스페인	13,679	379	38.2	474.0	12,281	27.9	11,632	626.0
스웨덴	11,139	7,991	18.5	111.1	7,010	27.9	14,313	1,152.6
스위스랜드	3,115	3,147	32.6	284.4	12,903	56.6	9,128	675.8
시리아	1,525	0	10.8	0.8	182	5.0	1,431	149.4
튀니지	1,820	65	8.2	31.5	1,236	12.3	2,358	426.1
터키	8,607	1,706	41.8	109.8	6,160	15.6	8,285	345.6
우크라이나	22,510	8,927	372.6	553.7	49,938	335.1	158,693	559.9
영국	17,176	5,224	n.a.	910.1	36,129	113.9	18,175	n.a.
미국	232,243	0	202.7	21.2	8,569	1,495.6	2,010,027	9,958.5

* 직원 당 교통 단위(천 단위)

히 관리하기 어려운 차량

- 도로망 유지관리비에서 작은 몫만을 기여하는 도로 운송회사 및 공항 유지관리비에서 아주 작은 몫만을 기여하는 항공 운송회사와는 대조적으로 철도 기반시설의 유지관리 비용은 철도 회사가 대부분 부담하고 있다.

이 문제에 대하여 중요한 제도상의 진전은 "EEC 국가의 철도는 기반시설 비용에 대한 그들의 회계를 운영에 관련되는 것들에서 분리하여야 한다"고 표명한 EEC 지시 440/1991이었다. 모든 수송 모드에 대한 기반시설 회계는 국가의 책임으로 될 것이다(24). 더 최근의 EEC 지시 18/1995와 19/1995는 철도 기반시설 위를 주행하는 허가가 주어지도록 하기 위한 철도 회사의 최소 필요 조건과 철도 운영자의 철도 기반시설 이용료를 어떻게 계산할 것인지를 정하고 있다(또한, 제 1.13절 참조).

- 흔히 수십 년 동안 진지한 투자가 없었던 결과로서 시대에 뒤진 기반시설. 똑같은 일이 차량에도 해당된다.

- 수송 활동이 거의 없는 선로를 운영하여야 하는 의무(흔히 공공 사업이라고 한다). 사기업 기준으로 운영하고 있는 철도 기업은 그와 같은 선로의 운영을 유지하지 못할 것이다.

1.4.2 철도의 상대적인 장점

상기에 언급한 단점의 개론은 철도가 (대부분이 다른 것의 성공의 원인으로 되는) 문제만을 갖고 있다는 인상을 준다. 그러나 철도가 다음 사항을 제공하므로 수송과 경제의 발전에 대한 철도의 기여는 결코 무시할 수 없다(14), (27).

- 날자와 계절에 개의치 않고 계획된 스케줄에 따라 여객과 화물 수송의 완전한 서비스 시스템을 제공한다.

- 다른 교통 수단과는 현저히 다르게 환경 오염을 최소로 한다.

- 대량의 수송 용량 때문에 집중 방식의 통행에서 피크 주행기간의 혼잡 완화에 결정적으로 기여한다.

- 동일 교통량에 대하여 어떠한 다른 수송 수단보다도 에너지를 훨씬 더 적게 소비한다.

- 사회의 많은 부분(예를 들어, 학생, 샐러리맨 등)에 대하여 운임을 할인하며, 따

라서 그들이 더 용이하게 여행을 할 수 있게 한다.

1.4.3 철도 재건의 개발 방책과 수단

유럽과 세계의 수송 부문은 여러 수송 모드간의 경쟁을 중요시하면서 현재 점진적인 규제 철폐와 자유화를 지향하고 있다. 정부의 철도 소유자는 철도에 대한 진정한 자율성을 보장하며, (적자를 상쇄하기 위하여 사용된) 철도 기업에 대한 보조금을 점진적으로 줄이고, 철도 운영에서 투명성의 제도를 확립하며, 그리고 여러 철도 회사가 철도 기반시설을 사용하고 철도 수송 시장에 들어갈 수 있는 틀을 만들 의무가 있다. 철도는 그러한 틀의 범위 내에서 다음을 목표로 삼아야 한다(5a) (42), (24), (11), (34).

- 조직의 보다 큰 유연성 및 예를 들어 투자 등 여러 가지 대안에 대한 운영 기준의 개발.
- 특정한 수송 과업의 필요에 기초하여 인원 배치 및 전문화된 인력을 각종 부서의 직원으로 배치. 특히 경영 및 전문화된 과업에 대하여는 다른 부문에 근무하는 고급 전문가의 사용을 배제하지 않는다.
- 수송 시장에서 더 경쟁적인 철도 서비스를 제공하기 위하여 비용을 과감히 줄이려는 시도. 비용의 저감은 현행 인원 레벨의 합리화와 필연적인 축소 외에도 정보 과학과 신기술의 적용에서 구할 수 있다.
- 철도가 고객의 요구조건에 적합하도록 할 수 있게 하는 차량과 기반시설의 체계적인 유지관리와 쇄신
- 기반시설 유지관리 비용을 다른 경비에서 분리. 유지관리 비용은 (도로망과 공항처럼) 국가의 책임 또는 철도 운영회사와는 분명히 다른 회사의 책임일 수도 있다.
- 중요한 투자로 기반시설의 현대화(이 투자는 대부분의 경우에 국가, EU, 세계 은행 등이 맡을 수 있으며 일부의 경우에는 민간 부문으로 커버할 수도 있다). 여기서 현대화는 어떤 특수한 프로젝트에만 적용되지 않고 철도가 다른 수송 수단과 경쟁적으로 공존할 수 있게 하는 것에 관련된다는 점을 강조하여야 한다. 보다 매력적인 프로젝트를 위해서는 Channel 터널 프로젝트의 경우에서처럼 재정을 민간 부문으로부터 유치할 수 있다.
- 기업이 상업적인 이익만을 추구하는 경우에, 동등한 범위나 정도로 떠맡지 않을

것들(예를 들어, 교통량이 적은 선로의 운영)로서 이해되고 있는 공공 서비스 의무의 분명한 한정. 위임된 공공 사업을 집행하는 대리인(예를 들어, 초중고-학생의 할인 운임에 대하여는 교육부)은 철도 기업에게 수입 손실을 보상하여야 한다.
- 환경을 오염시키지 않고 교통 혼잡을 야기하지 않도록 철도의 적당한 보상. 환경에 대한 여러 교통 모드의 영향에 관한 정량적, 재정적 평가는 이미 입수할 수 있도록 되어 있다(43), (43a). 유력한 견해는 철도 운행이 중지될 경우에 초래하게 될 오염 및 교통 혼잡에 대처하기 위하여 소비하여야만 하는 것에 상당하는 양의 보조금을 철도에 지급하는 것이다.
- 적자의 점진적인 감소

1.4.4 철도와 수송 요건

어떠한 수송 활동도 그 자체가 목적이 아니고, 사람과 물자 수송의 특정한 수요의 이행을 위하여 존재한다. 철도는 더 효과적이고 경쟁적인 서비스를 제공하도록 노력하여야 하며 다음 사항을 고려하여야 한다.
- 규제 철폐와 자유화가 증가하면서 경제의 국제화에서 생기는 수송 시장의 전개
- 고객 서비스에 기초한 경쟁
- 세계적인 철도 서비스를 허용하기 위하여 각종 철도 기술(예를 들어, 전철화와 신호화 시스템, 제13장 참조)을 일치시킬 필요성의 증가
- 장기의 운영 수익성을 확보할 필요성

전개 중인 생존 경쟁 및 크게 경쟁적인 국제 환경은 더 높은 품질의 서비스, 효율적이고, 접근하기 쉬우며, 경쟁적인 철도 수송 시스템을 필요로 한다. 이들의 시스템은 더 광범위한 환경, 자원의 효율 및 안전의 목표를 보장하면서 경제적, 사회적 기대를 충족시켜야 한다. 더욱이 철도의 발전은 수송과 이동성을 위하여 다른 수송 모드와 최대의 협동작용(시너지)을 허용하여야 하며, 이리하여 현대적 문전 수송(door to door) 요구 조건에 응하여야 한다.

1.5 고속 열차

1.5.1 철도에서 고속의 적용

(200 km/h 이상의 속도를 가진) 고속 열차는 주행 시간의 감소를 바라는 수송 시장의 요구에 대한 철도의 대응이었다. 고속은 다음의 두 철도망에서 개척되었다.

- 210 km/h의 최고 속도로 Tokyo와 Osaka간을 연결하는 "신칸센" 고속 선로를 1964년에 개통하여 1985년에 240 km/h, 1990년에 275 km/h로 증가시킨 일본 철도.
- 260 km/h의 최고 속도로 Paris와 Lyons간의 "TGV" 고속 열차를 1981년에 개통하여 1983년에 270 km/h, 1989년에 300 km/h로 증가시킨 프랑스 철도.

양 선로는 포화 상태의 기미를 나타내는 심하게 이용되는 노선에 건설되었다. 기존 기반시설의 개량 또는 새로운 고속 신선의 건설에 직면하여 후자가 선정되었다. 고속 선로는 1980년대와 1990년대에 독일(Hannover~Wurzburg와 Mannheim~Stuttgart), 이탈리아(Rome~Florence), 스페인(Madrid~Sevilla), 프랑스 ("TGV 대서양선" Paris~Bordeaux 및 "TGV 지중해선" Paris~Marseilles), Paris~London선(Channel 터널을 통하여), Paris~Brussels~Amsterdam~Köln 선에 건설되었다.

고속의 접근법은 다음과 같이 두 가지로 구분된다.

- 첫째로, 여객 열차만이 고속 선로를 주행하며, 고속 선로는 차축당 대단히 낮은 하중, 대단히 작은 궤도 틀림 공차 및 (35‰에 이르기까지) 큰 구배(기울기)를 가지고 있다. 이 접근법은 Paris~Lyons 선로에서 실행되었으며 신선의 건설과 운영을 비용 효과적으로 만들기 위하여 고속 여객 열차 교통을 전제로 한다 (45).
- 둘째로, 고속 신선을 여객 열차와 화물 열차가 혼용하여 주행하며, 선로는 더 높은 유지 보수비를 수반하고 더 낮은 값의 종단 구배(기울기)를 필요로 한다 (23), (40). 대부분의 고속 선로는 일반적으로 혼합 교통(여객 열차와 화물 열차)용으로 설계되고 있다.

1.5.2 철도 주행 시간 단축에 대한 고속의 영향

주행 시간의 단축은 표 1.2에서 알 수 있는 것처럼 철도의 변함 없는 목표이었다. 그러나 철도는 400~700 km 노선에 대하여 고속 열차로만 항공 여행과 같거나 더 좋은 주행 시간을 달성할 수 있었다.

표 1.2 노선의 주행 시간 단축 (시간 분)

구간	연장(km)	구분	1937	1960	1963	1965	1980	1983	1987	1990	1999
Paris~	511	재래선	5h 15	4h 00			3h 50				
Lyons	427	TGV선						2h 00	1h 50		1h 50
Tokyo~	515	재래선			5h 30						
Osaka		신칸센				3h 10				2h 30	2h 30

표 1.3 열차, 비행기 및 자동차의 도심에서 도심까지 주행시간의 비교(Paris~Lyons 노선의 경우),(23)

TGV 주행 시간	TGV 주행 시간 + 철도 역까지 접근 시간	항공기[1]	자동차[2] (고속도로에 대하여 120km/h의 최고 속도에서)
1h 50min	2h 30min	2h 30min~3h	5h

[1]여기에 나타낸 시간은 비행시간, 도심에서 공항까지 이동시간 및 탑승수속 시간과 검색 시간의 합계이다.
[2]여기에 나타낸 시간은 도심에서 도심까지의 시간이다. 즉, 자동차가 도심에서 고속도로까지 도달하기에 필요한 시간(약 30분)을 계산에 포함하였다.

고속 철도는 실제로 도시 중심에 도달하는 장점을 이용하며, 따라서 한 도시의 중심에서 또 다른 도시의 중심까지의 주행 시간을 자동차보다 훨씬 더 짧게 하고, 대부분의 경우에 비행기보다도 더 짧게 한다(표 1.3).

1.5.3 고속과 교통의 증가

고속의 또 다른 결과는 비행기와 자동차에서 끌어내었든지(전환된 수요), 총체적으로 새로운 활동으로서 이든지(발생된 수요)간에 교통의 증가(그림 1.16)이었다.

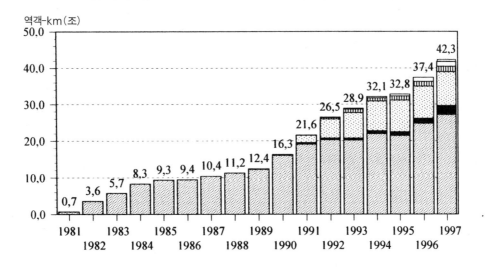

그림 1.16 유럽에서 고속철도 교통의 전개

그러므로 고속은 과거에 잃었던 여객 교통의 철도 부분을 다시 끌어들였다. 그러나 이 목적을 위해서는 속도 증가만으로는 충분하지 않으며, 효율적인 버스 또는 지하철 시스템을 통하여 정거장의 접근성을 또한 개량하여야 한다. 고속 열차를 취급하는 철도역과 공항의 연결은 대부분의 경우에 (시간과 비용의 관점에서) 효율적인 항공-철도 여행에 기여할 수 있다.

1.5.4 고속 철도 선로의 기술적 특징

표 1.4는 고속철도 선로의 기술적 특징을 나타낸다. 구배(기울기)와 전기 운전 시스템에 관하여 중요한 차이가 관찰된다. 그러나, 프랑스와 독일 철도는 2005~2010년까지 고속 열차의 주행 속도를 350 km/h로 증가시키는 것을 계획하여 검토중에 있다.

표 1.4 고속철도 선로의 기술적 특성, (23), (40), (44)

국가 선로 (연장)	프랑스 Paris~ Lyons (427 km)	독일 Hannover~ Wörzburg (327 km)	이탈리아 Rome~ Florence (260 km)	프랑스 Paris~ Bordeaux (260 km)	스페인 Madrid~ Barcelona (522 km)
설계속도 V_{max} (km/h)	300	250	250	300	300
곡률반경 R_{min} (m)	4,000	7,000	3,000	4,000	4,000
최대구배 (‰)	35	12.5	8	25	30
견인 동력 공급 (V)	25	15	3	25	25
견인 동력 공급 (Hz)	50	16 2/3		50	50

1.6 Channel 터널 프로젝트

1.6.1 프로젝트 설명

영국과 프랑스 정부는 한 세기 이상의 노력 후 1986년에 두 국가 간의 철도 연결을 결정하였으며, 이 연결은 전적으로 민간 자본으로 실현시키도록 계획하였다. 유럽 컨소시엄은 이 목적으로 터널을 건설하여 55년 동안 운영하는 책임을 부여받았다.

총 연장 50 km의 프로젝트는 7.6 m의 내부 직경을 가진 두 개의 철도 터널(방향당 하나씩)과 보수 목적, 비상 사고 등을 위한 (내부 직경 4.8 m의) 제3 터널로 구성되어 있다(그림 1.17). 주된 터널은 375 m의 간격마다 보조 터널에 연결되어 있

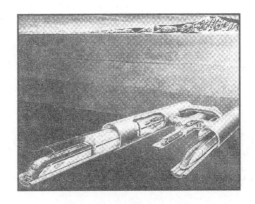

그림 1.17 Channel터널

다. 레일 레벨은 해저 레벨에서 25~40 m 아래에 위치하고 있다.

최초에 과소 평가되어 여러 번 변경된 총 건설비(최종적으로 7.4조 Euro)는 다음과 같이 할당되었다.

- 터널 건설   50%
- 차량   10%
- 궤도, 신호, 전기설비 등   40%

1.6.2 주행 시간

터널을 통과하는 완전한 운영은 1994년의 가을에 시작하였으며, 4 유형의 서비스를 제공한다.

- 런던에서 파리까지 3시간, 런던에서 브뤼셀까지 2시간 40분에 연결하고 160 km/h의 터널 내 주행 속도를 가진 고속 열차(이름하여 Eurostar). Eurostar 열차는 794 승객(2등 실에 584, 1등 실에 210)의 용량을 가지고 있다.
- 100~120 km/h의 통상 속도를 가진 재래 열차, 야간 열차, (컨테이너, 신차 등을 수송하는) 화물 열차.
- (2 층에) 자동차 및 (1 층에) 트럭과 버스를 수송하는 셔틀 여객 열차(이름하여 "Le Shuttle"). 여객은 그 자리에 남아있으며 최고 속도는 140 km/h이다.
- 최대 중량 44 톤의 트럭을 수송하는 셔틀 화물 열차.

그림 1.18은 런던과 파리간의 각종 수송 모드에 대한 상대적인 주행 시간을 나타낸다.

a. 철도 + 연락선(ferry)

b. 철도 + 호버크라프트(hovercraft, 역주 : 분출하는 압축 공기를 타고 수면 위를 나르는 배)

c. 비행기

d. 고속 열차 + Channel 터널

e. 보통의 철도 + Channel 터널

Channel 터널에 관한 추가의 상세한 기술 사항은 관련 장(예를 들어, 제3장, 제3.2.2항에서 프로젝트의 토질역학)에 주어져 있다.

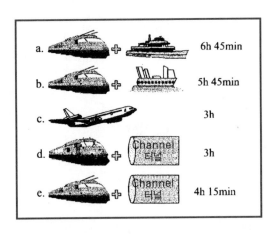

그림 1.18 런던과 파리간에서 각종 수송 모드의 주행 시간

1.6.3 재정 처리의 방법과 결과

Channel 터널 프로젝트는 전적으로 민간 부문에서 자금을 조달하였다. 수요의 과대 평가와 비용의 과소 평가는 많은 재정적 문제로 이끌었으며, 그것은 증권 시장에서 Eurotunnel 활동에 영향을 미치었다(Eurotunnel의 주식은 1995년 1월의 3.70 Euro에서 1998년 말에 1.05 Euro로 떨어졌다).

1.7 에어러트레인과 마그레브

1.7.1 에어러트레인

에어러트레인(aerotrain, 역주 : 프로펠러 추진식 공기 부상 열차)과 자기 부상 열차의 기술은 (재래 열차와 같이) 안내되는 차량 기술에 기초하기는 하나, 이동 차량과 수송이 행하여지는 지지 구조물과의 어떠한 접촉도 피하여지는 반면에, 철도는 금속(차륜) 대 금속(레일) 접촉에 의지한다.

에어러트레인은 역"T"형 콘크리트 지지 하부구조물 위를 주행하는 차량이

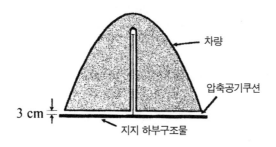

그림 1.19 에어러트레인의 원리

다(그림 1.19).

추진은 어떠한 차륜 시스템도 없이 차량과 지지 하부구조물간에 내뿜은 압축 공기 쿠션에 의한다. 따라서 에어러트레인은 재래 열차를 추진하기 위하여 필요한 점착력을 압축 공기 층으로 교체하였다(23).

본 기술은 1960년대에 프랑스에서 개발하였으며 1969년에는 422 km/h의 인상적인 속도에 달하였다. 에어러트레인 건설에 대한 여러 가지 계획(예를 들어, 18 km의 지지 하부구조가 건설된 Paris~Orleans, Brussels~Luxembourg 등)이 있을지라도, 여러 가지 이유 때문에 1970년대에 그들의 계획을 포기하였으며, 주된 원인은 다음과 같다.

- 새로운 기술이 재래 철도와 양립될 수 없었다.
- (재래 선로와 비교하여 에어러트레인의 훨씬 더 낮은 보수비용으로 상쇄되는 비용이 없이) 새로운 재래 선로보다 건설이 훨씬 더 비싼 것으로 확인되었다.
- (에어러트레인 추진에 사용되는 공기 터빈에 기인하여) 에너지 소비가 재래 열차보다 훨씬 더 높았다.
- 에어러트레인의 수송 능력이 낮았다(원형에서 64~96 승객, 그러나 나중에 계획된 2량 열차에서 160 승객까지 향상).

승객 안전의 고려(지반 위 5 m에 있는 차량의 화재 가능성), 소음, 의심이 가는 전체의 미적(美的) 정서 등과 같은 2차적인 이유로 프로젝트를 포기하였다.

1.7.2 자기 부상 열차(마그레브)

자기 부상 열차에서는 지지 하부구조물과 차량간의 접촉이 피해지며, 추진은 자기 현상으로 확보한다. 이 기술의 기본적인 원리를 그림 1.20에 나타낸다.

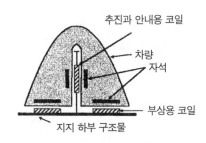

그림 1.20 자기 부상 원리

지지 구조물은 역 "T" 형(또는 "U" 형)의 콘크리트 슬래브이다. 적합하게 위치한 자석과 코일은 부상, 추진 및 안내에 필요한 힘을 발생시킨다. 그러나 최근의 연구는 상기의 세 요구조건을 이행하는 초전도 자석의 건설이 가능함을 나타내었다(39), (53). 이 기술은 1970년대에 독일과 일본에서 개발하였으며, 그 곳에서의 시험 과정 동안 1979년에 517 km/h 및 1999년에 552 km/h의 속도를 달성하였다. 마그레브(maglev) 기술에서 중요한 실험적인 연구는 다음과 같은 특성을 가진 Emsland(독일)의 지역에 건설된 시험 궤도에서 수행하였다.

- 합성 구조의 지지 하부구조물과 5 m의 높이에 위치한 고가 단면
- 설계 속도 400 km/h
- 최소 수평 곡선반경 4,000 m 및 최급 구배(최대 종 방향 기울기) 10 %

독일 정부는 베를린과 함부르크간에 마그레브 선로를 건설하는 계획을 갖고 있다. 계획에 따르면, 마그레브 시스템은 2006년에 3 분 동안 0에서 300 km/h로 가속하면서 (283 km 거리의) 두 도시간을 한 시간 미만으로 연결할 것이다(53).

그러나 마그레브 프로젝트는 1999까지 재정에 관한 명확한 보증을 갖지 못하였다. 처음에는 (4.6 조 Euro로 견적된) 기반 시설의 비용이 국가의 책임일 것이며, 반면

에 (2조 Euro로 견적된) 차량의 비용은 산업계의 비용일 것이라는데 동의하였다. 나중에는 (3.12조 Euro 비용의) 단선 궤도의 안이 고려되었다. 마그레브 차량은 500명의 수송 능력을 가지게 될 것이다. 베를린과 함부르크간의 연간 마그레브 수요는 2010년에 약 14.5백만 명의 여객으로 추정되며, 그 수량은 철도와 항공 수송을 합친 베를린과 함부르크간 실제 교통의 7배이므로 과장된 것으로 보인다.

에어러트레인의 발명에 불리한 조건의 대부분은 재래 철도와는 대조적으로 도심 통과의 더 심한 어려움과 함께 마그레브에 대하여도 또한 유효하다. 그러나, 사회적, 경제적 목표의 압력(통일된 독일의 새로운 성취)은 마그레브 발명의 적용에 대한 전망에 비판적으로 영향을 주었다.

인구 밀집 지역 간의 빠른 연결뿐만 아니라 도시 지역에 있는 공항의 급행 연결은 마그레브 기술에 대한 장래의 후보자일 수 있다. 마그레브 선로에 대한 프로젝트는 일본(Saporo~Chitose 공항, Tokyo~Kofu), 미국 및 스위스랜드에서 고려 중에 있다.

1.8 철도에서 전망이 좋은 기타 수송 서비스

고속은 철도가 다른 수송 수단에 비하여 상대적인 장점을 갖고 있는 한 분야이다. 기타의 그러한 분야는 도시 철도 서비스, 합동 수송뿐만 아니라 벌크 적재의 수송 및 통합 서비스를 포함하며, 여기서 통합 서비스는 수송에 더하여 물품의 수집, 저장 및 인도(물류 관리)를 수반한다.

1.8.1 도시 철도 서비스

폭발하는 교통 문제를 가진 시대에서는 철도가 큰 수송 용량을 이용하여 교통 문제의 경감에 결정적으로 기여할 수 있다(그림 1.21). 그러므로 도심에서 교외까지 연결되어 있으나 그동안 경시되어왔던 대다수의 철도 선로가 현대화되어 도시 철도 서비스에 사용되고 있으며, 따라서 도시의 교통 문제를 경감하고 있다.

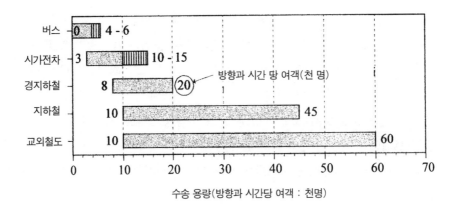

그림 1.21 여러 가지 수송 시스템의 수송 용량, (47)

1.8.2 합동 수송

여러 가지 수송 방식은 수송비에 관한 상대적인 장점을 거리의 함수로서 나타낸다 (그림 1.22). 따라서 짧은 거리에서는 트럭의 사용을 나타내고, 중간 거리에서는 철도가 우세를 나타내며, 반면에 장거리에서는 선박의 사용이 유리하다. 그러나 화물 수송의 분야에서 증가하는 경쟁은 가장 낮은 비용을 향한 추구를 필수적으로 만든다. 트럭 운송이 중요한 교통인 몇몇 국가들(특히, 그 중에도 오스트리아와 스위스랜드)은 도로망에 대한 정체와 포화상태를 줄이기 위하여 수송 중인 트럭의 수에 대하여 엄한 제한을 정하였다. 마지막으로 정치적 사건과 분쟁은 신뢰할 수 있고 안전한 대안의 수송 루트를 향한 추구를 요구하였다. 상기의 모두는 합동 수송의 성장에 기여하였다.

합동 수송은 적어도 두 개의 일관된 수송 방식을 포함하는 혼성 수송 프로세스로 정의한다(예를 들어, 트럭-선박, 열차-선박, 트럭-열차). 합동 수송을 위하여 두 개의 주요 기술을 개발하였다.

- 컨테이너는 도로, 철도 및 해운에 사용된다. 경향은 기존의 차량 한계에 허용되는 만큼 큰 컨테이너를 사용하는 것이다(48). 보통 컨테이너의 치수는 길이가 13.7 m, 폭이 2.6 m이다.
- Ro-Ro(Roll On - Roll Off) 기술은 그것에 의하여 화물을 적재한 전체 트럭 또는 트럭 몸체를 열차 또는 선박에 적재하며, 운송의 작은 몫만이 도로를 이용한

다. EU 규정에 따르면, 화물 차량의 최대 크기는 높이가 4 m, 폭이 2.5 m, 중량이 40 톤이다.

합동 수송이 (관련 비용과 함께) 한 운반 설비에서 다른 운반 설비로 차량의 전달을 필요로 하므로 합동 수송이 비용 효과적으로 되는 최소 거리를 결정하는 것이 필요하다. 이 질문에 대한 해답은 그것이 인건비, 에너지 및 차량 전달을 위한 기계적 설비 등에 좌우되기 때문에 단순하지 않다. 그러므로, 유럽의 조건은 이 최소 거리를 700~900 km에 위치시키는 반면에, 미국에서는 1,500 km로 설정한다(49).

합동 수송의 개발은 충분한 도로망과 철도망 및 현대적 옮겨싣기 설비가 존재하는 것을 필요로 한다.

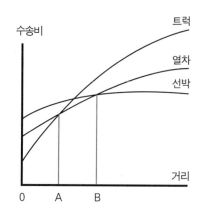

그림 1.22 여러 가지 수송 모드에 대한 거리의 함수로서 수송비, (41)

1.8.3 벌크 적재

철도는 합동 수송에 더하여 벌크 적재 수송(원재료, 석탄, 곡물 및 기타 농업 생산물 등)을 더욱 개발할 수 있다. 벌크 적재 수송의 철도에 대한 적합성은 여러 문제 중에서 화물 열차를 분해하고 재편성하며 길고 (흔히) 정당하지 않은 대기가 발생하는 조차장 시설에 좌우된다.

1.8.4 철도의 화물 수송과 물류 관리

철도를 이용한 화물 수송은 근래까지 물자를 운송하는 것으로 제한되어 왔다. 그러나 현대적 수송의 역동성은 수송 프로세스의 범위를 넓히었다. 신뢰할 수 있고 신속한 운송만으로는 더 이상 충분하지 않다. 소정 양의 물품을 요구된 장소와 시간에 이용할 수 있도록 보장하면서 또한 가장 싼 비용으로 완수하여야 한다. 이 효과에 대하여 가장 중요한 기여는 소위 화물 수송 물류 관리로 최근에 성취하고 있으며, 그것은 특정한 장소와 시간에 특정한 항목을 이용할 수 있게 하는 필요, 신뢰할 수 있고 신속한 수송, 가능한 저장 및 수령인에게 최종 인도에 대한 시기 적절한 정보를 확보하는 전체의 프로세스를 포함한다(그림 1.23) (49a). 그러므로 이러한 센스에서 수송 프로세스가 훨씬 더 넓은 의미를 갖는 것이 분명하다(그림 1.23).

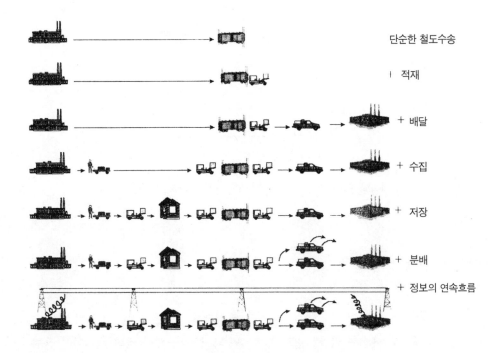

단순한 철도수송

| 적재

+ 배달

+ 수집

+ 저장

+ 분배

+ 정보의 연속흐름

그림 1.23 단순한 철도 수송에서 물류 관리까지

1.9 국제 철도 기구

국제의 철도 협력은 다음과 같은 국제 철도 기구의 체제 내에서 실현된다.

1.9.1 국제 철도 연합

"국제 철도 연합(UIC)"은 1922년에 창립되어 1998년에 142 멤버를 갖고 있다. UIC의 일반 목적은 다음과 같다.

- 설계를 통한 국제 철도 업무의 개발 및 국경을 통과하는 철도 서비스를 허용하고 여객과 화물 교통의 품질을 보장하는 수단의 완성
- 국제 단체, 판결 센터, 및 철도 수송의 유용성과 장점에 대한 여론의 통지

UIC의 활동은 이 일반적 틀 안에서 다음의 부문을 포함한다.

- 철도망간의 수입과 차감 차변의 배분
- 기술적 준비, 개발 방법, 데이터 프로세싱 등의 통합과 합리화 계획의 수립
- 궤도 설비, 차량 등에 관한 새로운 기술적 진보를 위한 연구
- 통계와 기타 정보

1.9.2 유럽 교통 장관 협의회

"유럽 교통 장관 협의회(ECMT)"는 "경제 협력 개발 기구(OPEC)"와 밀접하게 협력하여 일하는 기관이다.

1.9.3 유럽 철도 공동체

"유럽 연합" 회원국의 "유럽 철도 공동체"는 UIC와 유럽 연합의 체제 안에서 운영하는 조직체이다. 이 조직체는 유럽 연합 회원국 철도망의 공동 의견과 방침을 확립하는 것을 목적으로 한다.

1.9.4 국제연합 유럽경제위원회

"국제연합 유럽경제위원회"의 "철도수송위원회"는 여러 정부 대표의 참가로 구성된다.

1.9.5 유럽철도연구소

(프랑스식 이전 이름인 최초의 "ORE"로 알려진) "유럽철도연구소(ERRI)"는 철도 기술을 진보시키는 조사와 시험 절차를 구성하고 조정하는 것을 목적으로 하는 국제철도연합의 기관이다. 연구하는 논제는 (문자 A, B, C, D, E로 표시하는) 다음과 같은 5개의 부류로 구분한다.

A : 운전, 신호, 전기통신
B : 차량
C : 차량과 궤도간의 상호 작용
D : 궤도, 교량, 터널
E : 재료 기술

2000~2010년간 10년 동안의 주된 연구의 주축은 시설·서비스의 상호 이용, 차량의 모니터링을 위한 GPS(위성위치관측체계) 적용, 비용의 저감, 철도 소음의 저감, 에너지 소비의 개선, 물류 관리 등에 초점을 맞추고 있다.

1.10 차량 산업

그림 1.24는 1999년의 국제 차량 시장에서 차량 제작자의 몫을 나타낸다.
에어 버스의 예에 뒤이어, 1999년의 V_{max} = 300 km/h로 프랑스 TGV와 독일 ICE(제3 세대) 양쪽의 장점을 결합하는 고속 열차 제작의 관점에서 유럽 회사들의 긴밀한 협력을 위한 노력을 1999년 말경에 시작하였다.

1.11 철도 시설·서비스의 상호 이용

철도 산업과 철도 회사들은 국가 보호 정책 하의 지난 수십 년 동안 그들의 산출물에서 될 수 있는 대로 많은 차이를 나타내도록 노력하였다. 따라서 크게 다양한 궤간(제2장 2.4절 참조), 전철화, 신호화 및 열차 제어 시스템(제13장 참조)은 효율적인 철도 협력을 어렵게 만들었다.

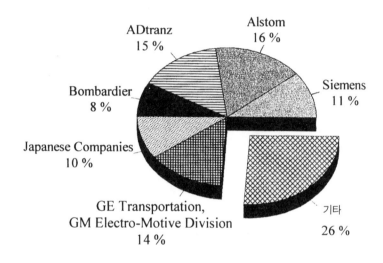

그림 1.24 국제의 차량 시장에서 회사들의 점유율

그러므로 궤간의 차이 때문에 마드리드에서 파리까지, 전철화의 차이 때문에 파리에서 암스테르담까지 열차가 연속하여 주행할 수 없다. 그러나, 현재 유럽과 기타 대륙에서 구체화하고 있는 것과 같이 장래-지향의 철도 수송 시스템은 국경에서 단호하게 자유로운 길을 열어야 한다. "시설·서비스의 상호 이용"은 엄격한 의미에서 여러 국가 또는 여러 산업의 철도 차량 또는 설비간의 기술적 일치성을 의미한다.

하지만, 철도에 대한 목적은 여행의 길이 또는 폐쇄적인 국가의 수가 어떠하든 완전히 같은 고품질의 표준을 충족시키는 온전한 국제 서비스를 철도 고객에게 제공하는 것이어야 한다. 따라서 시설·서비스의 상호 이용은 시스템의 기술적인 일치에 더하여 기반 시설의 사용에 대한 동질의 룰, 세계의 고객이 더 쉽게 접근할 수 있는 여객과 화물 정보 및 분배 시스템의 도입을 목표로 하여야 한다.

1.12 철도에서 GPS의 적용

제1.1.3항에 설명한 것처럼 철도의 기술과 운영은 "지형공간정보체계(GIS)" 및 "위성위치관측체계(GPS)"와 같은 전자공학과 통신공학의 발전에 강하게 영향을 받을 것이다. 위성은 적당한 수신기로 지상에서 수신하는 신호를 보낸다(그림 1.25). 4 개의 위성으로부터 동시에 신호를 수신함에 의하여 차량의 위치, 차량의 속도, 이동의 방향을 계산할 수 있다. 적어도 4 개의 위성을 언제 어느 때나 특정한 순간에 지상에서 볼 수 있는 방식으로 24 개의 위성이 24 시간의 회전 주기로 고도 20,200 km에서 원운동으로 날고 있다. 얻어진 정밀성은 차량의 위치에 관하여 20~50 m, 차량의 속도에 대하여 0.35 km/h이다. 미국의 "지능차량 고속도로시스템", 많은 유럽 국가들의 "버스 운전과 구급차" 사건의 수행, (이미 몇 개의 철도 회사에서 사용 중인) 철도 차량의 정밀한 추적과 모니터링 등 많은 GPS의 적용이 수 년 전부터 이루어지고 있다.

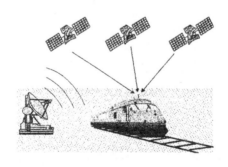

그림 1.25 철도에서 GPS의 적용

1.13 기반 시설과 운영의 분리 및 철도에 대한 새로운 도전

독점적인 활동을 제한하고 수송 활동의 모든 부문에서 경쟁을 도입한 1990~2000 간 10년의 경향은 국제 경제의 환경으로부터 조장되고 있으므로 앞으로 계속되고 강화될 것이다. 항공 수송은 세계의 많은 국가에서 충분히 개방화되었으며 국제와 국내 노선에서 수년 동안 독점 보호를 즐겼던 국영 운송 회사들은 시장에 들어간 사영 운송 회사와의 상당히 경쟁적인 환경에 분투하고 있다. 이 모델이 철도에도 적용되어야 하는지에 대하여는 의문이 생긴다.

철도가 기반 시설과 차량 양쪽의 소유자인 하나의 국가 소유 회사로 구 조직을 유지한다면 이 전망은 결코 실현될 수 없다. 따라서 "기반 시설"과 "운영"의 분리는 철도 시장 내에서 경쟁을 도입하기 위한 첫 번째 단계이다. 기반 시설은 국가의 책임으로 될 것이며, 모든 철도 회사는 여행의 시간, 주행한 거리, 철도 운영의 종류 등에 관련하여 궤도를 사용하는 요금을 지불할 것이다. 새로운 참가자에 대하여는 요금에서 어떠한 차별 대우도 하지 않아야 한다.

유럽 연합 법령은 회원국들에게 1991년과 1995년 이후 이 새로운 조직에 적용해야 하는 의무를 부여하였다. 그들의 대다수(독일, 이탈리아, 네덜란드, 스웨덴 등)는 철도 운영 "회사"를 이미 (점차로 자율적인 회사로 변환되고 있는) 특정 "사업 유니트", 즉 고속, 기타 도시간 수송, 화물, 교외 통근 열차 등으로 분할하였다.

영국에서는 일단 통합하였던 "영국 철도"를 많은 사영 회사, 즉 하나의 기반시설 소유회사(Railtrack), 25 개의 여객수송회사, (최종적으로 하나로 합병된) 4 개의 화물수송회사 및 얼마간의 차량임대회사로 분할하였다. 그러나 우선 당장에는 각 운영 회사가 그 분야의 운영에서 독점권을 가지고 있다.

철도 운영자가 궤도를 주행하기 위하여 지불하여야 하는 요금은 국가별로 상당한 차이가 있음을 경험하였다. 1999년 말의 열차-킬로미터 당 가격은 네덜란드에서 1.0 Euro, 오스트리아에서 2.84 Euro, 독일에서 3.83 Euro, 이탈리아에서 3.02 Euro, 프랑스에서 1.6 Euro이다.

이 새로운 철도 조직에서는 다음과 같이 많은 기본적인 의문이 생긴다.
  - "문화." 서비스 회사와 엔지니어링 회사간의 차이는 무엇인가?
  - "기술." 시스템이 새로운 목적과 책임에 적합한가?
  - "사람들." 그들이 새로운 조직 내에서 올바른 기술 자세를 갖고 있는가?
  - "경쟁." 기반 시설에 대하여 복수의 경쟁하는 운영자가 있을 것인가, 그리고 어떤 충격이 있을 것인가? "철도 운영자"는 기반 시설의 거래처 또는 고객이 될 것인가?
  - "투자." 새로운 투자는 어디에서 공급될 것인가?
  - "적자." 누적된 적자를 어떻게 상환할 것인가? 주로 국가로부터(독일의 경우),

부분적으로 새로운 참가자로부터인가(그리고 어떻게)?

– "조직상의 책임." 동일 기반시설에 대한 복수의 운영자는 강한 독립적인 기반 시설의 실재를 필요로 할 것이므로, 열차 시간표, 지위 할당, 교통 관리와 같이 중요한 프로세스에 대한 책임은 누구에게 있을 것인가?

2. 궤도 시스템

2.1 철도 공학의 영역 : 궤도, 견인, 운영

철도 공학은 제1장의 설명에서 나타낸 것처럼 둘 이상의 학문이 관여하는 지식에 목표를 삼으며 토목 기술자, 전기 기술자, 기계 기술자 및 경제학자의 능력을 필요로 한다. 철도망의 구성으로 시작하는 철도 공학을 관례상 세 논제 영역으로 구분하는 것이 적당하다.

- **궤도** 논제. 철도지지 기반시설의 주제는 예측된 속도에서 차량의 안전한 운전을 보장하기 위하여 다룬다. 상부구조(레일, 침목, 도상)와 노반은 궤도 논제의 중심적인 주제이다. 궤도 논제는 또한 철도 정거장과 건널목을 포함한다.

- **견인** 논제. 차량에 관련하는 주제는 복잡하다. 견인 논제는 또한 전기 운전, 전기 통신 및 신호를 포함한다. 그러나 어떤 철도망은 이들의 후자가 영구적인 철도 기반시설의 일부이므로 그들을 궤도 논제에 포함시킨다.

- **운영** 논제. 이 주제는 다음을 포함한다.
  - 영리적인 방침과 가격 방침을 분석하는 상업상의 운영
  - 스케줄 구성, 차량의 최적 사용 및 교통 안전에 관련되는 이슈를 검토하는 기술상의 운영

상기에 대하여 도시 지하철에 관한 논제를 추가하여야 하며, 지하철은 대도시 도심의 대량 수송에 크게 중요한 철도 클래스를 구성한다.

이 책은 주로 토목공학의 철도 관점을 포함하고 있으며, 따라서 궤도 논제에 전념한다. 그러나 철도 정거장은 건축공학의 영역에 속하기 때문에 이 책에서는 설명하지 않는다. 전철화는 선로의 구성요소이며 열차 동역학은 궤도와 차량의 여러 가지 양상을 분석하기 위하여 필요하다는 점을 가정하여 이 책에 포함시킨다(제12장과 제13장).

2.2 궤도 시스템의 구성 요소

철도 선로는 두 하위 시스템으로 구분한다(그림 2.1), (55).

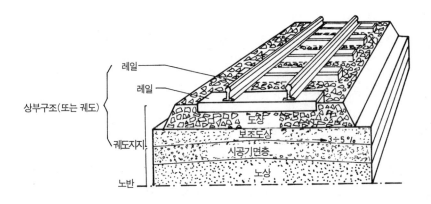

그림 2.1 궤도 - 노반 시스템

- 상부 구조 또는 궤도(레일, 침목, 궤도지지). 궤도는 열차 하중을 지지하고 분산시키며, 주기적인 보수와 교환을 필요로 한다.
- 노반(노상, 시공 기면 층). 노반은 열차 하중이 적당하게 분산된 후의 하중을 전달하고, 원칙적으로 철도 궤도의 주기적인 보수 동안에 조정을 필요로 하지 않아야 한다.

상부 구조는 다음으로 구성한다.

• 레일. 레일은 열차 차륜을 지지하고 안내한다.
• 침목(sleeper, 또한 주로 북미에서는 tie라고 부른다). 침목은 레일에 가해진 하

사진 2.1 철도 선로

중을 분산시키며 레일 체결장치를 이용하여 레일을 일정한 간격으로 유지시킨다.

• 도상. 도상은 일반적으로 깬 자갈로 구성하며, 예외적인 경우에만 친 자갈로 구성한다. 도상은 열차 진동의 대부분을 감쇠시키고, 하중을 적당하게 분산시키며, 강우의 빠른 배수를 보장하여야 한다.

• 보조 도상. 보조 도상은 친 자갈-모래로 구성한다. 보조 도상은 도상 자갈의 침투에 대하여 노반 상부를 보호하며, 동시에 외부 하중을 더욱 분산시키고 강우의 빠른 배수를 보장한다.

노반은 다음과 같이 구분한다.

• 노상(base). 노상은 절토에 부설된 궤도의 경우에 현장의 흙으로 구성되는 반면에 성토의 경우에는 현장에 운반된 흙으로 구성한다.

• 노반의 시공 기면 층(formation layer). 이 층은 흙 재료의 품질이 적당하지 않을 때는 언제나 사용한다.

열차 통과의 소란이 느껴지는 깊이는 노반 상면 아래에서 약 2 m까지 달하며 (55), 이것은 앞으로 한계 노반으로 적용하게 될 깊이이다.

탄성 패드는 열차의 진동을 더욱 감소시키기 위하여 레일과 침목 사이에 부설한다 (그림 2.2), (60). 일반적으로 두께 9 mm와 4.5 mm의 패드를 사용한다.

궤도 시스템에서 여러 가지 층의 연속은 하부 층으로 내려감에 따라 표면적의 증가, 그리고 전개된 응력의 상당한 감소로 특징지어진다(4). 따라서 응력은 윤하중이 가해지는 지점과 노반 사이에서 1,000 내지 1,500 배만큼 감소된다(그림 2.3).

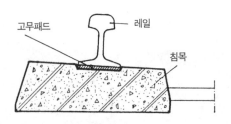

그림 2.2 레일과 침목간의 고무 패드

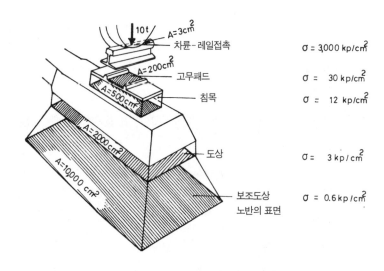

그림 2.3 궤도 시스템에서 각 구성 요소의 바닥 면적과 열차 하중의 분산 (4)

2.3 자갈 궤도와 콘크리트 슬래브 궤도

궤광은 일반적으로 도상 위에 놓이며, 이 경우는 유연한 지지 또는 자갈 궤도라 한다(그림 2.4).

그러나 콘크리트 슬래브로 궤도를 지지하는 것이 가능하며, 그 경우는 강성 지지 또는 슬래브 궤도라 한다. 강성 지지가 약간의 철도망(예를 들어, 일본과 독일 철도망)에 사용되고 있을지라도 터널에 사용할 때 가장 유효하며, 그 이유는 더 작은 단면적을 허용하고 보수를 적게 하기 때문이다. 대부분의 경우에는 자갈 궤도가 오히려 나으며, 그 이유는 자갈 궤도가 유연성(차등적인 침하의 경우에 중요한 인자)과 훨씬 더 낮은 건설비를 보장하고 동시에 고속에서조차 대단히 만족스러운 횡 저항력을 제공하기 때문이다(54), (55), (143).

콘크리트 슬래브 궤도가 자갈 궤도보다 소음이 훨씬 더 높으며, 이 소음의 문제를 무시하지 않아야 한다. (예를 들어, 터널에서) 슬래브 궤도를 적용할 때 (급격한 동요로서 승객이 느끼는) 궤도 강성의 급작스런 변화는 터널 입구와 출구를 따라 적합한 두께의 고무 패드를 부설함에 의하여 작게 된다. 슬래브 궤도는 제6장 6.8절에서 더 상세히 설명한다.

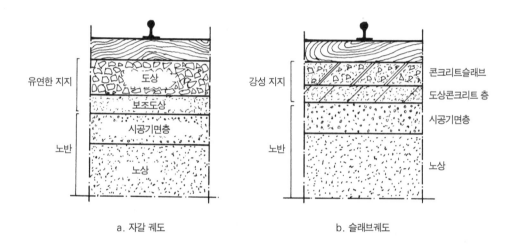

그림 2.4 자갈 궤도와 슬래브 궤도

2.4 궤간

궤간은 전동표면 아래 14 mm에서 측정한 레일 내측 면간의 간격이다(그림 2.5). 다음과 같이 다른 궤간 값을 가진 궤도가 부설되어 왔다.
- **표준 궤간,** e = 1.435 m. 대부분의 선로는 이 궤간으로 부설하며, 이 궤간은 차량의 크기를 최적화하기 위하여 마련된다. 표준 궤간의 선로에서 1.435 m 값의 최대 허용 편차는 +10 mm에서 -3 mm까지의 범위를 가진다.

- **미터 궤간**, $e = 1.000$ m, 또는 $e = 1.067$ m. 미터 궤간은 통상적으로 외국의 2급 선에서 사용한다.
- **광궤**, $e = 1.524$ m(러시아), $e = 1.672$ m(스페인) 및 기타. 이들 궤간의 철도는 표준 궤간의 철도 차량이 이들 철도망으로 침입하는 것을 방지하려는 주로 정치적인 이유 때문에 표준 궤간과 다르게 건설하였다.

궤간 값은 초기에 영국 계량 단위(인치)로 나타내었으며, 따라서 상기 수치의 전반적인 불규칙은 그들을 미터 단위로 치환함에 따른 것이라는 점에 유의하여야 한다.

400m 이하의 곡선에서는 차량의 운동을 용이하게 하고 차륜과 레일의 마모를 줄이기 위하여 이들 궤간을 증가시키는 것이 필요할지도 모른다(제11장, 11.3.4항 표 11.1 참조).

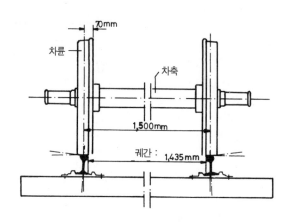

그림 2.5 궤간

2.5 축중과 열차 하중

2.5.1 축중

선로를 주행하는 열차의 축중과 열차 하중(통과 톤수)은 궤도와 노반 피로에 대하여 결정적인 인자이다. 궤도 설비에 좌우하여 4 개의 카테고리로 분류한 여러 값의 축중을 각종 선로에 적용할 것이다.

A : 최대 축중　　16 t
B : 최대 축중　　18 t
C : 최대 축중　　20 t
D : 최대 축중　22.5 t

카테고리 D는 특히 화물 수송의 운전비를 줄이기 위한 노력으로 카테고리 C의 축중을 20 t에서 22.5 t으로 증가시킴에 의하여 도출되었다. 이 증가는 단순화시킨 탄성 거동의 이론을 기초로 하여, 20 t 축중으로 설계하여온 교량의 거동만큼 궤도 강도에 초점을 맞추지 않은 논쟁과 함께 수 년의 조사와 연구 후에 행하였다(63). 재료의 탄·소성 거동에 관한 조사(63)는 탄성 이론을 고려하기에 부족하다는 제한에 의하여 20 t의 축중으로 설계한 교량을 강화할 필요가 없이 그 교량이 22.5t의 축중에 대처할 수 있음을 나타내었다.

그러나 어떤 철도망은 더 큰 축중을 사용한다. (철도가 주로 화물 수송으로 제한되는) 미국에서의 최대 축중은 25~32 t인 반면에, (광궤 선로를 사용하는) 러시아에서는 25 t이다.

일련의 연구(56)에 의하면, 레일 피로는 축중 Q의 지수 함수이고, 레일 안에 전개된 응력은 파라미터 Q^a에 비례하며, 여기서 지수 a는 3과 4 범위의 값을 취하며 4에 가깝다. 따라서 축중의 어떠한 증가도 궤도 재료의 피로에서 훨씬 더 큰 증가로 귀착된다.

2.5.2 열차 하중

객차, 화차, 본선 기관차, 입환 기관차 등 여러 가지 종류의 철도 차량이 궤도 위를 주행한다. 차량 하중의 대수적인 합계는 하중의 적용 방법, 주행 속도 등을 고려하지 않기 때문에 주행 하중을 정밀하게 묘사할 수 없다. 그러므로 통과 열차 하중의 정밀한 평가를 제공하는 복잡한 파라미터가 필요하다. 철도 공학은 교통 공학의 "여객 차량 유니트(PVU)"의 유사물을 사용한다. 궤도에 대한 열차 하중(또는 통과 톤수)을 사정하기 위해서는 여러 가지 열차의 하중을 등가 여객 열차 하중으로 치환한다.

궤도의 이론상 하중 T_{th}는 먼저 다음의 식으로 계산한다.

$$T_{th} = T_p + k_{fr} \cdot T_{fr} + k_{tr} \cdot T_{tr} \tag{2.1}$$

여기서, T_p : 일간 여객 차량 교통

T_{fr} : 일간 화물 차량 교통

T_{tr} : 일간 견인 엔진 교통

k_{fr} : 1.15

k_{tr} : 1.40

그 다음에 선로의 열차 하중 T는 열차 주행 속도를 고려하여 다음 식으로 계산한다.

$$T = S \cdot T_{th} \tag{2.2}$$

여기서, $S = 1.0$　　여객 열차가 운행되지 않는 선로에 대하여

$S = 1.1$　　혼합 교통과 $V_{max} < 120$ km/h 선로에 대하여

$S = 1.2$　　혼합 교통과 $120 < V_{max} < 140$ km/h 선로에 대하여

$S = 1.25$　혼합 교통과 $V_{max} > 140$ km/h 선로에 대하여

각종 철도 선로는 일상의 열차 하중에 기초하여 UIC 표준에 따른 그룹으로 분류된다(그림 2.6).

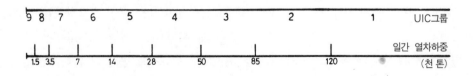

그림 2.6 일상 열차 하중에 따른 선로의 UIC 분류

2.6 침목 간격

궤도 거동의 연구에 의하면, 침목 간격을 더 가깝게 할수록 하중의 분포가 더 좋게 되고 응력이 더 적게 발달한다. 그러나 침목 간격을 더 작게 함에 따라 궤도 보수가 더 어렵게 되어간다. 그러므로 상기의 두 요구조건간에서 절충안을 찾아야 한다.

침목 간격은 연속한 침목 축(역주 : 침목 중심)사이의 거리로 정의되며, 표준 궤간 선로에 대한 그 최적 값은 0.6 m이고, 노반이 불안정한 경우와 작은 곡률 반경의 경우에는 0.55 m로 줄일 수 있다. 때때로, km당 침목의 수를 파라미터로서 사용하며, 평균치로서 1,666 침목/km를 사용한다. 더 높은 값의 축중을 가진 철도망(미국, 러시아)에서는 침목 간격을 0.50 m까지 줄일 수도 있다. 경(輕)철도에 대하여는 침목 간격을 증가시킬 수도 있지만 레일 피로를 신중하게 고려하여야 한다.

2.7 차륜-레일 접촉

철도 차량의 기본적인 특성은 두 레일로 안내하는 차륜 이동이다. 차륜-레일 접촉(그림 2.7)은 타원형(그림 2.8)을 가진다(59). 수직에 대한 레일 축의 경사는 원뿔형 답면이라 부른다. 원뿔형 답면은 일반적으로 1/20의 값을 가진다. 그러나 어떤 철도망에서는 UIC 54와 60 레일 유형(제5장 5.2절 참조)의 일반적 적용 후에 원뿔형 답면을 1/40의 값으로 줄였다(61).

레일에서 차륜의 이동은 크리이프 효과를 발생시킨다. 실제로, 차륜-레일 접촉 표면은 두 영역 S_1과 S_2로 나눌 수 있으며 그 크기는 차량 속도에 좌우되고 각 영역에서 다른 효과가 일어난다. 따라서 차량의 회전 저항은 영역 S_1과 S_2에 각각 대응하는 반대 방향의 두 분력 F_1과 F_2로 구성한다. F_1은 차량 이동으로 발생되는, 즉 운동학적인 원인의 것인 반면에 F_2는 S_2 표면의 탄성 변형으로 발생되는, 즉 탄성 원인의 것이다.

속도가 증가함에 따라 S_1은 더 커져가며 S_2는 더 작아져간다. "고속"에서는 S_2가 거의 0으로 감소하며, 그러므로 차량의 회전 저항은 동적 마찰에 일치한다. 그 다음에 Coulomb의 법칙에 따라 다음의 관계를 적용할 것이다.

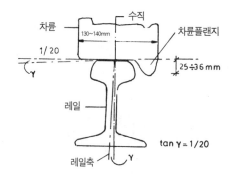

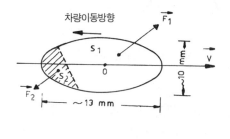

그림 2.7 차륜 - 레일 접촉   **그림 2.8** 차륜 - 레일 접촉 표면의 상세

$$F = \Phi = \mu Q \qquad (2.3)$$

여기서, F : 차량의 추진력

     Φ : 차량 마찰

     μ : 마찰 계수

     Q : 수직 윤하중

이에 반하여, "저속"에서는 크리이프 효과를 가지며 Coulomb의 법칙이 더 이상 지속하지 않는다. 이 경우에는 추진력이 전진 속도에 대한 슬라이딩 속도의 비율에 비례한다고 하는 단순화한 가정을 할 수 있다.

$$u = \frac{\text{슬라이딩 속도}}{\text{전진 속도}}$$

f 를 비례 계수라고 하면, 저속에서

$$F = fu \qquad (2.4)$$

다음의 식은 상기보다 더 좋은 근사 계산을 제공한다.

$$\frac{1}{F^n} = \frac{1}{fu^n} + \frac{1}{\Phi^n}, \; n \neq 2 \qquad (2.5)$$

"중간 속도"에서는 추진력 F의 경험적 데이터로부터 다음의 관계를 산출하였다.

$$F = \frac{fu \cdot \Phi}{fu + \Phi} \tag{2.6}$$

$F = fu$와 $F = \Phi$ 선은 식 (2.6)의 곡선에 접선이다(그림 2.9).

차륜-레일 접촉 표면에서 크리이프 힘의 더 정밀한 근사 계산은 Kalker가 제시하였다(61a).

Kalker가 개발한 이론에 따르면, 타원형 접촉 표면은 다음과 같이 두 영역으로 나눌 수 있다.

• 접촉 표면의 첫 번째 영역은 크리이핑을 경험하며 첫 번째 영역의 각 점은 Coulomb의 관계로 주어진 횡력을 접촉 표면의 두 번째 영역으로 전달한다.

• 접촉 표면의 두 번째 영역은 (0의 크리이프 값에서) 점착력으로 이끌며 첫 번째 영역에서 두 번째 영역으로 전달된 힘은 Coulomb 식으로 주어진 것보다 더 낮은 값을 가진다.

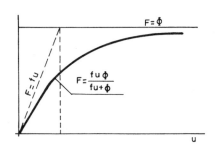

그림 2.9 중간 속도에서의 추진력

전통적인 철도는 금속 차륜을 사용한다. 고무 차륜은 주변으로 전달되는 진동을 줄이고 가속과 감속을 증가시키기 위하여 1970년 이후 지하철에서 사용하기 시작하였다. 고무 차륜은 고속을 허용하지 않으며, 열악한 기후 조건에서 퇴화를 하게 된다. 이 이유 때문에 고무 차륜은 지하철에서만 사용한다.

2.8 레일에 따른 차륜의 횡 방향 동요

철도 차량은 그 기부(基部)에 연결된 두 개의 원뿔로 구성된 고체로 시뮬레이트할 수 있다(그림 2.10). 이 고체는 두 레일로 지지되며 원뿔의 각도 γ는 차륜 원뿔형 답면, $\tan \gamma = 1/20$ 또는 $1/40$과 같다.

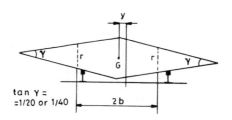

그림 2.10 두 원뿔로 구성된 고체에 의한 철도 차량의 시뮬레이션

차륜은 원뿔형 답면에 기인하여 레일을 따라 사행동 진로를 따라간다(그림 2.11). 레일 두부와 차륜간의 틈은 차륜이 횡으로 움직이도록 허용하며, 이것은 철도 차량의 사행동을 일으킨다. 차륜의 횡 운동은 크리이프 힘으로 저지한다.

횡 운동은 Klingel (4)이 해석하였으며 이 현상은 흔히 그의 이름으로 불려진다. Klingel은 감쇠가 없는 사인형의 횡 운동을 가정하여 이 현상의 운동학적 해석을 나타내었다. 그림 2.12에서 기호를 다음과 같이 두자.

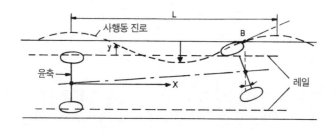

그림 2.11 궤도를 따른 차륜의 사행동 진로

y : 평형 위치로부터 횡 이동

v : 주행 속도

s : 궤간

γ : 차륜 원뿔형 답면구배

R : 사행동 진로의 곡률 반경

r : 평형 위치에서 차륜 반경

x : 횡 좌표

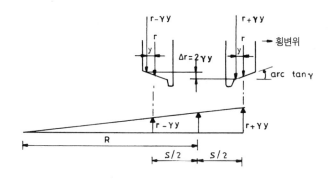

그림 2.12 Klingel에 따른 사행동 차륜 운동의 해석

그림 2.12 및 유사한 삼각 관계에서 다음 식을 도출한다.

$$\frac{r+\gamma y}{r-\gamma y} \;=\; \frac{R+s/2}{R-s/2} \tag{2.7}$$

운동학에서 다음 식을 구한다.

$$\frac{1}{R} \;=\; -\,\frac{d^2 y}{d x^2} \tag{2.8}$$

식 (2.7)과 (2.8)에서 사행동에 대한 미분 식을 도출한다.

$$\frac{d^2 y}{d x^2} \;+\; \frac{2\gamma}{rs}\,y \;=\; 0 \tag{2.9}$$

경계 조건

$$y(0) = 0 \tag{2.10}$$

이 주어지면, 미분 방정식의 해는 다음과 같이 된다.

$$y = y_0 \, \sin 2\pi \frac{x}{L} \tag{2.11}$$

여기서, y_0는 진폭이며 L은 사행동의 파장이다.

$$L = 2\pi \sqrt{\frac{rs}{2\gamma}} \tag{2.12}$$

횡 가속도의 최대치는 다음과 같다.

$$\gamma_{max} = \frac{d^2 y_{max}}{dx^2} = 4\pi^2 y_0 \frac{v^2}{L^2} \tag{2.13}$$

예로서, $r = 0.45$ m, $s = 1.435$ m, $\gamma = 1/20$로 두면, 이 경우에 $L = 16$ m 이다. 그러나 $\gamma = 1/40$인 경우에는 $L = 22$ m이다.

사행동의 진동수는 다음 식의 관계에서 구할 수 있다.

$$f = \frac{v}{L}$$

진동수 f가 차량이 공진하는 진동수와 같은 경우에는 차륜의 운동이 불안정하게 되어간다. 가해진 힘의 척도인 횡 가속도는 속도를 증가시키고 횡 운동의 파장을 감소시킴에 의하여 발생된 반대의 영향을 나타낸다. 그러므로 1/20 대신에 1/40의 원뿔형 답면구배는 동일 속도에서 더 좋다. 거꾸로, 차륜이 점진적으로 마모됨에 따라 원뿔형 답면구배가 증가하며, 결과로서 파장이 감소한다.

그러나 최신 철도 차량에서는 차축으로 차체를 직접 지지하지 않고 보기로 지지하며 보기는 차축으로 지지한다. 그러므로 보기 위 차체의 운동은 상기에 설명한 것보다 분명히 더 복잡하다. 관련된 해석은 제12장에 나타낸다(그림 12.9 참조).

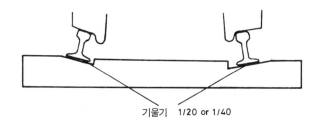

기울기 1/20 or 1/40

그림 2.13 침목 위의 레일 부설 경사

2.9 침목 상의 레일 설치 각도

레일은 원뿔형 답면구배 때문에 경사를 주어 침목에 부설한다. 상기에 설명한 것처럼 원뿔형 답면구배는 통상적으로 1/20의 값이 주어진다. 그러나 특히 고속에서는 원뿔형 답면구배 값의 감소가 제안되고 있다. 몇 개의 철도망은 이미 침목 위에 1/40의 경사로 레일을 부설하고 있다(61).

2.10 차량 한계

"차량 한계(load gauge)"는 차량 주위에 공간이 남아있도록 요구된 최소의 외부 경계로 정의한다. 차량 한계는 다음과 같이 구분한다.
- "정적" 차량 한계. 열차가 이동하지 않는 동안 공간이 남아있도록 요구된 최소의 외부 경계이다.
- "동적" 차량 한계. 열차가 이동하는 동안 공간이 남아있도록 요구된 최소의 외부 경계이다. 동적 차량 한계 주위에 요구된 비워있는 공간을 둘러싼 경계는 "건축 한계(structure gauge)"이다.

차량 한계는 주로 다음의 두 파라미터에 좌우된다.
- 차량의 폭(통상적으로 2.60~3.30 m)
- 두 궤도 중심간의 공간

국제철도연합(UIC)은 한 철도망의 열차가 어떠한 문제도 없이 다른 철도망의 궤도 위를 주행할 수 있도록 보장하기 위하여 필요한 차량 한계를 정하였다(그림 2.14).

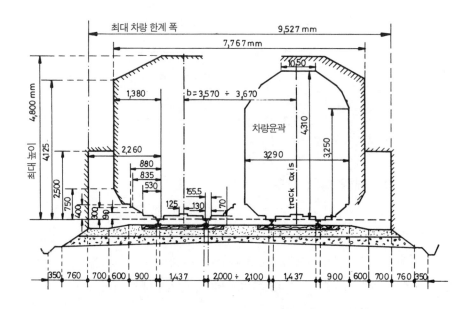

그림 2.14 (UIC의 규정 505에 따른) 중간 속도와 저속 열차의 차량 한계

두 궤도 중심간의 간격 b는 최대 허용 주행 속도에 좌우되며 UIC에 따라 3.57 m와 3.67 m 사이에서 변할 수 있다. 그러나 UIC 표준화에서조차 차량 한계의 상당한 차이가 주로 영국(그림 2.15)에서 관찰되며, 그 곳의 차량 한계는 유럽 대륙에서보다 더 작은 크기를 가지고 있다. 미국의 차량 한계(그림 2.16)도 유럽의 것에 비교하여 상당한 크기의 차이가 있다.

고속 열차에 대한 차량 한계는 다르며, 그 이유는 주로 두 궤도 중심간에서 필요한 큰 공간 뿐만 아니라 큰 횡 공간 때문이다(그림 2.17).

동적 차량 한계는 열차가 터널을 통과하여 주행할 때뿐만이 아니라 도시 지하철(그림 2.18)에서도 특별한 배려가 필요하다. 각 철도와 지하철 당국은 각각의 특정한 경우에 따라야 하는 자체의 지방 건축한계 요구조건을 가져야만 한다.

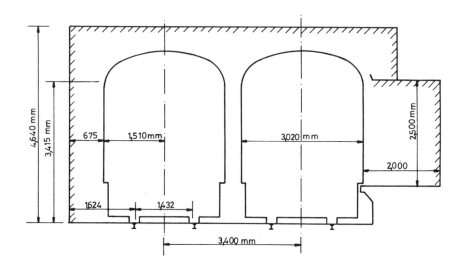

그림 2.15 영국의 차량 한계

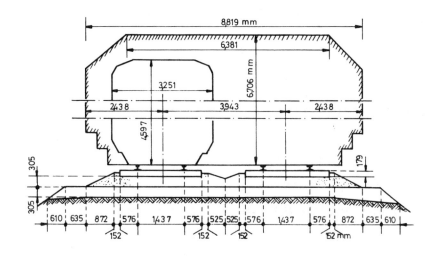

그림 2.16 미국의 차량 한계

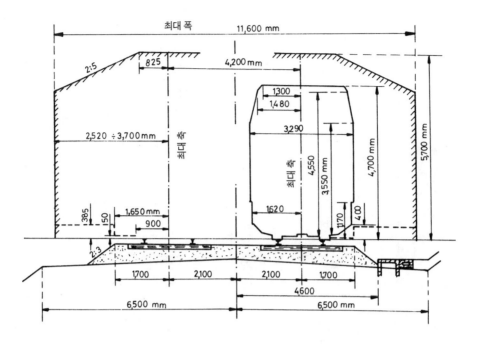

그림 2.17 고속 열차의 차량 한계(프랑스 TGV)

2.11 차량 운동으로 발생되는 힘 – 정적과 동적 분석

2.11.1 발생된 힘

철도 차량의 주행 동안 궤도에 가해진 힘은 그들의 방향에 따라 다음과 같이 분류할 수 있다.

- "수직력". 이 힘은 궤도에서 발생하는 기계적 응력의 원인이다. 궤도가 수직력을 받을 때, 어떤 궤도 부재(레일, 침목)의 거동은 탄성인 반면에 도상과 노반의 거동은 탄·소성이다(55), (84). 수직력은 궤도 시스템의 각종 부재에 대한 크기 설정에서 중요하다.

- "횡력". 이 힘은 열차의 주행 안전에 영향을 미치며, 어떤 조건 하에서 열차의 탈선을 일으킬 수도 있다. 횡력의 영향은 제8장에서 설명한다.

- "축력". 이 힘은 열차의 운전 동안 가속과 감속에 기인하여 발생한다(역주 : 장대레일 궤도에서는 온도의 증가에 따라서 압축력이나 인장력이 발생한다). 축력은

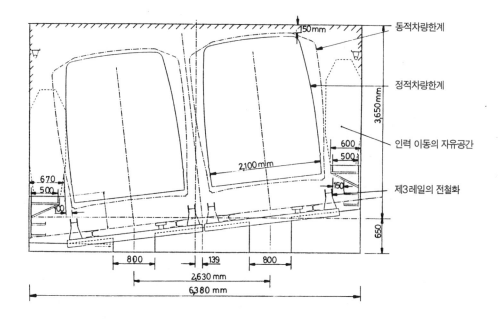

그림 2.18 곡선 궤도에 대한 지하철의 동적과 정적 차량 한계

철도 선로의 교량 설계에서 고려된다.

여러 가지 현상의 정밀한 해석이 비-선형 거동을 나타낼지라도, 비-선형성의 생략에 의하여 도입된 부정확은 흔히 각종 계산 파라미터들, 예를 들어 기계적 특성의 값에 의하여 도입된 부정확보다 더 작다(55), (56). 철도 공학에서 유력한 방법은 열차 운전 동안 발생하는 수직, 횡 및 종 방향 현상을 따로따로 해석함을 포함하며, 그것은 영향이 선형이라고 가정하는 것을 의미한다. 그것은 엔지니어가 각종 영향의 해석에서 알고 있어야 하는 근사 계산이다.

2.11.2 정적 분석과 동적 분석

철도 공학에서 자주 이용하는 가정은 차량과 레일에 결함이 없다는 것이다. 응력 양의 측정은 시간의 영향을 무시해도 좋은 것으로 고려할 수 있음을 나타내었다. 그러한 조건에서는 각종 영향에 관하여 정적 해석이 적당하다.

그러나 차륜과 레일에는 결함이 발생하며, 이 결함은 차륜-레일 시스템에 추가의 동적 하중을 일으킨다. 이들의 추가 동적 하중은 열차 속도의 증가에 따라 더 중요하여져 간다. 힘을 측정한 결과에 의하면, 10 t의 윤하중과 200 km/h의 속도에서 추가의 동적 하중은 6 t만큼 정적 윤하중을 증가시키는 것과 동등하다는 것을 나타내었다. 그러므로 비록 저속에서 추가의 동적 하중을 무시할 수 있더라도, 이것은 중간 속도에서 그러하지 않으며 더군다나 고속에서는 더욱 그러하지 않다(제4장 4.4절과 4.5절 참조).

추가 동적 하중의 정밀한 분석은 그것의 랜덤한 성질 때문에 스펙트럼 분석으로 가능하다(57), (62). 이 방법을 이용하여 추가의 동적 하중을 다음의 두 그룹으로 분류할 수 있다는 것을 알게 되었다.

- "스프링 상 질량(차량)"에 기인하고 차량의 유형과 특성이 영향을 주는 추가의 동적 하중. 스프링 상 질량의 동요는 더 낮은 속도의 경우를 제외하고 열차의 속도와 함께 증가한다. 스프링 상 질량 동요의 증가는 그들의 수직 농요 공진 주파수의 함수이다. 이 공진 주파수의 영향은 상당하다.

- "스프링 하 질량(차륜, 레일)"에 기인하는 추가의 동적 하중. 이것은 속도, 궤도 틀림의 크기, 스프링 하 질량의 제곱근 및 궤도의 수직 강성의 제곱근에 비례한다. 스프링 하 질량에 기인하는 추가의 동적 하중 ΔQ의 표준 편차 sd는 다음 식의 관계로 나타낼 수 있다(56).

$$sd_{\Delta Q} = V \sqrt{\frac{A\ m\ h}{2\ \alpha}} \tag{2.14}$$

여기서, V : 차량의 속도

m : 차륜 당 스프링 하 질량

h : 궤도의 수직 강성. 이것은 제4장 4.1.2항에서 설명하는 것처럼 윤하중 Q와 레일 레벨에서의 수직 침하 z를 이용하여 $h = Q\ /\ z$라고 정의한다.

α : 감쇠 계수

A : 궤도 보수의 조건에 좌우되는 실험상의 계수

2.12 발생된 힘의 승차감에 대한 영향

승차감은 대부분 가해진 힘의 영향을 받으며 이 힘은 인체가 받는 가속도의 값을 사정한다. 그러나 승차감의 의미는 진동 주파수의 영향도 받는다. 승차감은 5 Hz 정도에서 최소라는 점과 인체는 5 Hz 이상 20 Hz에 이르기까지의 주파수에 대응하는 진동을 더 좋게 받아들인다는 점을 알게 되었다(1) (그림 2.19).

2.13 신선의 건설비

새로운 철도 선로의 건설비는 몇 가지 인자의 영향을 받는다.
• 설계 특성, 주로 교량과 터널의 수와 크기. 유사한 레벨의 철도 선로에서 많은 토목 구조물(터널, 교량)의 존재는 건설비가 2배 또는 3배만큼이나 증가할 수도 있다는 점에 주목하여야 한다.
• 용지비. 이것은 특히 도시 지역에서 건설비에 상당히 영향을 줄 수 있다.
• 인건비. 이것은 나라마다(흔히 동일 국가 내에서도) 다르다.
그러므로 다른 국가의 분석으로부터의 정보에 기초한 비용 데이터의 사용은 항상 마

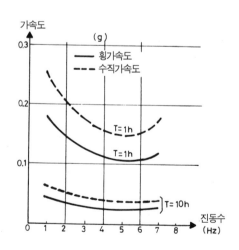

그림 2.19 진동에 대한 인체의 민감도와 등가 물리적 안락함의 곡선

음에 균형을 유지하면서 각종 비용의 파라미터에 대한 대강의 추정에만 이용여야 한다. 예를 들면, (상대적으로 작은 토목 구조물을 포함하는) 파리~리용간 TGV 남동선의 km당 건설비는 1985년 가격으로 21백만 FF이었던 반면에, 파리~Bordeaux간 TGV 대서양선의 대응하는 비용은 1985년 가격으로 31백만 FF이었다. 수량이 많고 다루기 힘든 토목 구조물 프로젝트를 가진 Hannover~Wurzburg간 새로운 IC선로의 km당 건설비는 1983년 가격으로 35백만 DM이었다(44).

마지막으로 철도 시스템의 여러 구성요소에 대한 신선의 건설비 분포는 각각의 경우에 크게 다르다. 표 2.1은 주요 토목 구조물 프로젝트가 없는 선로에 대한 프랑스, 스페인, 그리스 및 독일 데이터로부터의 평균치를 나타낸다.

표 2.1 철도 시스템의 여러 구성요소에 대한 신선 건설비의 분포

노반	45~30%
토목 구조물 프로젝트	10~25%
궤도	20%
신호 - 통신	10%
전철 운전	10%
설계	4~5%

3. 노반

3.1 궤도의 품질과 기능에 대한 노반의 영향

노반은 궤도 품질이 안전하고 안락한 열차 주행에 필요한 표준에 도달하는 것을 보장함에 있어 특히 중요하다. 철도망은 승차감을 개선하기 위하여 지대한 노력을 한다. 그러나 이들의 노력은 주로 궤도에 집중되고 있으며 궤도 레벨에서 나타나는 많은 문제가 궤도 구조보다 노반에서 규명된다는 사실을 흔히 소홀히 하고 있다.

노반에 관련하는 과거의 연구는 고속도로 공학에서 유력한 아이디어의 영향을 받았다는 점을 강조하여야 한다. 이것은 고속도로에서 얻은 기술적 경험을 이용하는 장점을 갖고 있지만, 고속도로 설계 시방서가 글자 뜻대로 적용되었을 때 이행된 기술이 철도 환경의 특색에 적합하지 않다는 단점을 갖고 있다.

철도노반 문제는 신선과 기존선에서 여러 상태로 나타난다. 따라서 새로운 선로의 노반 설계는 예측된 하중(축중 및 궤도 통과 톤수), 침목 유형 및 도상 두께의 함수이다. 문제의 합리적인 고려는 노반을 한정하는 토질 유형, 수리 조건 및 기계적 강도 등 각종 파라미터가 고려되는 것을 필요로 한다.

다른 한편으로, 기존선에서의 문제는 다르다. 철도망의 방침(보다 높은 속도, 보다 높은 축중)은 노반 응력의 증가로 이끈다. 기존선에서 보조 도상의 하면과 노반의 상면이 가능한 한 거의 교란되지 않아야 하는 압밀 지역을 형성하므로, 노반의 조정에 대한 가능성은 거의 없다. 노반의 어떠한 조정도 특정한 문제가 발생한 지역으로 제한되어야 하며, 가능한 한 정기의 궤도 보수 동안 수행하도록 계획하여야 한다. 노반 개량과 도상 두께 증가간의 결정은 기술적, 경제적 검토의 주제이어야 하며, 따라서 앞당겨 행하기가 어렵다(64).

그러므로 노반은 다음의 기능을 충족시켜야 한다.
- 여객 열차와 화물 열차가 설계 속도에서 안전하게 주행할 수 있다.
- 화물 열차가 가하는 무거운 축중을 지지한다.
- 장래의 궤도 보수비를 최소화한다.

이들의 기능은 다음을 이용하여 달성할 수 있다.
- 원지반의 침하와 성토 내 압밀의 제한
- 부과된 철도 하중과 성토의 중량 하에서 안정되도록 준비
- 시공 기면의 조건이 그 수명 동안 열화가 되지 않음을 보장

3.2 토질학적 분석과 흙의 분류

3.2.1 분석적인 토질 검토

노반의 건설 이전에 지반에 대한 철저한 지질 조사를 완료한다면 이상적일 것이다. 그러한 지질 조사는 비용이 많이 들며, 주로 신선을 건설하기 전에 수행한다.

지질 조사는 다음을 나타내어야 한다.
- 성토용 재료를 현장에서 이용할 수 있는지 또는 반입하여 채우는 것이 필요한지의 여부
- 채움을 시작할 수 있기 전에 연약 지반의 처리를 필요로 하는 위치
- 지하수 레벨이 문제를 일으킬 수도 있는 위치
- 장기간 동안 토공 경사의 안정을 보장하기 위하여 필요한 수단
- 특정한 배수 또는 보호 수단을 필요로 하는 절토의 위치
- 절토와 채움 작업의 사용에 적합한 플랜트의 유형

그림 3.1은 투수에 저항하는 것으로 입증된 청색 석회암 층을 따라 건설된 Channel 터널의 지질 특성을 나타낸다.

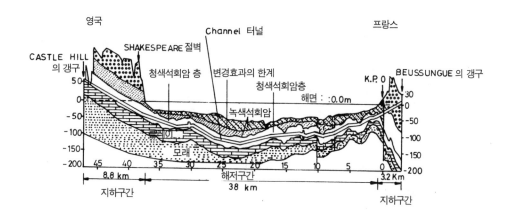

그림 3.1 Channel 터널의 지질 특성

3.2.2 흙의 토질학적 분류

그러나 기존의 선로에서는 그러한 분석적인 토질학적 측정이 불필요하다. 그럼에도 불구하고, 지반의 기계적 거동의 기본 파라미터에 관한 일반적인 지식이 필요하다. 주로 철도공학의 프로젝트에 적용된 각종 토질학적 분류는 이 목적에 유용한 지표이다. 이들의 분류는 입도 분포와 Atterberg 한계(유동성 한계, 소성 한계, 수축 한계) 등의 특성에 기초한다. 때때로, CBR 지수 등과 같은 기계적 파라미터도 고려한다.

여러 철도망은 다음의 국가들에 대하여 설명하는 것처럼 흙을 다르게 분류한다 (64), (66).

- 영국, 프랑스, 독일, 스위스랜드 및 기타 국가는 Casagrande 분류라고도 알려진 USCS(연합 토질 분류 시스템) 분류를 사용한다.
- 스칸디나비아 국가들은 주로 재료의 입도 분포에 의지한다.
- 이탈리아, 그리스 및 기타 국가들은 AASHO(미국 고속도로 협회) 분류를 사용한다.

2 그룹 이상의 미립자 크기의 혼합물로 구성된 흙은 일반적으로 분리하여 고려한다. 유사한 입자 성분을 가진 그러한 흙의 정확한 분류는 소성 특성(Casagrande 다이어그램)도 고려하는 것이 필요하다.

각종 분류 방법에 기인하는 작은 차이에도 불구하고 토질 공학에서는 다음의 용어가 보통 허용된다.

- 암석 : 암석이 경험한 부식 풍화작용에 따라 낮은 변성 암석, 중간 변성 암석 또는 높은 변성 암석.
- 자갈(2 mm < d < 20 mm) : 좋은 또는 나쁜 입도의 자갈, 미사의 자갈, 점토 자갈.
- 모래(0.1 mm < d < 2 mm) : 미사의 모래, 점토 모래.
- 미립토 (0.001 mm < d < 0.1 mm) : 사소한 소성의 미사, 사소한 소성의 점토, 소성이 큰 미사, 소성이 큰 점토
- 유기체 흙

3.3 수리-토질학적 조건

노반 품질의 사정에 적용하는 또 다른 기초적 파라미터는 수리-토질학적 조건이다.

여러 철도망은 기후의 변화 동안 수리-토질학적 조건이 나쁘다고 고려되는 범위를 넘는 최대 지하수 레벨을 사정하려고 시도하였다. 그림 3.2는 여러 철도망의 규정에 따라 수리-토질학적 조건이 좋다고 고려되는 소정의 참조 레벨로부터 지하수 레벨의 최소 거리를 도해한다(65), (66), (67).

그러나 비록 지하수 레벨이 그림 3.2에 나타낸 것의 아래에 있을지라도, 적합한 배수 설비(그림 3.3)가 마련되어 있지 않거나 보조 도상이 소요의 횡 기울기(3~5 %)를 갖고 있지 않은 경우에는 일반적으로 수리-토질학적 조건이 좋다고는 간주하지 않는다(65), (66).

게다가 시간에 걸쳐 지하수 레벨에 큰 변동이 있는 지역은 개별적인 검토의 주제이어야 한다. 그러한 경우에는 기술적 · 재정적 관점에서 모래 필터 또는 지오텍스타일 설치의 가능성을 조사하는 것이 좋다. 이것은 이 장의 마지막(제3.13절)에 설명하는 내용이다.

결빙이 빈번하게 일어나는 북부 유럽 철도망에서 고려하는 제3의 파라미터는 결빙의 침투에 대한 노반의 민감성을 포함한다(이하의 제3.10절 참조).

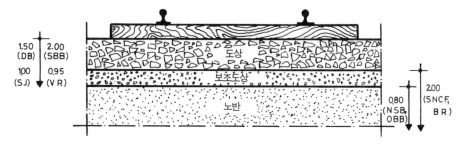

약자 : BR; 영국, 철도, DB; 독일 철도, NSB; 노르웨이 철도, OBB; 오스트리아 철도, SBB; 스위스 철도,
SJ; 스웨덴 철도, SNCF; 프랑스 철도, VR; 핀란드 철도

그림 3.2 여러 철도망의 규정에 따라 배수 조건이 좋다고 고려될 만큼의 어떤 참조 레벨로부터 지
하수 레벨의 최소 거리 (m)

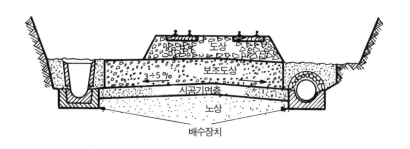

그림 3.3 노반에 따른 배수 설비의 설치

3.4 노반의 분류

노반의 거동은 UIC분류에 따라 다음과 같이 거시적으로 분류할 수 있다.
- 침하가 적고, 열차 하중을 대단히 좋게 지지. 이 노반은 이후에 S_3라 부른다.
- 침하와 열차 하중에 견딤에 있어 일반적으로 보통의 거동. 이 노반은 S_2라 부른다.
- 침하가 크고, 하중의 지지를 보다 적게 충족. 이 노반은 S_1이라 부른다.
- 침하가 광대하고, 하중에 견딤에 있어 약한 성능. 이러한 노반의 품질은 S_0이라
  부른다.
상기에 대하여 충분한 강도의 암석으로 구성된 노반의 경우를 더하여야 한다. 그러
한 노반의 품질은 R로 나타낸다.

상기 부류의 하나로 분류하는 기준은 흙의 지질학적 특성과 수리-토질학적 조건이다. 그러므로 적용 가능한 UIC 표준에 따른 노반의 분류 (65)를 표 3.1에 나타낸다. 이 분류에 사용된 참조 파라미터는 잔 골재의 비율(퍼센트), 소성 지수 PI 및 로스앤젤레스(Los Angeles)와 데발(Deval) 계수(제7장 7.4절 참조)를 포함한다.

부류 S_0의 흙은 광범위하게 침하하고 불균질하며 시간에 걸쳐 특성이 변할 수 있고 도상 자갈이 노반으로 깊숙이 관입되는 것을 허용하기 때문에 궤도를 적당하게 지지하기에는 원칙적으로 부적합하다. 궤도에 부설하거나 또는 더 적합한 흙 재료로 교체할 때 가능하면 언제나 유기체 흙을 피하여야 한다. 이것이 불가능함이 입증되고 궤도가 유기체 흙 지역을 횡단하여야만 하는 경우에는 특히 높은 토공에 대하여 침하의 위험을 신중히 고려하여야 하며, 도상과 보조도상 두께의 적합한 증가 및 지오텍스타일의 사용과 함께 흙의 개량 해법을 시험하여야 한다(73), (74), (75).

표 3.1 토질학적 특성과 수리 - 토질학적 조건의 함수로서 노반 품질의 분류, (65)

흙의 토질학적 분류	수리-토질학적 조건	노반 품질
낮은 변성의 암석	-	R
중간의 변성 암석 (건조 데발 > 9, 로스앤젤레스 ≤ (30) 미립자*를 가진 흙 < 5%	-	S_3
높은 변성 암석 (6 < 건조 데발 < 9, 30 < 로스앤젤레스 < 33) 균등한 미립자를 가진 모래 < 5%	양호	S_3
미립자를 가진 흙 5~15%	불량	S_2
$PI > 7$의 편암 $PI > 7$의 미사	양호	S_2
미립자를 가진 흙 15~40% 데발 < 6과 로스앤젤레스 > 33의 쇄석	불량	S_1
약간 소성의 미사 미립자를 가진 흙 > 40%	-	S_1
유기체 흙	-	S_0

*입자 치수가 60 μ 미만일 때는 입자가 미세로서 특성화된다.

3.5 노반의 기계적 특성

노반의 역할은 중간의 궤도지지 구조(도상과 보조도상)에 의하여 적당하게 감소된 열차 하중을 지지하는 것이다. 노반은 하중에 적당하게 견디기 위하여 필요한 기계적 성질을 가져야 한다.

탄성 계수의 범위를 정하는 한계는 ORE* 체제 내에서 취급한 일련의 시험 (55)을 기초로 하여 UIC 분류(그림 3.4)에 따라 흙 부류의 각각에 대하여 사정하였다. 암석의 흙에 대한 탄성 계수는 암석 재료의 본질에 따라서 변화한다. R 노반에 대한 탄성 계수는 $3 \cdot 104$ kp/cm^2 정도에 있다(또한, 제4장 4.3.5항 표 4.2 참조).

노반의 특성은 또한 탄성 계수에 더하여 노반이 지탱하는 용량의 사정을 또한 필요로 한다. 그림 3.4는 각종 노반 흙의 부류에 대응하는 CBR 지수에 대한 각각의 값을 도해한다(65).

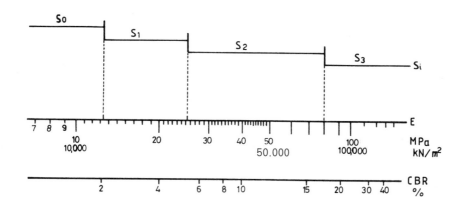

그림 3.4 각종 노반 흙 부류에 대한 탄성 계수와 CBR 지수 (65)

---

*국제철도연합 연구소의 구 이름

3.6 시공 기면 층

사용된 노반 흙이 S_1 또는 S_2로 분류되는 경우에는 더 좋은 품질의 흙 재료로 구성하는 상부 층을 두는 것이 타당하다. 이 층을 흔히 시공 기면이라 부른다.

시공 기면 층은 노상보다 더 압밀되어야 한다. 따라서 대부분의 철도망은 현재 표준의 Procter 시험에 의하여 100 %의 계수를 가지는 시공 기면 층을 필요로 하는 반면에, 이 값은 (성토의 경우에) 노상 층에 대하여 일상적으로 95 %이다(54).

시공 기면 층의 사용은 다음의 두 요건이 적합할 때만 노반 거동의 실질적인 개선으로 이끈다(54).

- 노상 재료는 낮은 함수량을 가져야 하며, 그렇지 않으면 노상의 흙 입자가 시공 기면 층을 침투하여 횡 경사를 훼손할 것이다.
- 시공 기면 층은 균질하여야 하며 미립자 재료의 집중이 없어야 한다.

시공 기면 층의 두께는 노반 품질의 함수로서 정한다. 표 3.2의 값은 반-경험적으로 구하였다(65).

표 3.2 UIC 1~4 그룹 선로에 대한 노반 품질의 힘수로서 시공 기면 층에 요구된 두께 (65)

노반 품질	시공 기면 층	
	품질	두께(cm)
S_1	S_2	30~55
	S_3	20~40
S_2	S_3	20~30

3.7 노반에 대한 열차 하중의 영향

열차 하중(선로 통과 톤수)의 영향과 보수 조건을 검토할 때, 고속도로 공학에서 확립된 Dormon의 법칙을 충분한 정밀성을 갖고 사용할 수 있다. Dormon의 법칙(54)에 따르면, 노반의 기계적 하중은 멱수 λ로 제곱한 재하 사이클의 수에 역으로 비례한다.

$$\frac{\sigma_1}{\sigma_2} = \left(\frac{N_2}{N_1}\right)^{\lambda} \tag{3.1}$$

여기서, σ_1, σ_2는 각각 N_1, N_2 재하 사이클에 대응하는 응력이며 λ는 0.2의 평균값을 가진 지수이다.

P를 축중, T를 일간 열차 하중(통과 톤수)이라고 하자(제2장 2.5.2항 참조). 식 (3.1)에서 다음과 같이 된다.

$$\frac{\sigma_1}{\sigma_2} = \left(\frac{T_2/P_2}{T_1/P_1}\right)^{\lambda} \tag{3.2}$$

일정한 축중 $P_1 = P_2$의 경우에 식 (3.2)는 다음과 같이 된다.

$$\frac{\sigma_1}{\sigma_2} = \left(\frac{T_2}{T_1}\right)^{\lambda} \tag{3.3}$$

3.8 노반에 대한 보수 조건의 영향

궤도 보수 작업의 크기(및 그에 따른 비용)를 평가하기 위해서는 보수 계수 k를 파라미터로서 사용한다. 전체의 선로 망은 각 구간에 따른 궤도 팀의 작업 활동과 대략 같은 수로 구간을 나누며, 작업 활동은 궤도의 완전한 두 갱신 사이에서 인력 또는 기계 장비에 의한 모든 활동을 의미하는 것으로 이해되고 있다. I를 어떤 구간에서의 작업 활동의 연간 횟수로, I_m을 같은 UIC 그룹에 속하고 같은 축중의 열차를 운반하는, 같은 경년(즉, 같은 해에 갱신)의 궤도를 따른 작업 활동의 평균 횟수라고 하자. 보수 계수 k는 다음과 같이 정의된다.

$$k = \frac{I}{I_m} \tag{3.4}$$

값 $k = 1$은 평균의 보수 레벨에 상당하는 반면에, 값 $k = 0.5$는 만족스러운 보수 레벨에 상당한다. 노반 품질이 나쁠 때는 k가 10에 이르기까지의 값을 취할 수 있다(그림 3.5).

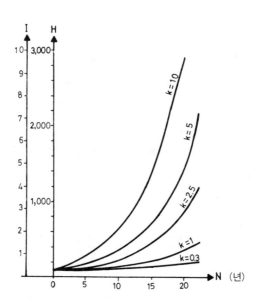

그림 3.5 보수 계수 k와 완전한 갱신 이후 햇수의 함수로서 인력 작업 활동(선로의 km당 인-시간 H)과 (인력과 기계적 수단에 의한) 작업 활동의 연간 횟수 I에 대한 보수비. UIC 그룹 1~3 선로의 경우

계수 k의 사용은 궤도 보수 작업의 합리적인 계획 수립에서 중요한 보조 수단이다. 그림 3.5는 보수 계수와 바로 전의 완전한 갱신 이후 경과한 햇수의 함수로서 (UIC 1~3 선로에 대한) 보수비를 나타낸다. 보수비가 불균형하게 증가하는 범위를 넘는 곡선 상의 점을 기초로 하여 다음의 완전한 궤도 갱신을 취하여야 하는 시기를 합리적으로 사정한다.

이제, 각각 다른 보수 계수 k_1과 k_2를 가진 두 궤도 1과 2를 고려하자. Dormon의 법칙을 적용하면 다음과 같이 된다.

$$\frac{\sigma_1}{\sigma_2} = \left(\frac{\tau_2 / P_2}{\tau_1 / P_1} \right)^{\lambda} \tag{3.5}$$

여기서, τ는 연속적인 두 보수 활동간의 각 선로에 대한 열차 하중이다. 통계적 분석은 τ가 T/k의 값에 비례한다는 것을 나타내었다. 그러므로,

$$\frac{\sigma_1}{\sigma_2} = \left(\frac{T_2 / k_2 / P_2}{T_1 / k_1 / P_1} \right)^{\lambda} \tag{3.6}$$

같은 축중과 같은 열차 하중을 가진 두 선로의 경우를 고려하면, 식 (3.6)은 다음과 같이 된다.

$$\frac{\sigma_1}{\sigma_2} = \left(\frac{k_2}{k_1}\right)^\lambda \tag{3.7}$$

식 (3.7)은 노반의 기계적 강도에 대한 보수 조건의 영향에 관한 계산을 허용한다. 계수 k의 사용은 발생하는 여러 문제의 정기적인 기록을 필요로 한다(표 3.3).

표 3.3 지질학적 궤도 문제의 기록

km		역간		선로 문제					구간의 설명
에서	까지	에서	까지	사면 불안정	궤도 침하	궤도 뒤틀림	과도한 보수	물로 시달리는 지점	

3.9 노반의 피로 거동

피로는 일반적으로 반복 하중의 영향을 받은 재료의 기계적 강도의 감소로 정의된다. 금속의 경우에는 (피로 한계라고 부르는) 한계 응력 σ_0이 있으며, 금속에 발달한 응력이 이 응력을 넘는 경우에는 피로 효과가 발생한다. 그들은 눈에 보이는 어떠한 큰 변형이 먼저 일어남이 없이 파손으로 이끌 수도 있다.

그러나 흙 재료의 피로는 재하 사이클에 관련하는 소성 변형의 발달을 포함한다. 반복 재하 조건 하에서 실험한 3축 시험의 결과에 의하면, 그림 3.6에서 분명한 것처럼 파라미터

$$R = \frac{\text{첫 번째 사이클의 } (\sigma_1 - \sigma_3)}{\text{파손을 일으키는 사이클의 } (\sigma_1 - \sigma_3)} \tag{3.8}$$

가 소성 변형이 대단히 급하게 증가하는 범위를 넘는 0.9 정도에서 제한 값을 나타내는 것을 보여주었다.

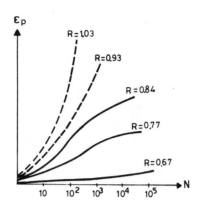

그림 3.6 R 파라미터의 함수로서 점토 흙에서 소성 변형의 전개

재하 사이클 N의 함수로서 소성 변형 ε_p^N의 발달에 대하여 다음의 관계(72)가 제시된다.

$$\varepsilon_p^N = a + b \log N + c N^\alpha + d N^\beta \qquad (3.9)$$

여기서, $a < b < \cdots$이며, 파라미터 $a, b, c, d, \alpha, \beta$는 실험석으로 결성된다.

식 (3.9)에 따르면, 지수 항을 무시해도 좋은 한은 소성 변형이 대수적으로 진행하며 재하 사이클의 어떤 수 이후에 실용적으로 안정된다. 이에 반하여, 식 (3.9)의 지수 항이 총 소성 변형에 결정적인 영향을 가지는 경우에는 노반이 재하 사이클의 함수로서 크고 위험스럽게 증가하는 변형을 나타낼 수 있다. 그러한 거동은 나쁜 노반 품질(S_1)과 대단히 나쁜 노반 품질(S_0)의 경우에 어떤 조건 하에서 관찰된다.

3.10 선로의 결빙 보호

3.10.1 결빙 지수

철도 당국은 예상되는 가장 추운 겨울 날씨에 따라서 결빙 보호를 평가하여야 하는지 또는 극한 조건에서 결빙 침투가 일어날 것을 용인하면서 평균적인 겨울 날씨에 적합하게 될 노반을 부설할 것인지 여부를 결정하여야 한다. 표 3.4는 완전한 동결의 확률과 관련하여 결빙 지수뿐만 아니라 어떤 기간에 예상된 결빙 침투의 과소 평가를 나타낸다(68).

표 3.4 결빙 지수, 완전한 동결의 확률 및 어떤 기간에 예상된 과소 평가의 횟수, (68)

결빙 지수	완전한 동결의 확률	어떤 기간에 예상된 과소 평가의 횟수
F_2	50%	2년에 1회
F_5	20%	5년에 1회
F_{10}	10%	10년에 1회
F_{100}	1%	100년에 1회

3.10.2 결빙 기초 두께

동상에 대비하여 노반을 보호하기 위한 재료의 층 또는 재료의 조합 층은 도상 (또는 보조 도상) 아래에 놓인다. 결빙 기초는 동상 방지 재료와 수단의 몇 가지 종류를 포함하는 용어이다.

결빙기초의 두께 Z_{fr}(m)

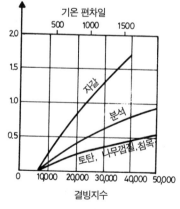

포말 플라스틱 아래 결빙기초의 두께 Z_{fr}(m)

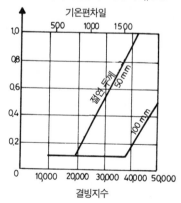

그림 3.7 35cm의 도상 아래 결빙기초 층의 두께 Z_{fr} (68)

그림 3.8 포말 플라스틱의 절연 층이 사용될 때 25 cm의 도상 아래 결빙 기초 층의 두께 Z_{fr} (68)

자갈, 분석(噴石) 등과 같은 각종 재료를 결빙 기초 층에 사용할 수 있다. 그림 3.7은 결빙 지수와 관련하여 도상 아래 결빙 기초 층의 적당한 두께를 도해하며, 그림 3.8은 포말 플라스틱의 절연 층을 사용할 때의 적당한 두께를 도해한다(68).

3.10.3 기존의 궤도에 대한 결빙 보호 방법

겨울철에 흔히 동결되는 지역을 가로지르는 기존의 궤도를 따라 결빙을 방지하도록 (궤도 갱신 동안) 노반을 개량하는 많은 방법이 제시되어 왔다(그림 3.9 내지 3.12), (68).

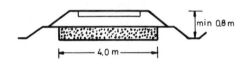

그림 3.9 자갈 또는 분식의 결빙 기초

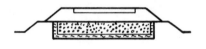

그림 3.10 토탄 필터가 있는 자갈의 결빙 기초

그림 3.11 절연과 결빙-방지 바닥 층의 결합

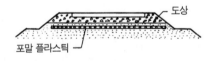

그림 3.12 포말 플라스틱의 사용에 의한 결빙 보호

3.11 오목한 절토와 축제 위의 궤도 노반 - 경사 기울기

3.11.1 오목한 절토의 노반

모든 오목한 절토는 굴착하기 전에 가능한 한 시공 기면의 지질 평형을 적게 교란시키도록 그 진로에 대한 시공 기면의 지질을 면밀히 조사한다. 사면 활동(slide)은 흔히 그러한 간과에 기인한다. 오목한 절토를 설계할 때 고려하여야 하는 파라미터는 안전, 비용 및 주위 환경의 미학을 포함한다.

오목한 절토 측면의 경사는 다음과 같이 통상적으로 사용되는 값으로 지질학적 검토에서 결정한다(그림 3.13).

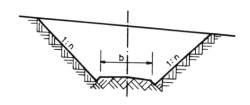

그림 3.13 점토질 흙의 오목한 절토 측면의 경사

미사	1 : 2.5~3 (높이 : 수평 거리)
진창의 모래	1 : 2~3
자갈	1 : 1.5~2
안정된 점토	1 : 1~1.5

사면 안정에 의한 보호는 일반적으로 관목으로 경사를 덮거나 나무를 심어서 달성하며, 따라서 주위의 조경 작업과 동시에 시행한다. 연화(軟化)를 피하기 위하여 경사면의 지반 배수도 필요하다.

3.11.2 축제의 노반

축제의 경우에도 계획된 축제 아래 지질 층의 품질을 고려하여야 한다.

보통의 흙   1 : 1.5~2
자갈, 모래   1 : 2
부식 경향이 있는 흙   1 : 3

지반 경사가 1 : 10보다 큰 경우에는 그림 3.14에 나타낸 것처럼 계단 모양의 형상을 사용하여 축제의 저부를 안정시키는 것이 타당하다.

그 후의 축제 압밀 때문에 축제의 폭과 높이에 대한 초기 치수를 증가시켜야 한다 (그림 3.15).

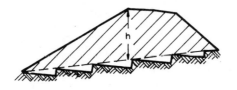

그림 3.14 가파른 지반의 경우에 축제 저부의 계단 모양

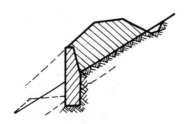

그림 3.15 대단히 높은 축제 측면의 경우에 설치하는 옹벽

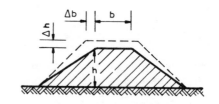

그림 3.16 압밀에 따른 크기의 예상된 감소를 고려한 초기의 폭과 높이의 증가

마지막으로 대단히 높은 축제 측면의 경우에는 흙 압력과 열차 하중에 견디도록 설계된 옹벽 또는 강화 흙을 사용할 수 있다(그림 3.16).

3.12 철도 공학에서 흙 강화 기술

보강 토 (78)는 대부분의 경우에 옹벽으로 교체할 수 있는 유연한 기법이다. 보강 토는 다음으로 구성하는 일종의 조립이다(그림 3.17).

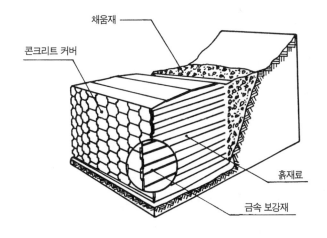

그림 3.17 보강 토 기법

- 축제 가장자리
- 좋은 품질의 흙 재료
- 금속 보강재
- 콘크리트 커버

보강 토 기법은 특히 중간의 품질과 열등한 품질의 노반(S_1, S_0)에서 사용한다. 금속 보강재를 고정함에 있어 특히 주의를 필요로 한다. 프랑스의 철도 프로젝트에 대한 건설비를 비교 분석한 결과(그림 3.18)는 보강 토 해법이 특히 $3\ m < h < 12\ m$

의 높이에서 옹벽의 건설에 비하여 경제적 및 기술적으로 장점을 가지는 것을 나타내었다. 그러나 보강 토 기법은 전기 운전 선로에 사용할 수 없으며, 그 이유는 귀환 전류가 철근을 부식시켜 파손으로 이끌기 때문이다(78).

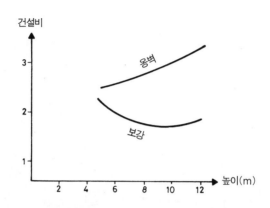

그림 3.18 프랑스의 철도 프로젝트에서 옹벽과 보강 토의 상대적인 건설비

3.13 노반의 지오텍스타일

중간, 불량, 또는 (특히) 대단히 불량한 품질의 노반은 지오텍스타일(geotextile)을 사용하여 개량할 수 있다. 지오텍스타일 (74), (75)은 두께 0.4~3 mm, 중량 70~350 g/m의 합성 폴리프로필렌 또는 폴리에스터 파이버로 구성하는 투과성의 토질 막이다. 지오텍스타일에는 두 가지 큰 종류가 있다.

• 두 개의 섞은 수직 파이버 층으로 구성하는 짠 지오텍스타일
• 파이버가 랜덤하게 놓이는 등방성의 거동을 가진 짜지 않은 지오텍스타일

지오텍스타일은 큰 변성을 갖고 있으며 다음에 사용된다.

• 입자 재료의 연속한 2개 층을 분리하기 위하여
• 기계적 강도가 불충분한 흙의 층을 보강하기 위하여
• 필터로서
• 배수를 위하여

지오텍스타일은 철도 공학에서 광범위하게 사용된다. 지오텍스타일은 (결코 도상 아래에 놓이지 않고) 보조 도상 아래에 부설하며 그 목적은 가지각색이다(73).

ⅰ) "노반 위 궤도지지 구조의 적당하고 편리한 부설을 용이하게 하기 위하여". 노반의 상부에 부설된 지오텍스타일은 자갈 보조도상 안으로의 미립자 침입을 방지하며 노반의 표면에 덧붙이어 적당한 횡 기울기를 허용한다. 그림 3.19는 위에 놓인 자갈 층 안으로의 미립자 재료의 강한 흡수 작용이 관찰되는 경우에 대한 점토질 흙의 소성 특성을 도해한다(69).

ⅱ) "(반복 하중 하에서) 궤도지지 구조의 기계적 저항을 증가시키기 위하여". 그러나, 지오텍스타일의 사용은 감지할 수 있을 정도로 도상과 보조 도상 두께의 감소를 수반하지 않아야 하며, 그 이유는 이것이 노반의 강한 하중으로 귀착될 것이기 때문이다(73). 지오텍스타일은 수직 하중을 분산시킴에 있어 도상이나 자갈을 대체할 수 없다. 어떤 철도망에서는 도상 두께의 감소에 더한 보조 도상의 부설이 없으면 지오텍스타일의 적용이 파손을 일으킨다(도상에 의한 지오텍스타일의 천공, 횡 기울기의 파괴 등). 지오텍스타일의 보강 작용은 유한 요소 해석(제4장 4.3절 참조)과 같은 수치적 방법으로 사정할 수 있다(80).

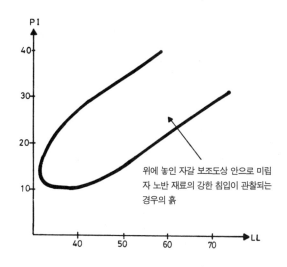

위에 놓인 자갈 보조도상 안으로 미립자 노반 재료의 강한 침입이 관찰되는 경우의 흙

그림 3.19 자갈 보조도상 안으로 미립자 노반성분의 강한 침투가 관찰되는 경우에 소성 지수(PI)와 액성한계(LL)의 결합

iii) "지오텍스타일은 필터 또는 배수로서의 기능을 한다".
　　이 경우에 지오텍스타일은 다음의 관계에서 선택한다.
　a) 무-응집성의 흙

$$k_g \geq \frac{t_g \cdot k_s}{5\, d_{50}} \qquad (3.10)$$

　b) 응집성의 흙

$$k_g > 100 \cdot k_s \qquad (3.11)$$

여기서,

k_g : 요구된 지오텍스타일의 투수성 (cm/sec)
t_g : 지오텍스타일의 두께(mm)
k_S : 흙의 투수성 (cm/sec)
d_{50} : 흙 재료의 50% 통과를 허용하는 체의 직경

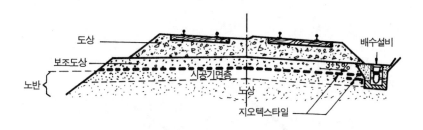

그림 3.20 노반 위에서 지오텍스타일의 적합한 부설

　지오텍스타일은 결빙의 침입에 대비하여 노반을 보호한다. 특정한 지오텍스타일을 사용하기 전에, 그 지오텍스타일이 파손 시의 신장, 천공 강도, 압축 강도, 물 투수성, 미립자 흙 재료에 대한 투과성 등 기계적 강도 요건을 충족시키는지 확인하여야 한다.

이들 기계적 성질의 값은 관련 매뉴얼에서 기술한 각종 시험으로 사정한다(74), (75).

노반에서 지오텍스타일을 사용하는 것은 일반적으로 상기의 세 가지 목적을 충족시킨다. 그러나, 지오텍스타일은 통상적으로 단순히 노반 흙 재료에서 자갈 보조도상을 분리시키기 위하여 사용한다.

지오텍스타일을 사용할 때(그림 3.20)는 언제나 궤도 보수비가 상당히 저감된다. 따라서 지오텍스타일의 부설 비용은 상당히 빨리 할부 상각된다.

4. 궤도의 기계적 거동

4.1 수직 현상의 분석 – 궤도 계수

4.1.1 정의-기호

이 장에서는 먼저 궤도의 기계적 거동에 대한 정적 접근법을 고찰한다. 여기서는 다음과 같은 기호를 사용한다.

z : 레일 레벨에서 수직 침하

r : 레일을 따라 균등하게 분포된 윤하중

R : 침목-레일의 수직 반력

l : 침목 간격

S : 침목 좌면의 면적

p : 도상에 대하여 침목 표면에 적용된 평균 압력

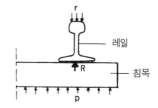

그림 4.1 궤도 시스템의 파라미터에 대한 기호

4.1.2 궤도 계수

다음과 같은 궤도 계수들을 정의한다.

"궤도 지수"

$$k = \frac{r}{z} \tag{4.1}$$

"궤도 강성"(역주 : 여기서, Q는 윤하중이다)

$$h = \frac{Q}{z} \tag{4.1a}$$

"침목 반력 계수"

$$\rho = \frac{R}{z} \tag{4.2}$$

식 (4.2)에 (4.1)을 대입하여 다음 식을 구한다.

$$\rho = R\frac{k}{r} \tag{4.3}$$

그리고 $R = lr$ (평형 방정식)이므로

$$\rho = l\,r\,\frac{k}{r} = k\,l \tag{4.4}$$

"도상 계수"

$$C = \frac{\rho}{S} \tag{4.5}$$

식 (4.5)에 (4.2)를 대입하여 다음 식을 구한다.

$$C = \frac{R}{z\,S} \tag{4.6}$$

그리고 $R/S = p$이므로, 다음 식으로 될 것이다.

$$C = \frac{p}{z} \tag{4.7}$$

일반적으로 보면, 궤도 시스템 요소의 "반력 계수"는 다음 식과 같이 정의된다.

$$\rho_n = \frac{R}{z_n} \qquad (4.8)$$

여기서, z_n은 검토된 요소의 레벨에서 수직 침하이다.
그러므로,

$$\sum z_n = z \;\Rightarrow\; \sum \frac{R}{\rho_n} = R\sum \frac{1}{\rho_n} \;\Rightarrow\; \frac{1}{\rho} = \sum \frac{1}{\rho_n} \qquad (4.9)$$

식 (4.9)은 궤도-노반 다층 시스템의 총 반력 계수를 준다.
각종 궤도 요소에 대한 반력 계수 ρ의 값을 아래에 나타낸다(56), (1).

레일	5,000~10,000 t/mm
목침목	50~80 t/mm
콘크리트 침목	1,200~1,500 t/mm
도상	10~30 t/mm
고무 패드	10~20 t/mm

궤도의 탄성은 주로 도상의 두께와 특성에 좌우된다. 도상만을 가진(즉, 보조도상이 없는) 기존의 궤도를 따른 총 반력 계수는 평균치로서 0.3 t/mm와 함께 0.15와 1.0 t/mm 사이의 범위를 가지는 것으로 알려졌다(1).
노반의 탄성은 다음의 반력 계수 값과 함께 흙 품질에 좌우된다(1).

습지 노반	0.5~1.5 t/mm
점토 노반	1.5~2 t/mm
자갈 또는 암석으로 된 노반	2~8 t/mm
동결 노반	8~10 t/mm

토목 공학 프로젝트에서 반력 계수 값은 10에서 15 t/mm까지 범위를 두며, 그러므로 재래 궤도에서보다 탄성이 훨씬 더 낮다. 이들의 경우에 사용된 고무 패드는 상당히

더 두껍다.

도상 두께의 증가는 궤도의 탄성을 증가시킬 뿐만 아니라 노반에서 발달된 응력도 감소시킨다. 다음과 같이 두자.

$$\lambda = \frac{\text{노반 표면의 응력}}{\text{침목 아래의 응력}}$$

e : 도상의 두께

ρ_0 : $e = 0$에 대한 궤도 반력 계수

Boussinesq의 해석(탄성 거동이 있는 다층 시스템)을 적용하면, 다음의 값이 유도된다(표 4.1) (56).

표 4.1 궤도 탄성과 노반 응력 감소에 대한 도상 두께의 영향

e(cm)	0	15	20	30	40	50
λ	1	0.70	0.50	0.35	0.25	0.20
ρ / ρ_0	1	1.4	2.00	2.85	4.00	5.00

궤도와 노반의 응력 및 스트레인에 대한 도상 두께의 영향에 관한 상세한 해석은 제 4.3.6항에 주어진다.

4.2 수직 영향의 근사 탄성 해석 – Zimmermann 방법

레일이 무한의 길이*로 되어 있고 궤도 지수 k를 가진 수평 탄성 층 위에 놓인다고 가정한다(그림 4.2). 윤하중은 집중 하중 Q로 시뮬레이트한다. 이 해석은 Zimmermann에 따라 이름이 붙여졌다(81a). 여기서는 다음의 기호를 사용할 것이다.

---

*이 가정은 거의 장대레일로 실현된다. 제5장 5.11절을 참조하라.

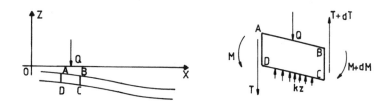

그림 4.2 Zimmermann에 따른 궤도 시뮬레이션(탄성 층 위 무한 길이의 레일)과 요소 단면 ABCD의 응력

M : 휨 모멘트

T : 전단력

k : 궤도 지수

E : 레일의 탄성 계수

I : 레일의 단면 2차 모멘트

여기서는 재료 관계의 전통적인 강도로 시작할 것이다.

$$\frac{dM}{dx} = T \tag{4.10}$$

$$\frac{dT}{dx} = k\,z + Q\,\delta(x) \tag{4.11}$$

여기서, $\delta(x)$는 Dirac 함수이며, 후리에 변환의 하나와 같다(108).
그러므로,

$$\begin{aligned}\delta(x) &= 0, \quad x \neq 0 \\ \delta(0) &= \infty\end{aligned} \tag{4.12}$$

탄성 선의 식은 다음과 같다.

$$\frac{d^2z}{dx^2} = -\frac{M}{EI} \tag{4.13}$$

식 (4.13)에 (4.10)과 (4.11)을 대입하면 다음의 식이 유도된다.

$$EI\frac{d^4 z}{d x^4} + kz = -Q\,\delta(x) \qquad (4.14)$$

$Z(\omega)$을 z의 후리에 변환이라고 하고, 다음 식과 같이 두자.

$$\frac{k}{EI} = w^4 \qquad (4.15)$$

식 (4.14)는 다음과 같이 변환된다.*

$$\omega^4\, Z + w^4\, Z = -\frac{Q}{EI} \qquad (4.16)$$

및

$$Z = -\frac{Q}{EI(\omega^4 + w^4)} \qquad (4.17)$$

후리에 역 변환을 적용하면, 다음 식들이 도출된다.

$$x \geq 0, \qquad z_1 = z_o\sqrt{2}\, e^{\left(-\frac{wx}{\sqrt{2}}\right)}\cos\left(\frac{wx}{\sqrt{2}} - \frac{\pi}{4}\right), \qquad (4.18)$$

$$x < 0, \qquad z_2 = z_o\sqrt{2}\, e^{\left(-\frac{wx}{\sqrt{2}}\right)}\cos\left(\frac{wx}{\sqrt{2}} + \frac{\pi}{4}\right), \qquad (4.19)$$

및

$$z_{max} = z_o = \frac{Q}{2\sqrt{2}\ \sqrt[4]{EI\, k^3}} \qquad (4.20)$$

그러므로 휨 모멘트, 전단력 및 도상 반력에 대한 해석적인 식은 다음으로 귀착된다.

$$M = \frac{Q}{2w}\, e^{\left(-\frac{wx}{\sqrt{2}}\right)}\cos\left(\frac{wx}{\sqrt{2}} + \frac{\pi}{4}\right) \qquad (4.21)$$

---

*함수 $f(x)$의 후리에 변환 F_f는 다음의 관계로 정의된다. $\quad F_f = \int_{-\infty}^{+\infty} f(x)\, e^{-2i\pi\omega x}dx$

$$T = -\frac{Q}{2} e^{\left(-\frac{wx}{\sqrt{2}}\right)} \cos \frac{wx}{\sqrt{2}} \tag{4.22}$$

$$z = \frac{Q}{2} w e^{\left(-\frac{wx}{\sqrt{2}}\right)} \cos\left(\frac{wx}{\sqrt{2}} - \frac{\pi}{4}\right) \tag{4.23}$$

M, T, z의 그래픽적인 표현(그림 4.3)은 다음 식의 파장을 가진 사인형의 감소된 곡선이다.

$$\lambda = 2\sqrt{2} \frac{\pi}{w} \tag{4.24}$$

각종 곡선의 크기는 연속하는 파형 간에서 $e^{\pi} = 0.0432$와 같은 감쇠 계수만큼 감소한다.

그림 4.3에서 분명한 것처럼, $x > \lambda/2$에 대하여 휨 모멘트 M과 전단력 T는 실용적으로 제로이다. 그러므로, 윤하중 Q의 적용 지점으로부터 거리 $\lambda/2$(대략 4 m)를 넘으면 Zimmermann의 해석에 따라 윤하중 Q의 영향을 무시하여도 좋다.

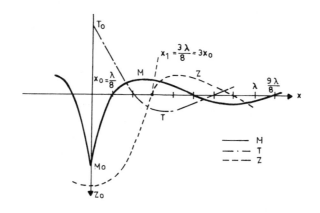

그림 4.3 윤하중의 적용 지점부터 거리의 함수로서 궤도 응력의 변화

각종 양에 대한 최대 값은 다음과 같다.

$$M_{max} = M_o = \frac{Q}{2\sqrt{2}} \sqrt[4]{\frac{E I l}{\rho}} \tag{4.25}$$

$$R_{max} = R_o = \frac{Q}{2\sqrt{2}} \sqrt[4]{\frac{l^3 \rho}{EI}} \qquad (4.26)$$

$$z_{max} = z_o = \frac{Q}{2\sqrt{2}} \sqrt[4]{\frac{l^3}{EI\rho^3}} \qquad (4.27)$$

$$h = \frac{Q}{z_o} = 2\sqrt{2} \sqrt[4]{\frac{EI\rho^3}{l^3}} \qquad (4.28)$$

Zimmermann의 방법은 근사 계산이지만, 각종 파라미터의 최대 값에 대하여 편리하고 빠른 계산을 허용하며 영향의 크기 정도에 대하여 검토 중에 기술자에게 적당한 평가를 제공한다.

식 (4.25) 내지 (4.28)은 침목 반력 계수 ρ가 증가하는 경우에 M_o와 z_o는 감소하고 Ro는 증가함을 나타낸다. 그러나 $1/\rho^{3/4}$에 비례하는 수직 침하 z_o는 $1/\rho^{1/4}$에 비례하는 휨 모멘트 M보다 훨씬 더 빠르게 감소한다. 그러므로, 침목 반력 계수의 좋은 값은 레일의 기계적 거동보다 궤도 선형에 더 영향을 준다. 침목 반력 계수는 수직 총 침하의 대부분이 발생하는 노반의 품질에 주로 영향을 받는다.

침목 간격 l의 증가는 각종 응력의 증가로 귀착된다. 수직 침하와 침목 반력은 모멘트보다 더 빠르게 증가하며, 그 이유는 전자는 $l^{3/4}$에 비례하고 모멘트는 $l^{1/4}$에 비례하기 때문이다. 따라서, 침목 간격의 감소는 궤도 선형에 더 영향을 주고 레일의 기계적 거동에 더 적게 영향을 준다.

레일 강성 EI가 증가하는 경우에 M_o는 증가하고, z_o와 R_o는 감소한다. 레일 강성은 주로 단위 길이 당 레일 중량이 증가한 결과로서 증가한다.

재료의 강도에서 잘 알려진 것처럼, 레일의 휨 응력은 다음 식의 관계에서 구해진다.

$$\sigma = M\frac{y}{I} \qquad (4.29)$$

그리고 현재의 경우에 대하여

$$\sigma_{max} = \frac{Qy_o}{2\sqrt{2}} \sqrt[4]{\frac{El}{I^3\rho}} \qquad (4.30)$$

여기서 y_0는 레일의 중력 중심으로 부터의 최대 거리이다.

그러므로 레일의 단면 2차 모멘트의 증가는 레일 내에 발생된 응력에 상당히 영향을 주며 궤도 선형에 더 적은 정도의 영향을 준다. 이것은 근년에 축중의 증가가 레일 단면적의 상당한 증가로 이끈 이유이다.

4.3 수직 영향의 정밀 정적 해석 – 유한 요소법

4.3.1 유한 요소법의 장점과 절차

근사 계산(槪算)의 방법(Zimmermann의 방법, Boussinesq의 다층 방법 등)은 편리하고 빠른 계산을 허용하지만, 현장 측정에서 나타내는 것처럼 실제 값으로부터의 편차가 100 %에 도달할 수 있다(55). 그러므로 (각종 층의 크기 설정에서 기초하게 될, 주로 전개된 응력과 스트레인의) 궤도-노반 시스템의 기계적 거동을 더 정밀한 방법으로 분석하는 것이 필요하다. 이것은 현재 수치적 방법과 강력한 컴퓨터가 주어지면 다루기가 상대적으로 쉽다. 현상의 정밀한 분석을 허용하는 방법의 하나는 유한 요소법이다(85), (86), (91), (92), (93). 이 방법에 따르면, 검토 중인 주제는 물리적 시스템(그림 4.4 a) 대신에 물리적 시스템을 분리된 부분(유한 요소)으로 나누어서 얻은 시스템이다. 대칭이기 때문에 분할된 시스템에서 문제의 검토는 처음 시스템

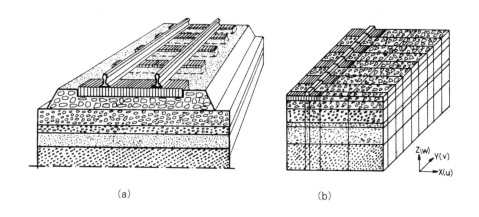

(a)   (b)

그림 4.4 철도 시스템(a)과 유한 요소로 분할(b)

의 1/4로 제한된다(그림 4.4 b). 시스템의 분리화(모델의 메쉬 구조)는 방법의 본질적인 부분이며 결과로서 생기는 유한 요소는 균등질(즉, 대략 같은 크기)이어야 하며, 그렇지 않으면 방법의 수렴이 나빠질 수 있다.

유한 요소법은 정확한 경계 조건(즉, 경계 위치에서 응력 또는 스트레인의 특정한 값을 나누어주는 조건, 예를 들어 지지점에서 변위 = 0)과 거동의 정확한 구성상의 법칙(즉, 모든 재료에 대한 응력-스트레인간의 관계)을 고려하기 위하여 거친 간이화로 실제의 물리적 시스템을 검토할 수 있게 한다. 거동의 경계 조건과 구성상의 법칙은 또한 유한 요소법의 본질적인 두 부분이다.

4.3.2 경계 조건

고려된 경계 조건은 다음과 같다.
• 대칭에 의한 조건, 즉 대칭의 어떠한 평면에서도 횡 변위가 0이어야 한다.
• 문제의 가장 먼 지점에서의 조건, 그곳에서 고려된 평면에 대한 수직 변위는 0이어야 한다.

경계 조건은 실제 거동이 조사되고 있는 유한 요소 모델이 물리적 시스템에 유사한 거동을 가질 것이라는 방식으로 설정되어야 한다.

4.3.3 응력-스트레인 관계

거동(응력-스트레인 관계)의 구성상 법칙은 재료의 실제거동과 물리적 거동을 표현하여야 한다. 도상과 보조 도상에 관하여는 통과 열차 하중에 기인하는 변형이 두 성분으로 구성되어 있다는 점을 알게 되었다.
• 열차의 통과 후에 사라지는 탄성 성분
• 열차가 통과한 후에 남아있는 소성 성분

4.3.3.1 도상과 노반의 경우

도상, 자갈 보조도상 및 노반의 거동은 현장 실험 (55), (99)에서 시험한 것처럼 탄·소성인 것으로 구해졌으며 다음의 식으로 주어진다.

$$\varepsilon_{ij}^{total} = \varepsilon_{ij}^{elastic} + \varepsilon_{ij}^{plastic} \tag{4.31}$$

$$\varepsilon_{ij}^{elastic} = \frac{I + \nu}{E} \sigma_{ij} - \frac{\nu}{E} I_1 \delta_{ij} \tag{4.32}$$

$$\varepsilon_{ij}^{plastic} = \lambda \frac{\partial f}{\partial \sigma_{ij}} \tag{4.32a}$$

여기서, ε : 총 변형

ε_{ij}^{total} : 탄성 변형

$\varepsilon_{ij}^{elastic}$: 소성 변형

$E_{ij}^{plastic}$: 탄성 계수

ν : 포아슨 비

I_1 = $\sigma_{11} + \sigma_{22} + \sigma_{33}$

δ_{ij} : Kronecker의 델타, $i = j$에 대하여 $\delta_{ij} = 1$, $i \neq j$에 대하여 $\delta_{ij} = 0$

f : 각 재료에 대하여 다른 식을 가진 가소성 기준

λ : 스칼라 양

지수 i, j는 값 1, 2, 3을 취한다.

"흙 재료"와 "도상"에 가장 적합한 소성 기준은 다음의 식으로 정의된 "Drucker - Prager 기준"인 것으로 입증되었다(90).

$$f(\sigma) = \alpha I_1 + J_2 - k \tag{4.33}$$

여기서,

$$I_1 = \sigma_{11} + \sigma_{22} + \sigma_{33} \tag{4.34}$$

$$J_2 = \frac{1}{6} \left[(\sigma_1 - \sigma_2)^2 + (\sigma_2 - \sigma_3)^2 + (\sigma_1 - \sigma_3)^2 \right] \tag{4.35}$$

$$\sigma_1, \sigma_2, \sigma_3 : 주 응력$$

$$\alpha = \frac{\tan \phi}{(9 + 12 \tan^2 \phi)^{1/2}} \tag{4.36}$$

$$k = \frac{3 c}{(9 + 12 \tan^2 \phi)^{1/2}} \tag{4.37}$$

$$c : \text{응집력}$$
$$\varphi : \text{마찰 각}$$

궤도 지지가 "콘크리트 슬래브"인 경우에 소성 기준은 다음 식으로 나타낸 "parabolic 기준"으로 가장 잘 나타내어진다.

$$f(\sigma) = J_2 + \frac{1}{3} (R_c - R_t) I_1 - \frac{1}{3} R_c R_t \tag{4.38}$$

여기서, R_c : 압축 강도
$\quad\quad R_t$: 인장 강도

4.3.3.2 레일과 침목의 경우

레일과 침목은 도상 및 노반과는 대조적으로 거의 탄성 거동을 나타낸다. 즉, 소성 변형은 대수롭지 않으며 무시할 수도 있다. 그러나 소성 효과를 고려하여야 할 때는 언제나 "콘크리트 침목"에 대한 소성 기준으로서 "parabolic 기준"을 사용하여야 한다. "레일"에 대하여는 다음의 식에 따른 "von Mises" 기준을 사용하여야 한다 (89).

$$f(\sigma) = \sqrt{\frac{1}{6} \left[(\sigma_1 - \sigma_2)^2 + (\sigma_2 - \sigma_3)^2 + (\sigma_1 - \sigma_3)^2 \right]} - q \tag{4.39}$$

여기서, q : 전단 탄성 한계

4.3.4 수치적 계산 절차

유한 요소 해석에서 세 부류의 모델이 개발되었다(86), (87).
- "스트레인" (또는 운동학적) 모델. 여기서는 주어진 데이터로서 스트레인(또는 변

형)에 관련되는 경계 조건을 도입하며, 힘에 관련되는 평형 방정식뿐만 아니라 경계 조건은 연속 근사 계산의 대상이다. 스트레인 모델은 합성에서와 사용에서 더 편리함이 입증되었다.

- "응력"(또는 정적) 모델. 여기서는 기지의 데이터로서 응력에 관련되는 평형 식과 경계 조건을 도입한다.
- "복합" 모델. 여기서는 스트레인 근사 계산을 모델의 기하 구조적 부분에 적용하며, 응력 근사 계산은 또 다른 부분에 적용한다.

특히, "스트레인 모델"에서 정적 유한요소 해석은 시스템의 해로 이끈다.

$$[k] \, [q] = [F] \tag{4.40}$$

여기서, $[k]$: 시스템의 강성 매트릭스

$[q]$: 시스템 절점의 변위 벡터

$[F]$: 시스템의 절점에 가해진 힘의 벡터

전체 시스템에 대한 양 $[k]$, $[q]$, $[F]$는 각 유한 요소에 대응하는 요소의 양 $[k_e]$, $[q_e]$, $[F_e]$을 조립한 결과이다.

응력과 스트레인을 관련시키는 탄·소성 거동의 법칙은 다음의 두 방법으로 근사 계산할 수 있다(87).

a. 시초의 응력 방법. 이것은 수렴에서 더 늦지만 사용하기가 더 쉽다(그림 4.5a).

b. 가변의 강성 방법. 이것은 각각의 연속하는 근사 계산에서 강성 매트릭스를 전환하는 것이 필요한 상당히 불리한 점을 갖고 있다(그림 4.5b).

4.3.5 여러 가지 재료의 기계적 특성의 결정

노반은 여러 가지 부류(S_1, S_2, S_3)로 구분된다고 가정한다(제3장 3.4절 참조). 표 4.2는 국제철도연합(UIC)의 틀 안에서 취급한 일련의 시험으로 결정한 기계적 특성의 평균값을 나타낸다(98), (99).

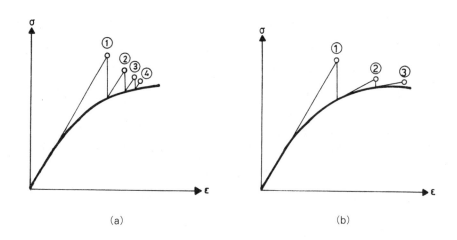

(a)   (b)

그림 4.5 탄·소성 응력-스트레인 관계를 근사 계산하기 위한 시초의 응력 방법(a)과 가변의 강성 방법
(b)

표 4.2 궤도와 노반 재료의 기계적 특성의 값, (98), (99)

재료	탄성계수 $E(\mathrm{kp/cm^2})$	포아슨 비 ν	응집력 $c\,(\mathrm{kp/cm^2})$	마찰 각 $\varphi(°)$	압축 강도 $R_c(\mathrm{kp/cm^2})$	인장 강도 $R_t(\mathrm{kp/cm^2})$
열등한 품질의 노반 (S_1)	125	0.4	0.15	10		
중간 품질의 노반 (S_2)	250	0.3	0.10	20		
양호한 품질의 노반 (S_3)	800	0.3	0	35		
암석 노반 (R)	$3 \cdot 10^4$	0.2	15	20		
도상	1,300	0.2	0	45		
자갈 보조도상	2,000	0.3	0	35		
모래	1,000	0.3	0	30		
철근 콘크리트 침목	$30 \cdot 10^4$	0.25			30	300
PS 콘크리트 침목	$50 \cdot 10^4$	0.25			60	90
열대 목재의 침목	$25 \cdot 10^4$	0.25			100	1,000
레일(강)	$2.1 \cdot 10^4$	0.3			$7 \cdot 10^3$	$6 \cdot 10^3$

4.3.6 유한 요소법에 따른 궤도-노반 시스템의 응력과 스트레인

유한 요소 해석은 궤도-노반 시스템의 모든 파라미터를 고려하는 것을 허용한다
(91), (92), (94).

- 노반 흙의 품질(S_1, S_2, S_3) (제3장 3.4절 참조)
- 침목의 유형(제6장 6.3, 6.5, 6.6절 참조)
     · 투윈-블록 철근 콘크리트 침목
     · 모노블록 PS 콘크리트 침목
     · 목침목
- 궤도지지 두께 e(= 도상 + 보조 도상)(제2장 2.2절과 제7장 7.5절 참조)

아래의 그림 4.6, 4.7, 4.8은 유한 요소법에 의한 탄·소성 해석에 따른 노반 레벨에서의 수직 응력 뿐만 아니라 레일, 침목 및 노반 레벨에서의 수직 침하를 도해한다(55), (91), (92).

각종 응력의 양은 주로 노반 흙의 품질에 영향을 받으며 궤도지지 두께 e에 더 적은 정도로 영향을 받는 것으로 관찰되었다. 정말로, 노반 흙의 품질이 더 좋을수록 두께 e의 영향은 더 작아지게 된다. 특히 모든 다른 파라미터를 변화시키지 않고 한 클래스에서 다음의 클래스로 노반 품질을 개량하는 것($S_1 \rightarrow S_2$, $S_2 \rightarrow S_3$, $S_3 \rightarrow R$)은 노반에 발달된 응력이 약 50 %만큼 증가하는 것으로 귀착될 것이다. 침목 유형의 영향에 관하여는 (암석 노반의 경우를 제외하고) 목침목과 모노블록 PS 콘크리트 침목

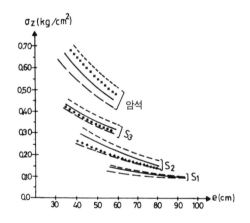

그림 4.6 궤도지지 두께 e(=도상+보조 도상)의 함수로서 각종 흙과 침목 유형에 대한 노반 레벨에서 수직 응력(탄·소성 유한 요소 해석) (91), (92)

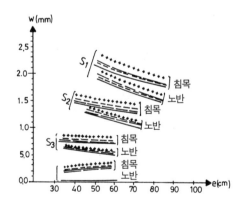

그림 4.7 궤도지지 두께 e의 함수로서 각종 흙과 침목 유형에 대한 노반과 침목 레벨에서 수직 침하.(탄·소성 유한 요소 해석) (91), (92)

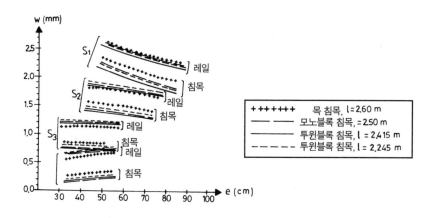

그림 4.8 궤도지지 두께 *e*의 함수로서 각종 흙과 침목 유형에 대한 침목과 레일 레벨에서 수직 침하.〔탄 · 소성 유한 요소 해석〕(91), (92)

이 하중 분포에 우수하다는 점, 즉 그들이 노반에서 감소된 응력으로 귀착된다는 점이 명백하다. 게다가 침목 유형의 영향은 어떠한 경우에도 노반 품질의 영향보다 더 작다.

4.3.7 연속하는 침목에서 윤하중의 분포

경험적인 고려에 기초하여 철도 공학에서 우세하게 사용되는 견해는 윤하중이 침목에 가해질 때 하중 직하의 침목이 윤하중의 50 %를 지지하고 이웃하는 침목이 또 다른 25 %를 지지한다는 것이었다. 그러나, 응력을 측정한 결과에 의하면, 이것이 사실이 아님을 나타내었다. 유한 요소 해석은 연속한 침목에서의 윤하중의 분포가 다음과 같음을 나타내었다(그림 4.9), (142).

- 윤하중 아래의 침목　　 : 40 %
- 처음의 이웃하는 침목　 : 23 %
- 두 번째의 이웃하는 침목 : 7 %

그러므로 한 침목에 윤하중이 가해질 때 세 번째의 연속하는 침목을 넘어서는 그 영향을 무시해도 좋다. 윤하중의 값에 관련하여 상기의 윤하중 분포는 침목 크기의 결정에 영향을 준다.

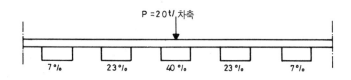

그림 4.9 연속하는 침목에서 윤하중의 분포, (142)

4.3.8 침목의 탄성 선

탄성의 선은 철도 시스템의 기계적 거동에 관한 해석에서 본질적인 부분이다. 그림 4.10은 목침목과 프리스트레스트 콘크리트 침목에 대한 탄성의 선을 비교한다. 그림 4.11은 노반의 여러 품질에 대한 목침목의 탄성 선을 도해한다(142). 여기서 노반의 중요한 역할이 또 다시 확인된다.

4.4 궤도-노반 시스템의 동적 분석

제2장의 2.11.2항에서 논의한 것처럼, 궤도-노반 시스템의 응력과 스트레인의 적합한 근사 해석은 계산이 복잡한 동적 효과를 무시하는 정적 해석으로 구할 수도 있다. 유한 요소 정적 해석의 결과를 응력 및 스트레인 측정 결과와 비교하면 편차가 20 %를 넘지 않는 것을 나타내며, 따라서 정적 접근법이 응력과 스트레인 해석에 대하여 만족스러운 것을 확인하였다(55), (95).

그러나 이 정적 접근법으로 적당하게 근사할 수 없는 현상이 있다. 이들은 열차로부터 주위로의 진동 전달에 관한 문제와 각종 차량 요소의 운동과 현가 장치의 문제를 포함한다(103), (105).

동적 효과의 좋은 근사 계산은 점·탄성 거동의 법칙으로 실현할 수 있으며 그림 4.12에 나타낸다. 여기서,
- 기호　—ⵡ— 는 탄성 거동을 나타낸다.
- 기호　—⊏— 는 점성 거동을 나타낸다.
- 기호　—⬚— 는 점·탄성 거동을 나타낸다(Kelvin-Voigt 모델).
- 차량 및 보기는 변형할 수 없는 고체로서 모델링한다.

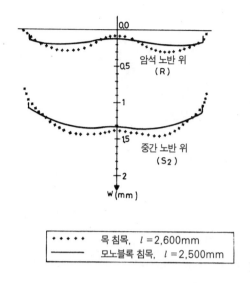

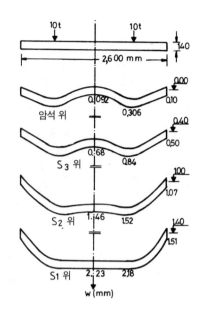

그림 4.10 목침목과 모노블록 PS 침목에 대한 탄성 선의 비교, (142)

그림 4.11 여러 노반 품질에 대한 목침목의 탄성 선, (192)

- 차륜과 침목은 단속(斷續) 질량으로 모델링한다.
- 도상과 각종 보조도상 층은 수평 층으로 모델링한다.
- 각종 시스템 성분은 점·탄성 응력-스트레인 관계로 서로 연결된다(Kelvin-Voigt 모델).

동적 접근법에서는 동적 방정식을 풀기 위하여 다음과 같이 문제를 정리한다.

$$[M]\,[\ddot{q}] + [C]\,[\dot{q}] + [k]\,[q] = [F] + [R] \qquad (4.41)$$

여기서, $[M]$: 질량 매트릭스

$[C]$: 점성 (댐핑) 매트릭스

$[k]$: 강성 매트릭스

$[q]$: 변위 벡터

$[\dot{q}]$: 속도 벡터

$[\ddot{q}]$: 가속도 벡터

$[F]$: 시스템의 절점에 가해진 힘의 벡터

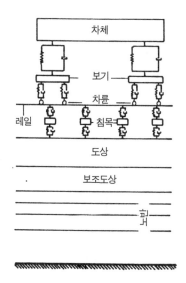

그림 4.12 동적 해석을 위한 차량 – 궤도-노반 시스템의 모델화

$[R]$: 도상 위 침목에 가해진 반력의 벡터

동적 접근법의 계산은 복잡하며 긴 시간을 요한다. 결과로서, 그들은 정적 계산으로 적당하게 근사할 수 없는 현상만으로 제한되어야 한다.

4.5 추가의 동적 하중

차량의 기계적인 거동에 관한 해석은 지금까지 레일과 차륜이 원활하고 결함이 없다는 가정에 기초하여 왔다. 그러나 이것은 사실이 아니며, 제2장(제2.11.2항)에서 설명한 것처럼 이 결함은 시스템을 가진(加賑)시키며 윤하중의 50 %에 이르기까지의 값에 도달할 수 있는 추가의 동적 하중 Q_{dyn}을 일으킨다.

그러므로 궤도-노반 시스템의 기계적 재하는 정적 윤하중 Q_{stat}을 기초로 하여 고려하지 않고 다음 식의 총 하중에 따라 고려하여야 한다(그림 4.13).

$$Q_{tot} = Q_{stat} + Q_{dyn} \tag{4.42}$$

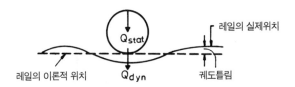

그림 4.13 궤도 틀림과 추가의 동적 하중

추가의 동적 하중은 각각의 진동 주파수에 따라 세 가지 부류로 구분할 수 있다(그림 4.14).

- 0.5 Hz $<$ ν $<$ 15 Hz 범위의 하중. 이들은 스프링 상 질량의 운동에 상당하며 주로 차량의 특성과 버릇에 좌우된다.
- 20 Hz $<$ ν $<$ 100 Hz 범위의 하중. 이들은 스프링 하 질량(차륜, 레일)의 운동에 상당하며 주로 궤도 품질과 강성에 좌우된다.
- 100 Hz $<$ ν $<$ 2,000 Hz 범위의 하중. 이들은 레일 표면의 단파장과 장파장의 파상 마모에 해당한다(또한, 제5장 5.7.3항, 5.7.4항 참조).

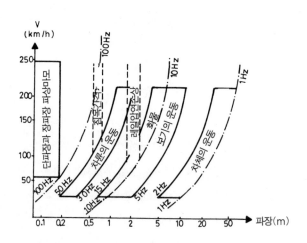

그림 4.14 궤도의 동적 재하 및 대응하는 주파수, (4)

범례

① Winker(1871), $\eta = \dfrac{1}{1 - \dfrac{M_o V^2}{E I g}}$

$M_O = 0.1188\ P(t) \cdot l(m), \quad P(t)$: 축중,
$l(m)$: 침목 간격, $\quad I(cm^4)$: 단면 2차 모멘트,
$V(km)$: 열차 속도

② 중앙 유럽 철도의 식(1936), $\eta = 1 + \dfrac{V^2}{30,000}$

③ $\eta = \dfrac{1}{(1\sim7) \cdot 10^{-8}\ V^2 \cdot \dfrac{p \cdot l}{I}}$; $V < 65km/h$에 대하여

$\eta = \dfrac{1}{[1 - (9.1 \cdot 10^{-6}\ V - 2.957 \cdot 10^{-4})] \cdot \dfrac{p \cdot l}{I}}$; $V > 65\ km/h$에 대하여

④ Schramm의 식(1955), $\eta = 1 + \dfrac{4.5\ V^2}{100,000} - \dfrac{1.5\ V^2}{10,000}$

⑤ Birman의 식(1966), $\eta = 1 + \alpha + \beta + \gamma, \quad \alpha = 0.04 \left(\dfrac{V}{100}\right)^3, \quad \beta = 0.2,$

$\gamma = \gamma_o \cdot \alpha \cdot \beta, \quad \gamma_o = 0.1 + 0.017 \left(\dfrac{V}{100}\right)^3$

⑥ TGV 001 차량에 대하여 측정한 값 (1981)
⑦ 이상적인 궤도와 불규칙이 없는 차량에 대한 이론적인 계산의 값

선형의 거동을 가정하면, (106), (107), 추가 동적 재하의 각 클래스를 기타와 분리하는 것이 가능하다. 궤도 검측차로 궤도 틀림을 정밀하고 상세히 기록할 수 있으므로, 궤도 틀림(제11장, 제11.3항 참조)과 결과로서 생기는 동적 하중 Q_{dyn}을 서로 관련시키기 위하여 스펙트럼 분석을 사용한다. 분석은 또 다시 동적 방정식 (4.41)에 기초한다.

철도 공학에서 보통의 절차는 정적 분석 또는 의사(疑似) 정적 분석을 수행하는 것이다. 그러나 여기서 발생하는 의문은 동적 효과를 고려하기 위하여 정적 하중을 증가시켜야 하는 동적 충격 계수 η가 무엇인가라는 점이다. 그림 4.15는 각종 이론의 결과를 요약한다.

그림 4.15는 이상적인 궤도의 이론적 계산(곡선 7)과 측정값(곡선 6), 또는 레일 결함과 틀림을 고려한 값(곡선 1~5)간의 큰 차이를 나타낸다. 그러나 곡선 1~3은

구형의 차량 특성에서 추론하였으며, 최신의 차량에 대하여 유효하게 될 수 없다. 실제에 더 가까운 것은 200 km/h에 이르기까지의 속도에 대하여 동적 충격 계수 η가 1.35에서 1.6까지 변화하는 것을 나타내는 곡선 4, 5, 6이다. 따라서 200 km/h에 이르기까지의 속도에 대하여는 1.5의 동적 충격 계수가 제시된다. 200 km/h 이상의 속도에 대하여는 실험적 데이터에 기초하여 분석적 측정을 하여야 한다.

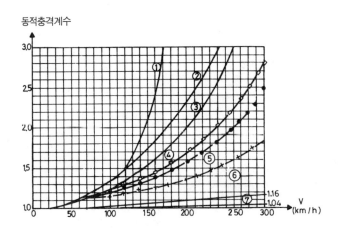

그림 4.15 각종 이론에 따른 동적 충격 계수 η에 대한 결과, (107a)

4.6 궤도-노반 시스템의 설계

궤도-노반 시스템은 다음의 두 원리에 따라 설계한다.
- 하중은 여러 층으로 적합하게 분포되어야 하고 노반이 적합하게 견디어야 하며 그곳에 전개된 응력은 파손을 일으키는 값보다 작아야 한다.

$$\sigma_{debeloped}^{subgrade} < \sigma_{failure}^{subgrade} \qquad (4.43)$$

- 시스템의 적당한 유연성을 확보하여야 한다. 즉, 궤도의 강성(제4.1.2항 참조)이 과도하지 않아야 한다. 궤도의 강성은 주로 노반 흙의 품질과 도상의 두께로 결정된다. 예를 들어, 외부 하중의 적당한 적용의 점에서 문제가 없는 암석 노반은 점

토 노반에 비교하여 3 배 이상의 강성을 갖고 있다. 따라서, 암석의 노반은 하중 분포 문제가 없을지라도 항상 노반 + 보조 도상 층을 수용한다. 마지막으로(제2장 2.11.2항 참조), 궤도의 강성이 증가하면 추가의 동적 하중이 증가한다는 점에 유의하여야 한다.

4.7 철도 교통으로부터의 진동

4.7.1 철도 진동의 원인

철도 진동의 근원은 세 가지 유형의 파형을 일으킨다(102).
• 압력파(전달된 에너지의 7 %)
• 전단파(전달된 에너지의 26 %)
• Rayleigh파(전달된 에너지의 67 %)
철도의 진동은 두 가지 주요 발단을 가지고 있다.
• 차량 엔진
• 차륜/레일 접촉
전철화 선로(제13장 13.8절, 13.9절 참조)에서는 제3의 발단, 즉 팬터그래프 슬라이더와 전차선의 슬라이딩 접촉으로부터의 마찰에 기인하는 카테너리 소음을 추가하여야 한다.

4.7.2 철도 소음 레벨과 속도의 관계

여러 분석에서(107a) 아래와 같은 형으로 열차 속도 V에 대한 철도 소음의 레벨 L의 대수 관계가 구하여졌다.

$$L \text{ (dB(A))} = A - B \log V \tag{4.44}$$

여기서, A, B 계수는 차량과 궤도의 특성, 교통의 유형, 흙의 특성 등에 좌우된다.

4.7.3 거리에 관계하는 철도 소음의 감쇠

그림 4.16은 레일로부터 여러 거리(100 m, 200 m, 400 m)에서 80부터 200 km/h까지의 속도에 대한 소음 레벨(dB(A))을 도해한다. 여기서 다음을 알 수 있다.
- 철도 소음은 아마도 지반 임피던스에 기인하여, 예상한 것처럼 거리의 각 배증(倍增)에 대하여 선형으로 증가하지 않는다.
- 소음 레벨은 속도의 영향보다 거리의 영향을 더 받는다.
- 소음 레벨은 속도의 대수에 관련된다.

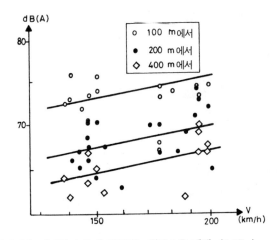

그림 4.16 거리와 속도에 관련하는 철도소음 레벨, (107a)

4.7.4 기반 시설의 유형에 관한 소음 레벨

그림 4.17은 (12~16 차량을 가진) 일본 신칸센에서 교량, 고가교, 성토, 절토 등 각종 기반 시설의 유형에 대하여 속도가 200 km/h일 때 궤도로부터 25 m의 거리에서 측정한 소음 레벨을 나타낸다

중요한 것은 교량과 고가교에 대하여 강한 저주파 성분이며 구조물 방사 소음에서 분명하다. 절토에서의 레벨은 음향 전파 경로를 저지함에 있어 절토의 유효성을 나타낸다. 따

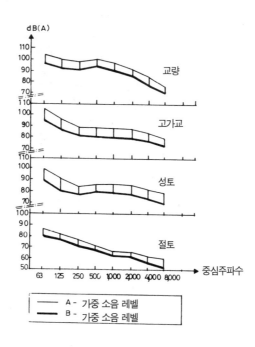

그림 4.17 기반시설 유형에 관한 소음 레벨, (107a)

라서 기하 구조적 설계는 철도 진동의 영향을 줄이는 방법으로 사용할 수 있다.

4.7.5 고속에서 소음 레벨

고속 열차에 관련되는 대(大)전제는 방사된 소음 레벨을 줄이는 것이다. 프랑스 TGV에 대하여(1983년)는 궤도로부터 25 m의 거리와 272 km/h의 속도에서 97 dB(A)의 소음 레벨이 보고되어 있다. 독일 ICE에 대하여는 25 m의 거리에서 200과 300 km/h의 속도에 대하여 각각 86과 93 dB(A)의 소음 레벨이 보고되어 있다 (107a). 그림 4.18은 열차의 유형과 관련하여 소음 레벨을 도해한다

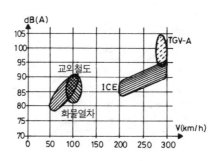

그림 4.18 열차의 유형에 관련하는 소음 레벨

4.7.6 소음 레벨 표준

소음 레벨을 다른 방법으로 (예를 들어, 차량과 궤도의 적합한 설계에 의하여) 줄일 수 없는 경우에 (소음 레벨 표준을 준수하기 위한) 통상의 수단은 주변에 거주하는 민감한 인간의 활동을 보호하도록 궤도를 따라 방음벽을 건설하는 것이다.

국가와 국제 시방서는 근년에 새로운 철도와 같이 중요한 프로젝트의 경우에 환경 영향의 평가를 요구하고 있다.

5. 레일

5.1 레일 형상

레일은 차량의 차륜을 지지하고 안내한다. 레일의 형상은 철도의 출현 이후 지속적인 개량의 대상이었다.

최초의 레일 형상 중에서 오늘날까지 사용되고 있는 유일한 것은 그림 5.1에 나타낸 홈이 있는 레일이며, 이것은 현재 레일 상면과 포장 면이 동일 레벨에 있는 궤도에서 사용하고 있다. 이들은 항구 설비에 연결하는 궤도와 시가전차의 선로를 포함한다.

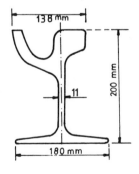

그림 5.1 홈이 있는 레일

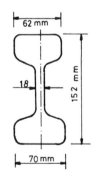

그림 5.2 쌍두(또는 우두) 레일

쌍두(雙頭) 또는 우두(牛頭) 레일(그림 4.2)은 상부 단면이 마모되었을 때 수명의 가정에 따라 그대로 남아있을 하부 부분을 사용하기 위하여 레일을 거꾸로 하는 기대를 가지고 지난 세기에 널리 사용되었다. 그러나 사실은 이 가정의 정당성을 입증하지 못하였으며 쌍두 레일은 일부 철도와 지하철(영국과 기타)에서 여전히 사용 중에 있을지라도 20 세기 초에 많은 국가에서 사용을 중지하였다.

최종적으로 유행하고 현재 널리 사용되고 있는 레일 유형은 저부를 가진 레일이며(그림 5.3), 평저(平底) 레일, 또는 이 레일을 설계한 영국 기술자의 이름을 나중에 붙인 Vignole형 레일이라고도 한다. 이 레일은 두부, 복부 및 저부로 구성되어 있다(그림 5.3). 횡단면 특성은 단위 길이당 중량 m과 단면 2차 모멘트 I이다. 불변의 목표는 I/m 비율이 m보다 더 충실하게 증가되는 것을 보장하도록 I의 어울리게 더 큰 증가에 대하여 m 분담을 조금이나마 증가시키는 것이었다. 이것은 레일 높이의 일정한 증가로 이끌었다.

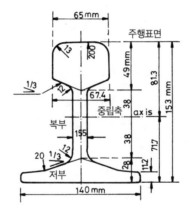

그림 5.3 평저 또는 Vignole형 레일. U36 단면(50kg/m)

평저 레일, 또는 Vignole형 레일 단면적은 레일을 함께 연결할 필요성에 기초하여 설계되었으며, 레일의 연결은 이음매 판으로 실현할 수 있다(제5.10절 참조). 그러나 장대레일(제5.11절 참조)의 광범위한 사용은 앞으로 레일 단면의 변화가 생기게 함직하다.

축중의 증가와 열차 속도의 증가는 레일의 하중을 증가시켰다. UIC는 표준 궤간

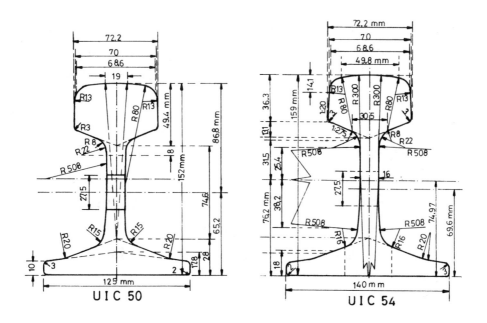

그림 5.4 UIC 50과 UIC 54 레일 단면

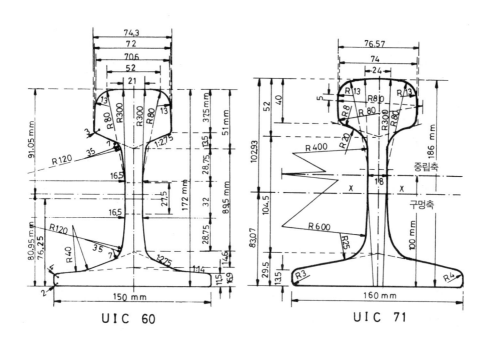

그림 5.5 UIC 60과 UIC 71 레일 단면

레일의 횡단면을 주요 유형 UIC 50(중량 50.18 kg/m), UIC 54(중량 54.43 kg/m), UIC 60(중량 60.34 kg/m), UIC 71(중량 71.19 kg/m)로 표준화하였다. 그림 5.4와 5.5는 레일 형상 UIC 50, 54, 60 및 71의 횡단면을 도해한다.

5.2 레일 단면의 선택

레일 단면의 선택은 주로 열차 하중(제2장 2.5.2항 참조)에 좌우될 뿐만 아니라 갱신의 주기에도 좌우된다. 표준 궤간의 궤도에서는 낮은 열차 하중에 대하여 UIC 50 레일, 중간과 무거운 열차 하중에 대하여 UIC 60 레일을 사용하는 것이 관례이다. UIC 71 단면은 최근에 도입되었지만 1990 년대 중반까지 사용되지 않았다. 표 5.1 은 열차 하중의 함수로서 레일 선택 기준을 나타낸다(107).

표 5.1 열차 하중에 관련하여 레일 단면의 선택

선로의 일간 열차 하중(톤)	<25,000 t	25,000~35,000 t	>35,000 t
레일 길이(m)당 요구된 중량 (kg)	50 kg/m	목침목에 대하여 50 kg/m PC침목에 대하여 60 kg/m	60 kg/m

5.3 레일의 강 등급, 기계적 강도 및 화학 성분

5.3.1 기계적 강도

열차 속도와 축중의 증가는 레일에 사용되는 강 등급의 개량으로 이끌었다. 극한 인장 강도는 1882년에 50 kg/mm^{2}이었던 반면에 오늘날은 70~120 kg/mm^{2}이다. 그러나, 레일 강의 기계적 강도의 큰 증가는 취성 파괴를 일으킬 수 있으며, 결과로서 그 이상의 강도 증가는 바람직하지 않다.

레일 강 등급은 두 부류로 구분할 수 있다.

- 0.40~0.50 %의 탄소 함유량과 70~90 kg/mm^{2}의 극한 인장 강도를 가진 보통

의 강 등급

- 90~120 kg/mm^{2}의 극한 인장 강도를 가지고 곡선에서 주로 사용되는 경성(硬性)의 강 등급

5.3.2 화학 성분

레일은 화학 성분과 관련하여 큰 다양성을 나타낸다(119).

5.3.2.1 탄소

증가된 탄소 함유량은 경도와 마모 저항을 증가시키지만 연성을 희생시킨다. 보통 품질의 강은 0.4~0.5 %의 탄소를 함유하고 있다.

5.3.2.2 망간

모든 공업용 강은 소량의 망간(0.3~1.5 %)을 함유하고 있다. 이것을 넘는 망간은 경화성을 증가시킨다. 망간의 증가와 탄소의 감소는 동등한 인장 강도를 달성할 수 있지만 개량된 연성을 가진다. 11~14 %의 망간은 큰 마모 저항의 특징이 있는 강을 산출한다(이하의 제5.8절 참조).

5.3.2.3 크롬

크롬은 경도와 마모 저항을 증가시킨다. 2.0~2.5 %의 크롬과 0.3~1.5 %의 탄소를 함유하는 강은 대단히 단단하며 상당한 정도의 인성(靭性) 및 마모 저항과 협력하여 높은 인장 강도를 가진다.

5.3.2.4 크롬-망간

강의 피로 강도에 대한 탄소 증가의 해로운 영향은 망간과 크롬을 더 많이 사용하여 완화할 수 있다.

5.3.2.5 등가 탄소 비율

탄소, 망간 및 크롬은 관련된 영향이 다음의 식으로 주어진 등가 탄소 비율을 산출하도록 함께 첨가할 수 있다.

$$등가\ 탄소\ =\ C\,\%\ +\ \frac{Mn\,\%}{3}\ +\ \frac{Cr\,\%}{3} \tag{5.1}$$

등가 탄소의 0.1 % 증가는 7 kg/mm²만큼 인장 강도를 올린다.

관련된 세 원소의 마모 저항에 대한 영향은 분명하지 않지만, 등가 탄소의 0.1 % 증가는 두부의 수직 마모(이하의 제5.8절 참조)를 4.5~7.5 %만큼 줄인다고 기록되어 왔다.

5.3.3 경성의 레일 등급

경성의 강 등급은 90 kg/mm²의 최소 인장 강도를 가지며 횡 마모, 소성 변형 및 레일 손상(제5.7절 참조)이 보통 품질 레일의 수명을 단축시키는 곳에서 널리 사용된다.

경성의 강 레일은 세 등급이 있다(119).

등급	탄소	망간
A	0.6~0.75%	0.8~1.3%
B	0.5~0.65%	1.3~1.7%
C	0.45~0.6%	1.7~2.1%

등급 C는 용접하기가 어렵고 늦으며, 이 주된 이유 때문에 유럽 철도 당국에서 보편적으로 거부되어 왔다.

5.4 레일 응력의 해석

레일에 발달된 총 응력은 다음의 합계이다.
- (차륜 레일 접촉에서) 헤르츠 응력
- 도상에 대한 레일 휨에서 생기는 응력
- 복부에 대한 레일 두부의 휨에서 생기는 응력
- 열 영향으로 생기는 응력

• 외부 하중의 제거 후에 레일에 남아 있는 소성 응력

마지막 부류를 제외한 다른 모두는 탄성 거동의 가정 아래 계산될 것이다. 제4장 4.3.3.2항에서 논의한 것처럼, 이론과 경험은 대부분의 경우에 레일이 탄성 거동을 가진다는 점을 나타내었다.

5.4.1 차륜-레일 접촉부의 응력

차륜과 레일의 접촉에서 발달된 응력의 문제는 두 곡선 탄성체간 접촉 표면(차륜-레일 두부, 그림 5.6 참조)이 타원의 형상이고 접촉 표면을 따른 응력 분포가 반-타원형이라는 헤르츠의 가정에 따라 Dang Van (110)이 시험하였다. 그러나 측정에 의하면, (대부분의 경우를 커버하는) 60과 120 cm간의 차륜 직경에 대하여 다음의 2 차원적으로 단순화된 근사 계산이 만족스런 결과를 준다(Eisenmann의 이론)는 것을 나타내었다.

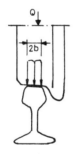
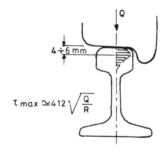

그림 5.6 Eisenmann에 따른 차륜-레일 접촉부의 응력

그림 5.7 차륜-레일 접촉부의 전단 응력

(차륜 반경 R(mm)을 제외하고) 모든 곡률 반경이 무한이고, 윤하중 Q(Nt)가 균등하게 분포된다고 가정하면, 평균 헤르츠 응력은 Eisenmann 분석에 따라 다음 식의 관계에서 도출된다(111).

$$\sigma_\mu\,(\mathrm{Nt/mm^2}) = \sqrt{\frac{\pi E}{64(1-\nu^2)} \cdot \frac{Q}{Rb}} \qquad (5.2)$$

$E = 2.1 \cdot 10^6$ kp/cm^2, $\nu = 0.3$, $b = 6$ mm의 보통 값을 대입하면, 다음의 식이 유도된다.

$$\sigma_\mu = 1,374 \sqrt{\frac{Q}{R}} \qquad\qquad (5.2a)$$

Eisenmann의 단순화한 근사 계산 (111)은 그림 5.7의 전단 응력 분포와 다음식의 최대 값을 나타낸다.

$$\tau_{max} \simeq 412 \sqrt{\frac{Q}{R}} \qquad\qquad (5.3)$$

헤르츠에 따른 최대 응력은 전동 표면으로부터 4~6 mm의 깊이에서 발생한다.

5.4.2 도상에 대한 레일의 휨 응력

레일은 탄성지지 위의 연속 보로 시뮬레이트한다(그림 5.8).

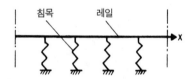

그림 5.8 휨 응력의 계산을 위한 레일의 시뮬레이션

역학의 일반적인 식

$$EI\frac{d^4 u}{dx^4} + ku = 0 \qquad\qquad (5.4)$$

은 명확한 시뮬레이션을 위한 다음의 분석적 해를 준다.

$$\sigma_b = \frac{Q(h_r - z)}{4\,\gamma_r\,I_r}\,e^{-\gamma_r x}(\sin\gamma_r x - \cos\gamma_r x) \qquad\qquad (5.5)$$

여기서, Q = 윤하중

I_r = 수직 방향에서 레일의 단면 2차 모멘트

h_r = 전동의 선과 레일 중립 축간의 거리

k = 궤도 지수 = r/z, 여기서 r은 레일에 대하여 균등하게 분포된 윤하중
   이며 z는 레일의 수직 침하이다.

$$\gamma_r = \sqrt[4]{\frac{k}{4\,E\,I_r}}$$

5.4.3 레일 복부에 대한 레일 두부의 휨 응력

레일 두부는 탄성 기부(基部) 위에 놓인 보로 시뮬레이트한다.
결과로서 생기는 응력은 분석적 식에 따른다(121).

$$\sigma_h = \frac{Q(h_c - z)}{4\,\gamma_c\,I_c}\,e^{-\gamma_c x}(\sin\gamma_c x - \cos\gamma_c x) \tag{5.6}$$

여기서, I_c = 레일 두부의 단면 2차 모멘트, $\gamma_c = \sqrt[4]{\dfrac{I_c}{4}}$

h_c = 전동의 선과 레일두부 중립 축간의 거리

5.4.4 열 영향에 기인하는 응력

이들은 잘 알려진 다음의 식으로 도출한다.

$$\sigma_{th} = \alpha \cdot E \cdot \Delta\theta \tag{5.7}$$

여기서, α : 레일 열 팽창 계수

$\Delta\theta$: 온도 차이

5.4.5 소성 응력

현재에 이르기까지 레일 내 소성 응력의 계산을 위한 만족스러운 탄·소성 분석이 수
행되지 않았다. 이것의 근본적인 이유는 레일과 침목간의 경계 조건을 시뮬레이트함에

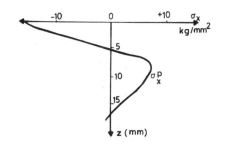 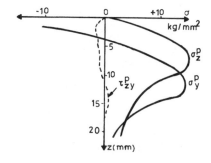

그림 5.9 레일의 대칭면에서 종 방향 소성 응력 σ_x^p

그림 5.10 레일의 대칭면에서 횡 방향 소성 응력 σ_{y1}^p, σ_{z1}^p, σ_{zy}^p

있어, 그리고 탄·소성 계산의 파라미터에 대한 수치적 값을 사정함에 있어 어려움이 있기 때문이다.

측정에 의하여 그림 5.9와 5.10에 도해한 것처럼 소성 응력 분포를 산출하였다.

일본 철도가 50T형 레일(중량 53 kg/m)에 대하여 수행한 실험실 시험 (125)은 그림 5.11에 도해한 것과 같은 응력 분포를 나타내었다. 독일 철도는 S49형 레일(중량 53 kg/m)에 대하여 유사한 결과를 구하였다(116).

5.5 유한 요소법과 편광 탄성 방법을 이용한 레일의 기계적 거동의 분석

레일의 기계적 거동은 유한 요소법으로도 근사 계산을 할 수 있다(그림 5.12), (91). 그러나 그러한 시뮬레이션에서는 레일-침목 접촉에서의 경계 조건을 정밀하고 면밀히 조사하기가 대단히 어렵다. 그러므로 유한 요소 분석에서 레일과 침목을 모두 포함하는 것이 관례이다.

일면적인 접촉과 부등 역학의 이론 (122)은 레일-침목의 접촉을 정밀하게 연구할 수 있지만 진행중인 조사 (121a)는 의미 있는 결론을 내지 못하였다.

마지막으로 레일의 응력 분포를 조사하기 위해서는 편광 탄성 방법도 이용할 수 있다. 그림 5.13은 편광 탄성 방법에 기초한 전단 응력의 분포를 도해한다(1).

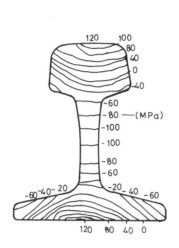

그림 5.11 50T형 레일에서 소성 응력(중량 53kg/m), (125)

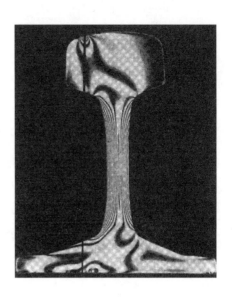

그림 5.13 편광 탄성 방법을 이용한 레일의 분석

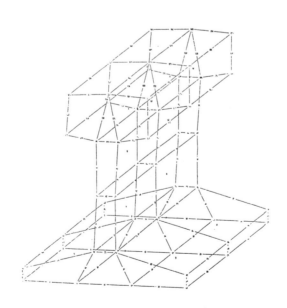

그림 5.12 유한 요소법을 이용한 레일 분석

5.6 레일의 피로

5.6.1 피로 곡선과 Miner 법칙

피로는 발달된 응력이 피로 한계로 알려진 최소 값 σ_0를 넘기만 하면 반복 하중의
영향을 받아 재료의 기계적 강도가 점진적으로 감소되는 것으로 정의할 수 있다. 피로
한계 이하의 응력($\sigma < \sigma_0$)에 대하여는 피로 현상이 일어나지 않는다.

응력이 피로 한계를 넘는 경우($\sigma > \sigma_0$)에는 기계적 강도가 점진적으로 감소하며, 최
초의 하중 사이클에 상당하는 파괴 응력보다 낮은 강도 값에 대하여는 재료의 파괴로
이끈다.

피로 현상에 관한 이론적 연구와 경험적
연구는 주로 다음의 두 주제에 집중된다.

a. (Wöhler 곡선으로도 알려진) 피로 곡
  선의 결정. 피로 현상은 응력 $\sigma > \sigma_0$에
  대하여 일어난다(그림 5.14).

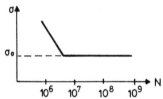

그림 5.14 피로곡선(Wöhler)

b. 피로 영역 내의 응력 이력에 대한 재
  료 강도 유보의 결정. σ_1을 재하 이력이라고 하면, $\sigma_1 > \sigma_0$이며, 마침내 파손이
  일어나게 될 수명은 N_1 재하 사이클이다. 재료는 n_1의 재하 사이클을 받으며
  $n_1 < N_1$이다. σ_2를 제2 재하 이력이라 하면, $\sigma_2 > \sigma_0$이며, σ_1 재하가 없을 때
  는 수명을 N_2 재하 사이클로 만들 것이다. 미지의 값은 재료 파손으로 이끌게
  될 n_2 재하 사이클의 수이다. 해답은 근사 관계를 가진 다음의 Miner 법칙으로
  주어진다.

$$\frac{n_1}{N_1} + \frac{n_2}{N_2} \simeq 1 \qquad (5.8)$$

더 많은 재하 이력의 경우에는 Miner 법칙이 다음과 같이 일반화된다.

$$\frac{n_1}{N_1} + \frac{n_2}{N_2} + \frac{n_3}{N_3} + \cdots + \frac{n_n}{N_n} \simeq 1 \qquad (5.9)$$

금속에서 피로 현상의 발단은 결정(結晶)간의 내부 불연속을 포함하며 그것은 처음

부터 존재한다. 발달된 응력이 충분히 작은 경우에는 이들의 내부 불연속이 전파되지 않으며 따라서 평형의 상태를 유지한다. 그러나 응력이 피로 한계를 넘는 경우에는 내부 불연속이 전파, 확대, 합병되며, 어떤 눈에 보이는 어떠한 거시적인 변형도 없이 피로로부터 재료의 파손을 일으킬 수 있다.

5.6.2 Dang Van의 레일 피로 기준

고유의 내부 불연속에 기인하여 불안정의 개시를 이끄는 조건을 조사하기 위하여 레일 피로의 현상에 관하어 경험적 레벨 (114)과 이론적 레벨 (110)에서 광범위하게 연구하여 왔다. 외부 하중에 저항하기에 불충분하게 적응하는 결정 평면을 가진 조직을 향하여 내부 불연속이 전파하는 경향이 있다는 발견에 기초하여, 그리고 일련의 실험실 시험 결과를 고려하여, Dang Van은 레일 피로가 다음과 같이 두 단계로 발달함에 따르는 기준을 공식화하였으며, 이 기준은 나중에 그의 이름이 붙여졌다(110).

1. 주기적 소성 스트레인의 영향을 받아 응력이 발달하고 제한하는 평형 상태의 경향이 있는 동안의 처음의 경화 단계. 결정 강의 등방성 경화를 가정하면, 국지적 응력 $\sigma_{ij}(t)$가 거시적인 응력 $\Sigma_{ij}(t)$(연속체 이론에서 생기는 것들)에 관련된다는 것은 다음 식의 관계를 이용하여 설명할 수 있다.

$$\sigma_{ij}(t) \ = \ \sum\nolimits_{ij}(t) \ - \ \alpha_{ij} \, T_o \tag{5.10}$$

여기서, α_{ij} : 조직 방향 텐서(tensor)

m : 슬라이딩 방향(그림 참조)

n : 슬라이딩 평면에 수직(그림 참조)

T_o : n사이클에 대하여 다음 식으로 정의되는 평균 전단

$$T_o^n \ = \ \frac{1}{2}\left(T_{max}^n \ - \ T_{min}^n \right) \tag{5.11}$$

2. 이미 소성 상태에 있는 조직에서 내부 불연속의 전파가 시작되고, 동시에 주위의 조직은 탄성 상태에 있는 제2 단계. 분자의 수가 일정하게 남아 있으므로, 내부 공간의 형성은 체적의 증가로 귀착되며, 이 사실은 레일 피로 현상의 연구

에서 구형(球形) (또는 유체 정역학적인) 텐서($\sigma_{kk}/3$)* 역할의 조사를 정당화하고 있다.

$$\sigma_{ij} = \frac{\sigma_{xx}}{3}\delta_{ij} + s_{ij}$$

여기서, s_{ij}는 편향 텐서이고, δ_{ij}는 Kronecker의 델타이다.

거시적인 응력 $\Sigma_{ij}(t)$는 연속체 이론의 결과로서 생기며, 반면에 경험적 조사 결과는 n, m 및 그러므로 텐서 α_{ij}를 결정한다.

최악의 방향을 가진 조직에서 국지적 전단 $\tau(t)$는 다음 식과 같이 될 것이다.

$$\tau(t) = T(t) - T_o \tag{5.12}$$

여기서, T : 거시적 전단

$\quad\quad\quad T_o$: 평균 전단

상기의 식을 기초로 하여 Dang Van 다이어그램으로도 알려진 $\tau - \sigma_{kk}/3$ 다이어그램을 도시할 수 있다(그림 5.15).

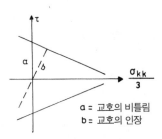

그림 5.15 레일의 피로에 대한 Dang Van의 기준

레일 피로 현상의 분석은 다음을 나타내었다.

• 최대 전단 응력은 전동 표면 아래 10~15 mm에서 전개된다(그림 5.16). 이

---

*반복하는 하 첨자가 하 첨자의 모든 가능한 값에서 합계를 의미한다는 것(Eisenmann의 가정)은 상기할 값어치가 있다. 따라서, (108) $\frac{\sigma_{xx}}{3} = \frac{\sigma_{11}}{3} + \frac{\sigma_{22}}{3} + \frac{\sigma_{33}}{3}$

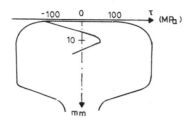

그림 5.16 레일 내에서 전단 응력의 변동

결론은 일련의 실험실 시험으로 확인되었다는 점에 유의하여야 한다(114).

- 최대 응력은 수직선에 30° 기울어진 평면에서 일어난다.
- 차륜 직경의 증가는 내부 불연속의 증가를 일으킨다.
- 피로를 일으키는 내부 불연속은 3과 4 사이에서 4에 더 가까운 멱(羃)으로 제곱한 축중에 비례한다.

5.6.3 내부 불연속의 전개

주축 $2a_c$를 가진 타원형의 내부 불연속의 전개는 불연속 주변에 가해진 응력 세기 Δk의 함수이다. 값 $\Delta k < \Delta k_c$에 대한 불연속 치수는 외부 재하에 영향을 받지 않고 남아 있다. 영역 Ⅱ(그림 5.17)는 다음 식의 관계를 이용하여 평가한 (112) 불연속이 큰 증가를 나타내는 곳이다

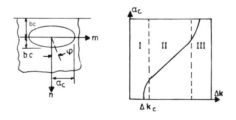

그림 5.17 내부 불연속의 전개

$$\frac{da_c}{dN} = c \cdot \Delta k^{n_c} \tag{5.13}$$

여기서, c와 n_c는 실험실 시험의 결과로서 생기는 상수이다. 유한 요소 해석은 내부 불연속을 만드는 재하 사이클 수의 계산이 윤하중의 함수로서 특정한 값에 도달할 수 있게 한다(그림 5.18) (116).

선로의 열차 하중 T의 함수로서 내부 불연속의 전개를 나타내는 더 경험적인 관계는 ORE에서 행한 연구에서 도출되었다(114).

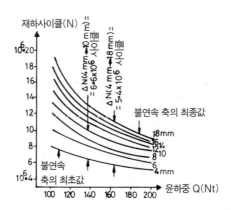

그림 5.18 윤하중 Q와 재하 사이클 수 N의 함수로서 불연속의 전개

$$Y = Y_o \cdot 2^{T5} \tag{5.14}$$

여기서, Y_o : 불연속의 초기 값

      T : 선로의 연간 열차 하중(백만 톤)

확장되고 합쳐지는 내부 불연속이 레일 두부 표면의 55 % 이상에 걸칠 때는 레일이 심각한 파괴 위험의 상태로 된다(131).

5.7 레일의 손상

레일의 피로를 발생시킬 수 있는 내부의 불연속을 레일 손상이라 부른다. 열차 통과의 영향을 받아 일어나는 레일의 기계적 성질의 변화도 손상으로 고려된다. "레일 손상(rail defect)"은 "궤도 틀림(track defect)"과 분명하게 구별하여야 하며, 후자는 궤도의 기하 구조적 특성의 이론적 값에서 실제 값의 벗어남으로 정의된다. 궤도 틀림 (172)은 오로지 열차 통과의 결과이며 일반적으로 궤도를 보수하여 역으로 할 수 있는 거시적이고 기하 구조적인 성질의 것이다(제11장 11.3절 참조). 이에 반하여, 레일 손상은 레일의 초기 제조 결함에 기인하고, 기계적이고 미시적인 성질의 것이며 대부분의 경우에 역으로 할 수 없다.

국제철도연합(UIC)은 레일의 손상을 연구하고 분류하여 왔다(126). 가장 심각한 피로 파손의 원인인 주요한 레일 손상은 다음을 포함한다.

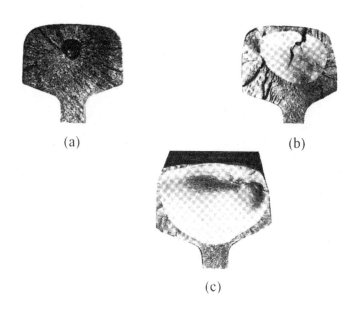

(a)

(b)

(c)

그림 5.19 태취(tache) 타원형 손상

5.7.1 태취(tache) 타원형 손상

UIC에서는 이것을 레일 손상 211로 분류한다(그림 5.19). 이 손상은 레일의 제조 동안 열의 영향에 기인하는 초기 내부 타원형 불연속에 상당한다. 이 손상은 레일 표면에 도달하도록 퍼지며 곧바로 레일의 파손을 일으킨다. 그것은 대단히 심각한 문제의 근원일 수도 있으며 동일 제조의 레일들에서 유행하는 비율에 도달하기조차 한다. 이 손상은 육안으로, 또는 초음파 장비를 이용하여 검출한다. 가장 많은 조사 업무는 이 손상에 집중된다(126).

5.7.2 수평 균열

UIC에서는 이것을 레일 손상 212로 분류하며(그림 5.20), 레일 전동 표면의 수평 균열에 관계된다. 이 손상은 제조 단계에서 시작되며(초기 내부 불연속), 전동 표면의 벗겨짐을 일으킬 수 있다. 이 손상은 육안으로 또는 초음파 장비로 검출한다.

그림 5.20 수평 균열   그림 5.21 단파장 파상 마모

5.7.3 단파장 파상 마모

UIC에서는 이것을 레일 손상 2201로 분류한다(그림 5.21). 그 원인은 열차 교통이며 파장 $\lambda = 3{\sim}8$ cm의 파상 마모를 구성한다. 이 손상은 공진을 포함하여 더 높은 레일 응력으로 이끄는 궤도의 고주파 동요, 레일 좌면에 균열을 갖게 하는 콘크리트 침목의 피로, 체결 장치의 이완, 패드, 인슈레이터 및 클립의 가속된 마모, 도상과 보조 도상의 시기 상조의 파손, 소음 레벨의 $5{\sim}15$ dB(A)만큼의 증가 등 많은 불리한 효과를 유발할 수 있다. 이 손상은 육안으로 또는 레일 손상 기록 장비로 검출한다. 이것은 레일을 연마하고 평탄하게 하는 특수 장비를 통과시켜 수선한다(126), (114).

5.7.4 장파장 파상 마모

UIC에서는 이것을 레일 손상 2202로 분류한다. 이 손상은 $\lambda = 3{\sim}8$ cm의 파장을 가지며 반경이 600 m 이하인 곡선의 낮은 레일에서 주로 발생된다. 이 마모의 형은 대량의 동일한 교통을 수송하는 교외 철도와 지하 철도에서 가장 일반적이다. 검출과 수선은 단파장 파상 마모에 대한 것과 같다.

5.7.5 종 방향 수직 균열

UIC에서는 이것을 레일 손상 113으로 분류한다(그림 5.22). 수직 균열이 확대되어 레일을 둘로 분리시킬 수도 있다. 이것은 레일의 제조 손상이다. 이 손상은 초음파 장비로 검출하며, 영향을 받은 레일은 즉시 교체하여야 한다.

5.7.6 횡 마모

UIC에서는 이것을 레일 손상 2203으로 분류한다(그림 5.23). 차륜의 사행동 진행에 기인하는 레일 두부의 횡 마모이다. 횡 마모는 궤간에 영향을 미치기 때문에 어떤 지점을 넘어 위험하게 되어간다. 여러 철도망은 레일 두부 횡 마모의 허용 값을 명시한다(제5.8절 참조).

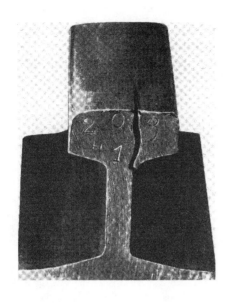

그림 5.22 종 방향 수직 균열   그림 5.23 횡 마모

5.7.7 전동 표면 분열

UIC에서는 이것을 레일 손상 221로 분류하며(그림 5.24), 이 손상은 레일 전동 표면의 점진적인 분열에 상당한다. 이 손상의 원인은 레일 제조 과정에서 규명할 수 있다. 이 손상은 보수 검사 동안 검출되며 영향을 받은 레일은 예정된 보수 주기에 교체한다.

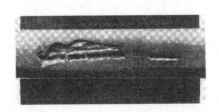

그림 5.24 전동 표면 분열

5.7.8 주행 면의 쉐링

UIC에서는 이것을 레일 손상 2221로 분류한다. 주행 표면의 불규칙한 변형은 금속의 수 mm 깊이에서 쉘의 형성 이전에 관찰된다. 이들 쉘의 횡단면은 극히 변하기 쉽다. 쉐링은 고립된 손상이 아니며 항상 넓은 지역에 걸쳐 발생한다. 검출은 육안으로 또는 초음파 시험으로 수행한다.

5.7.9 게이지 코너의 쉐링

UIC에서는 이것을 레일 손상 2222로 분류한다(그림 5.25). 레일은 처음에 레일 두부의 게이지 코너에 걸쳐 랜덤한 간격으로 어두운 반점을 나타낸다. 이들의 반점은 발달의 기간 후에 측면에 후로우(립)의 형성, 균열의 형성 및 마지막으로 게이지 코너에 때때로 넓은 범위에 걸친 쉐링의 형성으로 특징을 짓는 잠재적인 금속 분열의 초기 징후이다. 이 쉐링의 형은 횡 마모를 피하기 위하여 도유한 곡선에서 일반적으로 바깥쪽 레일을 따라서 발생한다.

그림 5.25 게이지 코너 쉐링

5.8 레일의 허용 마모

5.8.1 수직 마모

레일의 최대 허용 수직 마모는 최고 열차 속도와 선로 열차 하중의 함수이다. 표

5.2와 5.3은 영국과 독일 철도에 따른 레일 두부의 최대 허용 마모 값을 나타낸다 (119).

기관차의 차륜에 의하여 생기는 레일 마모는 피견인 차량의 차륜에 기인하는 것보다 약 6 배 더 심한 것에 주목하여야 한다.

표 5.2 영국 철도에서 레일(높이 159mm)의 최대 허용 수직 마모, (119)

최고 속도(km/h)	레일 두부의 최대 허용 수직 마모(mm)
> 160	9
120~160	12
80~120	15
< 80	18

표 5.3 독일 철도에서 레일(높이 154mm)의 최대 허용 수직 마모, (119)

선로의 종류	최대 허용 수직 마모(mm)
• 19백만 톤을 넘는 연간 하중, 또는 25천 톤을 넘는 일간 하중, 또는 140 km/h를 넘는 속도, 또는 일간 120 열차의 선로	12
• 7.5백만 톤을 넘는 연간 하중, 또는 20~25천 톤 사이의 일간 하중의 선로	20
• 1.75백만 톤을 넘는 연간 하중의 선로	26

5.8.2 횡 마모

영국 철도에서는 레일 두부의 최대 허용 횡 마모를 레일 두부의 최저 지점에서 3 mm 위쪽에, 그리고 레일 축에 26° 각도로 위치한 참조 점에 따라 정의한다(그림 5.26 a).

독일 철도는 MN 선에 대한 최대 횡 마모(그림 5.26 b)를 정의하며, 여기서 M은 레일 두부의 중력 중심이다. 본선과 UIC 60 레일 단면에 대한 횡 마모는 18 mm를 넘지 않아야 한다. 그러나 레일의 수직 마모와 횡 마모의 합은 25 mm를 넘지 않아야 한다(119).

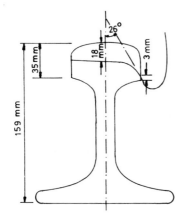

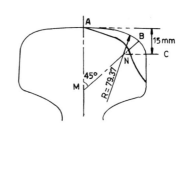

그림 5.26a 영국 철도에서 레일의 최대 허용 횡 마모

그림 5.26b 독일 철도에서 레일의 최대 허용 횡 마모

5.9 레일의 최적 수명

레일의 최적 수명을 결정하는 것은 순수한 기술적 문제가 아니고 오히려 기술-경제적인 문제이다. 레일의 사용 기간을 넘으면 총 비용이 급속하게 증가한다(그림 5.27). 그러므로 모든 기술적 강도 여유가 소진되기 전에 레일을 교체하는 것이 타당하다. 최적의 레일 수명은 최소 총 비용에 대응하는 (그림 5.27에 따라서) 점 K로

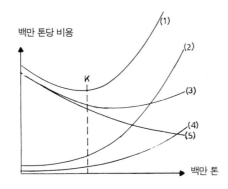

(1) 총 비용
(2) 탈선으로부터의 비용
(3) 탈선을 제외한 총 비용
(4) 마모 수선의 비용
(5) 레일의 비용

그림 5.27 최적의 레일 수명

결정된다(124). 그러나 중요 본선에서 철거된 레일은 2급 선에서 어떤 기간 동안 사용할 수 있다.

독일 철도는 UIC 레일 단면에 대하여 주요 본선에 대하여 40 년, 2급 선에 대하여 100 년의 사용 수명을 가정한다(실제 문제로서 이들의 수명은 각각 39 년과 82 년이다) (8).

독일 철도는 S 54 레일 단면(단위 길이 당 중량 54.5 kg/m)에 대하여 다음과 같이 사용 수명을 예측한다.

- 처음의 사용 수명(주요 본선)   24 년
- 두 번째의 수명(2급 선)   32 년
- 세 번째의 수명(기타 선로)   38 년
  ─────────────────   ─────
  총 수명   94 년

그러나 (손상, 변칙적인 마모, 부식 등) 다수의 이유 때문에, 잠재적인 제2차 수명은 25 %만큼 감소되고 잠재적인 3차 수명은 75 %만큼 감소되며, 따라서 57 년의 총 사용 수명으로 이끈다(8).

프랑스 철도는 55~60 년의 수명을 달성하며, 엉국 철도는 약 45 년의 수명을 달성한다. 회복한 사용 가능 레일의 최선은 끝을 잘라내고 용접하여 더 낮은 등급의 선로에서 다시 사용하는 것이다.

5.10 이음매

궤도는 약 30~40 년 전까지 모든 철도망에서 연속한 레일간에 유간을 두어서 부설하였다(그리고 많은 철도망에서 여전히 부설되고 있다). 유간의 기본 목적은 온도 변화에 기인하는 길이의 변화를 흡수하는 것이다.

이음매판 연결 기술은 몇 가지의 점에서 철도 수송에 유해하다.
- 이음매는 승차감을 상당히 저하시킨다.
- 이음매는 차륜과 레일에 상당한 피로와 마모를 발생시킨다.
- 이음매는 한편으로 모든 이음매 부품의 적합한 조건을 확보하기 위하여 필요한 검

사에 기인하고, 다른 한편으로 이음매 영역에서 일어나는 높은 불규칙 때문에 보수비를 크게 증가시킨다.

표준 궤간의 유럽 선로에서는 일반적으로 36 또는 54 m마다 이음매를 설치한다. 궤도에 연결된 이음매의 특성은 온도 변화에 좌우되는 레일 신축의 제한된 용량이다.

모든 레일의 유형은 대응하는 이음매판 유형뿐만 아니라 특정한 볼트의 형을 가지고 있다. 그림 5.28은 UIC 54 레일용 이음매판을 도해하며, 그림 5.29는 UIC 54 레일 이음매판용 볼트를 나타낸다.

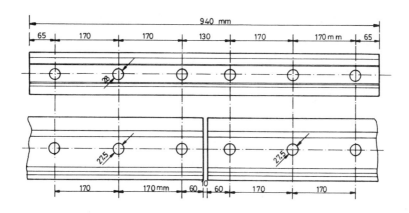

그림 5.28 UIC 54 레일용 이음매판의 구멍

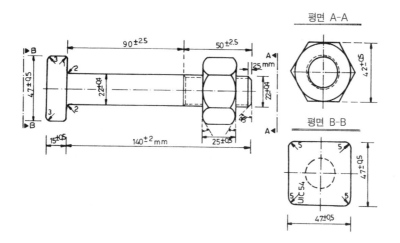

그림 5.29 UIC 54레일 이음매판용 볼트

5.11 장대레일

5.11.1 장대레일 기술

철도가 최초로 도입되었을 때부터 레일의 길이를 증가시키는 노력을 하여 왔으며, 궁극적인 목표는 연속한 궤도로 하는 것이었다. 표준 궤간의 궤도에서의 장대레일 (CWR)은 일반적으로 제조 공장에서 18, 24, 30 또는 36 m(역주 : 우리나라 철도 25 m, 지하철 20 m) 등 각종 길이로 생산한 레일을 함께 용접한 결과이다. 레일 제품의 통상적인 최대 길이는 36 m(영국, 프랑스, 이탈리아 등)이지만, 일부 국가에서는 더 큰 값에 도달할 수 있다(독일에서 60 m, 오스트리아에서 108 m에 이르기까지 등). 장대레일은 이음매 레일과는 현저히 다르게 온도에 기인하는 길이의 변화가 일어나지 않는 레일 영역(부동 구간)으로 특징을 이룬다. 장대레일은 수반하는 모든 명백한 이익의 결과에 따라 이음매를 없앤 것이다.

장대레일이 기술적으로 단순한 개념일지라도, 철도 기술에 적용되기까지는 긴 시간을 필요로 하였다. 이것은 다음의 이유에 기인하였다(9), (120).

- 상기에 언급한 것처럼, 장대레일의 특징은 길이의 변화가 없는 점이다. 이것은 침목과 도상간뿐만 아니라 레일과 침목간 마찰력의 결과이다. 그러나 이들의 힘은 레일-침목의 연결이 영구적이고 신뢰할 수가 없으면 당연한 일로 생각할 수 없다. 이것은 탄성 체결 장치(제6장 6.9.2.2항 참조)를 이용하여 지난 40년에 걸쳐 가능하게 하였으며, 이 체결 장치는 온도 응력이 균등하게 분포되고 수명이 일정한 것을 보장한다.
- 열차의 통과에 따라 반복 응력을 경험하는 용접부의 피로 거동을 충분히 알지 못하였다. 최근의 연구는 이 양상을 명백히 하였으며 현재 이 문제에 관련되는 제한이 없다.
- 마지막으로, 장대레일의 긴 길이 때문에 좌굴의 위험도 고려되었다. 궤도 중량의 증가와 결합하여 좌굴을 저지하는 도상의 기계적 저항력에 관한 조사는 만족스러운 방법으로 문제를 다루었다.

도로에 매립됨에 따라 충분히 구속되는 시가전차 궤도의 경우에는 축력 증가의 문제가 일어나지 않으며 더 긴 레일을 충족시킬 수 있다.

5.11.2 장대레일의 기계적 거동

5.11.2.1 가정

비-선형 구조의 법칙, 수치적 모델 및 피로 메커니즘의 지식은 과학 영역이며, 그 개발은 더욱더 복잡한 계산을 희생할지라도 장대레일의 기계적 거동에 관한 더욱 정밀한 접근법에 기여하였다. 따라서 정밀한 이론에서 벗어나는 결론으로 이끌지라도 쉽게 파악되고, 안전을 향한 결과를 주는 것에 추가하여 실제 현상의 충분한 정성적 표현을 제공하는 단순화된 이론이 제시된다(120).

모든 재료의 거동은 탄성이라고 가정하며, 도상 저항력은 균일하고 일정하다고 가정한다.

5.11.2.2 계산 절차

장대레일은 길이 L과 횡단면적 S를 가진 봉(그림 5.30)으로 시뮬레이션을 한다. 온도 차이 $\Delta\theta$의 영향 하에서 봉 길이의 변화는 다음과 같다.

$$\Delta l_{\Delta\theta} = \alpha \cdot L \cdot \Delta\theta \tag{5.15}$$

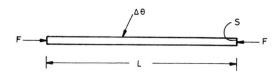

그림 5.30 장대레일의 거동을 검토하기 위하여 단순화한 시뮬레이션

여기서 α는 강의 열 팽창 계수이다.

도상은 힘 F만큼 $\Delta\theta$에 기인하는 길이의 변화에 저항한다. 사용된 단순화 가정에 따라, F에 기인하는 길이의 변화는 다음과 같다.

$$\Delta l_F = \frac{F \cdot L}{E \cdot S} \quad \text{(Hook의 법칙)} \tag{5.16}$$

전체의 응력 상태는 상기에 언급한 (반대 방향의) 두 힘의 합침에서 생길 것이며 그러므로,

$$\Delta l_{tot} = \alpha \cdot L \cdot \Delta\theta - \frac{F \cdot L}{E \cdot S} \qquad (5.17)$$

길이의 변화 Δl_{tot}이 0으로 되는 힘 F를 구하는 것이 필요하다. 식 (5.17)에서 다음 식을 구할 수 있다.

$$F = \alpha \cdot E \cdot S \cdot \Delta\theta \qquad (5.18)$$

위 식은 도상 저항력 F가 레일의 길이에 무관하며 횡단면적에 비례하는 것을 나타낸다. 후자는 발달한 힘이 레일 유형에 좌우되는 것을 입증한다.

상기의 식에서 UIC 60 단면의 경우에는 섭씨 도당 1.85 톤의 힘이 발생되며 UIC 54 단면에 대하여는 1.6 톤이 발생하는 것을 계산할 수 있다.

5.11.2.3 장대레일의 힘 분포

열의 영향을 받아 장대레일에 발생된 힘은 체결 장치와 침목을 통하여 도상으로 전달된다. 궤도의 미터 당 0.5 톤에서 1.0 톤까지 범위의 값을 가진 도상 저항력을 r로 나타내자. 이 저항력은 궤도 단부에서 분명히 0으로 작용하며(그림 5.31) 길이 l_A에 걸쳐 점증적으로 증가하여 F와 같은 힘을 발생시킨다. 그러므로 식 (5.18)에 따라 다음과 같이 된다.

$$r \cdot l_A = \alpha \cdot E \cdot S \cdot \Delta\theta \qquad (5.19)$$

이것으로부터,

$$l_A = \frac{\alpha \cdot E \cdot S \cdot \Delta\theta}{r} \qquad (5.20)$$

길이 l_A는 철도 공학에서 흔히 신축 구간이라 불려지는 것에 상당한다. 이 길이를 넘으면 도상 저항력에 기인하여 발생하는 힘이 장대레일을 따라 열 영향으로 발달된

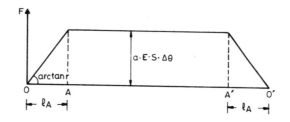

그림 5.31 장대 레일 내에 발달한 힘의 다이어그램

힘과 완전히 균형을 이룬다. 그러므로 길이 l_A를 넘어서는 길이의 변화가 발생하지 않는다.

도상 저항력의 평균값 $r = 0.75$ kg/m와 UIC 60 레일($S = 76.86$ cm^2)을 고려하면, $\varDelta\theta = 36$ ℃에 대하여 다음의 신축 길이를 가질 것이다.

$$l_A = 85.3 \text{ m} \tag{5.21}$$

여기서 어떤 경우에 150m 정도의 최대 값에 도달할 수 있다.

장대레일의 길이는 l_A보다 더 짧을 수가 없으므로(왜냐하면, 만일 그러할 경우에 온도의 변화 동안 장대레일의 부동 구간이 남아있지 않기 때문이다), 상기로부터 장대레일의 최소 길이는 300m라는 것이 뒤따른다.

5.11.2.4 신축 구간의 길이 변화

장대레일은 장대레일의 모든 지점이 부동으로 남아있는 곳을 건너 신축 구간 l_A에서만 온도 변화에 따라 길이의 변화를 경험한다. 온도 변화에 따라 발생한 응력과 도상 저항력의 겹침에 의한 점 O(그림 5.32)의 변위는 다음과 같이 계산한다.

ⅰ. 온도 변화 $\varDelta\theta$에 기인하는 길이의 변화는 다음과 같다.

$$\varDelta l\,^{\varDelta\theta}_{l_A} = \alpha \cdot l_A \cdot \varDelta\theta = \alpha \cdot \varDelta\theta \cdot \frac{\alpha \cdot E \cdot S \cdot \varDelta\theta}{r} = \frac{\alpha^2 \cdot E \cdot S \cdot \varDelta\theta^2}{r} \tag{5.22}$$

ⅱ. 값이 점 O에서 0이고 점 A에서 r인 도상 저항력에 기인하는 길이의 변화는 다

음 식과 같이 될 것이다. 선형 분포를 가정하면, 결과로서 생긴 힘은 변위를 산출하는 $r l_A/2$와 같을 것이다.

$$\Delta l^{\,r}_{\,l_A} = \frac{r l_A}{2} \frac{l_A}{ES} = \frac{r}{2ES} l_A^{\,2} = \frac{r}{2ES} \left(\frac{\alpha \cdot E \cdot S \cdot \Delta\theta}{r} \right)^2 = \frac{\alpha^2 \cdot E \cdot S \cdot \Delta\theta^2}{2r} \quad (5.23)$$

식 (5.22)와 (5.23)을 결합하면 다음 식을 얻는다.

$$\Delta l^{\,tot}_{\,l_A} = \Delta l^{\,\Delta\theta}_{\,l_A} + \Delta l^{\,r}_{\,l_A} = \frac{\alpha^2 \cdot E \cdot S \cdot \Delta\theta^2}{r} - \frac{\alpha^2 \cdot E \cdot S \cdot \Delta\theta^2}{2r} \Rightarrow$$

$$\Delta l^{\,tot} = \frac{\alpha^2 \cdot E \cdot S \cdot \Delta\theta^2}{2r} = k \, \Delta\theta^2 \quad (5.24)$$

여기서, $k = \alpha^2 ES/2r$은 주어진 기계적 강도를 가진 도상의 상수이다.

5.11.2.5 레일 용접

레일 강의 용접은 일반적으로 (통상적으로 기지에서) 플래시 버트 또는 전기 저항 용접을 하고, 그 다음에 테르밋 용접 프로세스의 하나를 사용하여 현장에서 용접한다.

5.11.2.5.1 플래시 버트 용접

플래시 버트 용접은 이음부를 버리기 위하여 필요한 열을 용접되는 레일의 전류 통과에 대한 저항으로 발생시키는 금속 연결의 방법이다. 테르밋 용접과 달리 용접을 하기 위하여 추가의 화학 제품이나 금속을 필요로 하지 않는다. 플래시 버트 용접에서는 용접 사이클 동안 모재가 소비되며, 그러므로 벼림 작용을 완성하고 이음부를 통합하기 위하여 레일 단부를 따라 필요한 열을 발생시킨다. 레일 단면에 좌우하여 용접마다 대략 25~35 mm의 총 길이가 소비된다.

플래시 버트 용접은 다음의 장소에서 수행할 수 있다.

- 고정의 현장 기지에서
- 가동의 기지에서
- 궤도에서

5.11.2.5.2 테르밋 용접

테르밋 용접 프로세스는 알루미늄의 도움으로 산화에 의한 중금속의 감소에 기초한다. 이 반응은 대단히 큰 양의 열이 발생되므로 강한 발열성이며 알루미늄이 산소를 향하여 나타내는 강한 친화력에 의하여 행하여진다.

주요한 산화철에는 FeO와 Fe_2O_3 등 두 가지가 있으며 다음의 식에 따라 Al과 반응한다.

$$Fe_2O_3 + 2Al \rightarrow 2Fe + Al_2 + 181.5 \text{ kCals} \qquad (5.25)$$

$$3FeO + 2Al \rightarrow 3Fe + Al_2 + 186 \text{ kCals} \qquad (5.26)$$

테르밋 강 용접에서는 Al 함유량을 적합하게 컨트롤하는 것이 중요하다.

- 0.2~0.65 % 사이의 Al 초과량은 바람직하지만, 0.7 % 이상은 강의 응고를 발생시킬 수 있다.
- 용융 프로세스에서 Al의 부족은 Al의 결핍 때문에 Fe 산화물과 반응하는 C와 Mn과 같은 강 성분의 형성에 기인하여 열 부족을 일으킬 수 있다.

유럽의 많은 철도는 SKV - 짧은 예열의 용접 프로세스라 부르는 독일 용접 프로세스를 사용한다(8).

모든 용접 절차에서 용집의 적합한 컨트롤은 장대레일의 수명에 결정적인 역할을 한다.

5.11.2.6 장대레일의 응력 해방

장대레일의 응력을 최소화하기 위해서는 최고 온도와 최저 온도 사이의 온도에서 장대레일의 용접과 부설을 수행하는 것이 바람직하다.

그러나 장대레일의 부설 온도에 상관없이 열 응력의 감소가 추구된다. 이것은 장대레일의 응력 해방(역주 : 국철에서는 "재설정"이라고 한다)과 자유 신장(또는 수축) 조건의 형성으로 달성된다. 응력 해방은 궤도를 안정화하기 위하여 필요한 열차 하중에 좌우하여 장대레일 부설로부터 시간이 경과한 다음에 행한다(역주 : 현재는 동적 궤도 안정기 DTS로 궤도를 안정화시키고 있다). 이 하중은 일반적으로 목침목의 경우에 10만 톤, 콘크리트 침목에 대하여 2만 톤이다.

응력 해방은 점차적으로 800~1,000 m의 사이에서 행하여야 하며, 예외적으로 1,200 m의 궤도 길이에 대하여 행한다. 다음의 절차를 실시할 수 있다(120).

- 장대레일이 1,200 m보다 긴 경우에는 분할하여 응력을 해방한다. 레일은 각 구간의 끝에서 절단하고 그 끝은 레일이 자유 운동을 할 수 있도록 비켜 놓는다.
- 체결 장치를 푼다.

- 마찰을 가능한 한 줄이기 위하여 레일 아래에 롤러(10~20 침목마다 $\phi 20$)를 배치한다.
- 제지하는 마찰의 그 이상의 감소는 레일을 따라가면서 목재 또는 플라스틱 해머로 레일을 옆에서 타격하여 달성한다.
- 응력을 해방할 때에 레일의 온도가 전국의 평균 온도보다 낮은 경우에 극한 온도에서 응력을 최소화하기 위해서는 바람직한 최적의 평균 온도를 달성하도록 (프로판 히터로) 레일을 가열한다(역주 : 이것은 레일의 강 조직에 유해하므로 현재는 일반적으로 레일 긴장기로 레일을 긴장한다). 레일 온도가 명백하게 평균 온도를 넘는 경우에는 추가의 가열을 필요로 하지 않는다.
- 롤러를 철거하고 체결 장치를 체결한다.
- 양쪽 레일에 대하여 응력을 해방하여야 한다. 응력 해방 작업은 각 궤도 구간에 대하여 열차가 운행되지 않는 시간 동안 수행하여야 한다.

그러나 더운 날씨에서의 좌굴과 추운 날씨에서의 취성을 통한 레일의 파단을 피하기 위해서는 모든 장대레일에 대하여 좋은 보수 검사가 필요하다.

5.11.3 신축 장치

장대레일 단부에서의 길이의 변화는 제5.11.2.4항에서 계산하였다. 이들 길이의 변화가 궤도를 따라 어떤 민감한 지점(예를 들어, 강 교량의 단부, 정거장 입-출구 등)에서 과도한 응력을 수반하지 않도록 보장하기 위하여 이들의 지점에 신축 장치를 설치한다.

그림 5.32는 UIC 54 레일에 대한 신축 장치의 상세를 나타내며, 그림 5.33은 신축 장치 부근의 전체 궤도 배치를 나타낸다. 철도망 중에는 그러한 장치의 유형에 많은 변형체가 있다.

다음의 경우에는 신축 장치를 사용하지 않아야 한다.
- 직선과 곡선간의 완화 곡선
- 작은 곡률 반경(800 m 미만)을 가진 곡선
- 중량이 50 kg/m 이상인 레일의 경우에 건널목에서 120 m 이내, 50 kg/m 미만의 레일에 대하여는 100 m 이내

도상이 없는 큰 교량에서

- 교량이 20 m보다 긴 경우에는 각 단부에 신축 장치가 필요하다.
- 교량이 20 m보다 짧은 경우에는 신축 장치가 없이 장대레일을 부설할 수 있다.

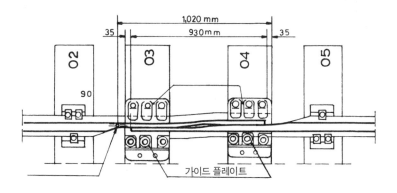

짧은 리벳 **그림 5.32** UIC 54 레일용 신축 장치

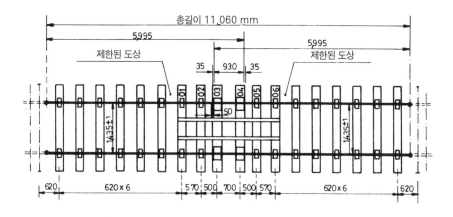

그림 5.33 신축 장치 지역의 궤도 배치 (치수 mm)

5.11.4 장대레일의 장점

장대레일의 부설비가 이음매 궤도보다 더 높을지라도 감소된 선로보수비, 개선된 궤도 안정성, 더 높은 주행 속도, 더 낮은 동력 소비 및 개선된 승차감에 의하여 초기 투자비에 대하여 적당한 상쇄가 마련된다. 특히,

- 장대레일은 훨씬 더 높은 승차감 레벨을 제공한다.
- 장대레일은 궤도 틀림의 진행이 훨씬 더 늦다.
- 궤도 설비의 피로가 더 작다.
- 차륜에서와 차량에 대하여 발달된 하중이 일반적으로 훨씬 더 낮다.

6. 침목, 슬래브궤도 및
   레일 체결 장치

6.1 침목의 유형

침목은 레일과 도상간에 위치한 궤도 부재이다. 최초에 철도 선로의 레일은 지반 위에 직접 위치한 블록 위에 설치하였다. 더 좋은 하중 분포가 필요함에 따라 침목과 도상이 추가되었다.

침목의 기능은 다음과 같다.

- 레일에서 도상으로 하중의 적당한 전달과 분산
- 지정된 궤간으로 레일 간격을 일정하게 유지
- 레일을 1/20 또는 1/40의 경사로 침목 위에 설치
- 수직과 수평 방향의 적당한 기계적 강도

전철화 선로의 침목은 게다가 양 레일간의 전기적 절연을 (개별적으로이든지 추가의 부속품으로든지) 확보하여야 한다.

침목에 사용된 처음의 재료는 목재이었다. 목재의 결핍과 민감성은 1880년경에 철 침목의 도입으로 이끌었으며, 이 침목은 오랫동안 널리 사용되었다. 콘크리트 기술의 장점은 1950년 이후 콘크리트 침목의 사용으로 이끌었으며, 이 침목은 두 가지 부류로 구분된다.

- 투윈-블록 철근 콘크리트 침목
- 모노블록 프리스트레스트 콘크리트 침목

현재, 세계 여러 철도망에 3조 개 이상의 침목이 부설되어 있으며, 그 중에서 약 5억 개가 콘크리트 침목이다. 침목 총수의 2~5 %가 매년 교체된다(134).

신선 또는 갱신된 기존 선로에서 최근에 부설된 침목은 대부분 콘크리트 침목이다. 그러나 몇몇의 경우에는 목침목도 사용한다. 철침목의 사용은 감소되고 있으며, 철침목은 궤도 갱신 또는 신선의 건설에서 일반적으로 콘크리트 침목 또는 목침목으로 교체된다.

가장 적합한 유형의 침목 선택은 각 선로에 대하여 (편견에 의한 선택을 줄이면서) 다음 인자의 평가와 견적을 포함하는 가능성의 분석에 의하여 행하여야 한다.

- 침목의 부설 또는 구매 비용
- 체결 장치 및 기타 필요 불가결한 침목 부속품의 구매 비용
- 침목의 수명
- 유지 관리비
- 침목 수명의 마지막에 있음직한 침목의 잔존 가격

6.2 철침목

6.2.1 유형과 성질

철침목(역주 : 엄격하게는 강(鋼, steel)침목이나 여기서는 관례에 따라 철침목으로 번역)은 단순한 구조의 산업 생산품이다. 철침목은 ∩형의 압연 단면으로 구성되어 있다. 침목의 단면은 궤도의 횡 안정성을 확보하도록 도상에서 고정을 마련하기 위하여 벼린다(그림 6.1).

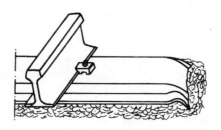

그림 6.1 철침목

레일은 레일 스파이크 볼트로 침목 상부의 구멍에 고정한 레일 스파이크(쇠갈고리)를 이용하여 철침목에 설치한다. 탄성 체결 장치도 사용된다.

6.2.2 제작, 크기 및 중량

철침목은 극한 인장 강도가 40~50 kg/mm^{2}인 저탄소강으로 만든다. 정교한 강은 일반적으로 사용되지 않으며, 그러므로 항복 강도가 극한 강도의 거의 50%이다. 화학 성분은 일반적으로 0.15% C, 0.45% Mn, 0.01~0.35% Si, 0~0.35% Cu이다.

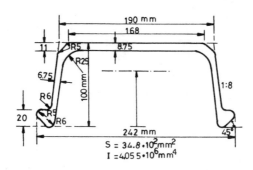

그림 6.2 컴퓨터로 설계한 철침목의 횡단면(단위 mm)

컴퓨터 프로그램은 최근에 철침목의 횡단면(그림 6.2)을 최적화하도록 도왔다. 이 새로운 횡단면의 단면 2차 모멘트를 구형과 비교하면 동일 양의 재료로 침목의 강성을 거의 2배로 함을 알 수 있다.

그림 6.3 a는 중량이 70~80 kg인 ($V < 140$ km/h 저속 선로에 사용하는) 철침목의 기하 구조적인 특성을 나타낸다. 더 큰 강의 저항력이 필요한 레일 이음매의 지역에서는 중량 130~140 kg의 투원-형 철침목(그림 6.3 b)을 사용할 수 있다.

6.2.3 장점과 단점

철침목은 제조, 부설 및 유지 관리가 다소 쉽다. 철침목은 오랫동안 궤간을 정확하고 일정하게 유지하며 횡 저항력이 상당히 크다. 철침목의 수명은 상대적으로 길며 교

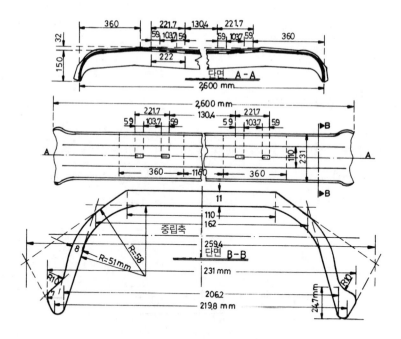

그림 6.3a 철침목, 단순형

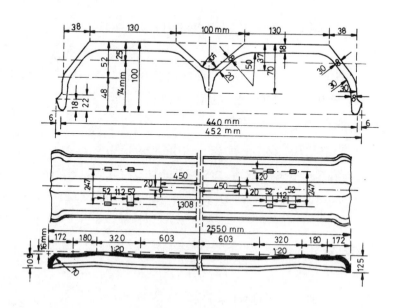

그림 6.3b 철침목, 투윈-형

체 후 고철로서 어떤 가치를 여전히 가지고 있다.

그러나 철침목은 많은 단점을 가지고 있다. 철침목의 형상은 종과 횡의 궤도 위치 설정을 어렵게 한다. 철침목은 소음이 크고, 신호를 위하여 특별한 절연 장치를 필요로 하며, 보수가 어렵다. 게다가, 철침목은 화학적 공격에 민감하고 특히 공업 지역과 연안 지역에 가까운 선로에서 취약하다. 상기의 모든 단점은 특히 유럽에서 경제적 가치 저하와 철침목의 점진적인 퇴출로 이끌었다.

6.2.4 수명

철침목의 수명은 50 년의 평균값과 함께 30 년과 60 년의 범위에 있다.

6.3 목침목

6.3.1 유형과 성질

목침목은 다른 유형의 침목보다 더 좋게 하중을 분산시킨다. 따라서 그들은 보통 또는 열등한 품질의 노반에 부설된 궤도에서 콘크리트 침목이 상대적으로 더 두꺼운 도상 층을 요구할 것이라는 점을 나타내었다. 목침목은 100 년 이상 광범위하게 사용되어 왔다. 목침목의 더 높은 비용과 더 짧은 수명 때문에, 유럽에서 현재 목침목을 사용하는 것은 콘크리트 침목의 사용이 지시되지 않는 경우로 제한되고 있다. 그러나 북미에서는 목침목을 여전히 광범위하게 사용하고 있다.

현재 목침목에 사용되는 목재의 종류는 유럽의 나무에서 너도밤나무와 오크, 및 열대 지방의 azob이다. 소나무 목재도 과거에 사용되었다. 여러 철도망에서 현재 사용하고 있는 목침목은 대개 azob 열대 나무로서 더 강하고 더 내구적이다(역주 : 우리나라의 경우는 《선로공학》 참조). 지하 터널에서는 오스트레일리아 마호가니 고무나무 경목 침목이 광범위하게 사용되어오고 있다.

목침목의 수명을 연장하기 위해서는 특수 유체(통상적으로 콜타르)를 주입한다. 주입은 여러 가지 종류의 목재에 대하여 개발된 특정 프로세스로 수행한다.

목침목의 쪼개짐 또는 도상에서 미끄러짐을 방지하기 위해서는 목침목이 도상 안에

묻히는 것이 필요하다. 이것은 침목 단부의 적합한 형상으로 달성하며, 단부 형상은 침목 단부 주위를 강제 띠로 감거나 침목 단부의 수직 단면 안으로 특수 금속판을 박아 넣는다.

목침목은 특히 다음에 민감하고, 그 결과로서 시간이 지나면서 강도가 감소한다.

- 기계적 특성의 열화
- 화학적 성질의 영향
- 생물학적 성질의 영향

6.3.2 치수

목침목의 기하 구조적인 특성은 UIC 기술 지시 863에 명기되어 있다. 표준 궤간 선로의 목침목은 그림 6.4에 나타낸 대표적인 치수를 가진다(55).

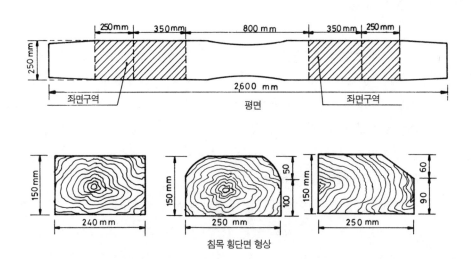

그림 6.4 표준 궤간 선로용 목침목의 기하 구조적인 특성(단위 mm)

상기의 치수에서 다음의 공차가 허용된다.

길이 : + 40 mm, - 30 mm

폭　　: - 10 mm

높이 : - 5 mm

미터 궤간의 목침목은 그림 6.5에 나타낸 치수를 가진다.

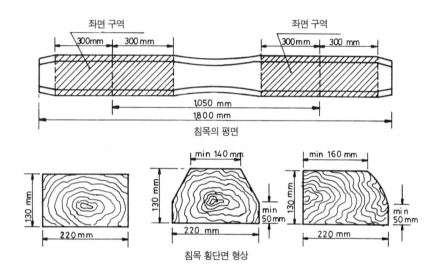

그림 6.5 미터 궤간 선로용 목침목의 특성(단위 mm)

상기의 치수에서 다음의 공차를 적용할 수 있다.

길이 : + 30 mm, - 30 mm

폭   : 0

높이 : +/- 5 mm

6.3.3 장점과 단점

목침목의 주된 장점은 유연성과 결과로서 생긴 더 좋은 하중의 분포이다. 따라서, 열등한 노반의 경우에는 주로 목침목을 사용한다. 게다가 목침목은 좋은 절연을 마련하며 신호와 전기 운전을 위한 특수 장치가 불필요하다. 마지막으로 목침목은 콘크리트 침목과 비교하여 높이가 낮다.

목침목의 단점은 상대적으로 짧은 수명, 더 높은 비용 및 높은 열차 속도를 방해하는 낮은 횡 저항력(가벼운 중량의 결과)을 포함한다.

6.3.4 수명

목침목의 수명은 사용된 목재의 유형에 좌우되며 다음과 같다.

- (주입한) 오크 목재에 대하여   25년
- (주입한) 너도밤나무 목재에 대하여   30년
- (주입하지 않은) azob 열대 목재에 대하여   40년
- (주입한) azob 열대 목재에 대하여   45년
- 터널에 사용하는 마호가니 고무나무 또는 유사한 경목에 대하여   50년

6.3.5 목침목의 변형성

유한 요소 분석(제4장 4.3절 참조)은 각종 흙 노반의 품질(제3장 3.4절 참조)과 여러 궤도지지 두께(e = 도상 + 보조 도상)에 대한 목침목 변형성의 정밀하고 상세한 결정을 마련한다. 그림 6.6은 열등한 품질의 노반(S_1), 중간 품질의 노반(S_2), 양호한 품질의 노반(S_3) 및 암석 노반(R)에 대한 목침목의 변형성을 도해한다. 노반 흙의 품질이 열등할수록 목침목의 침하가 더 균등하게 됨을 알 수 있다.

6.4 콘크리트 침목

6.4.1 콘크리트 침목의 고유 약점

모노블록 콘크리트 침목은 1920년 이후 처음 도입되었을 때에 다음과 같이 심각한 본질적인 약점을 나타내었다.
• 동적 열차 하중의 영향 하에서 취성 파괴와 파손으로 이끄는 광대한 균열의 경향

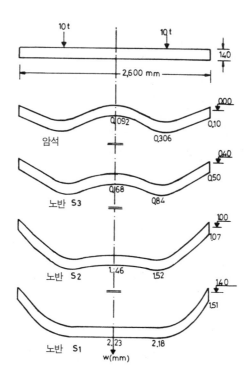

그림 6.6 각종 품질의 노반에 대한 침목의 변형성,(142)

- 침목의 중앙부에서 높은 인장 응력으로 귀착되는 대단히 적은 피로 저항. 이것은 인장 강도를 초과하는 경우에 철근의 슬립으로 이끈다.

이들의 두 약점을 극복하기 위해서는 다음을 필요로 할 것이다.

- 하중 충격을 무디게 하도록 흡수하는 재료를 중간에 끼워서 레일이 침목에 직접 접촉되지 않도록 레일을 부설. 그러한 재료는 고무 패드를 포함하며, 그것은 차례로 탄성 체결 장치의 사용을 필요로 한다.
- 콘크리트와 같은 수명을 가진 비싸지 않은 철근의 사용

6.4.2 콘크리트 침목의 두 가지 유형

철근 콘크리트와 프리스트레스트 콘크리트 기술과 제휴하여 두 가지 유형의 콘크리트 기술이 개발되었다.

- 연결 봉으로 잇는 두 부등변 사각형 철근 콘크리트 단면으로 구성하는 투윈-블록

철근 콘크리트 침목(그림 6.7, 6.8).

- 프리텐션 또는 포스트-텐션할 수 있는 모노블록 프리스트레스트 콘크리트 침목
  (그림 6.10, 6.11).

침목 아래의 하중 분포(제6.7절 참조)에 의하면 중앙 단면에서 발달한 응력이 대단히 작은 것으로 나타내었기 때문에 이에 따라 침목의 이 부분에 더 적은 재료를 안전하게 사용할 수 있다. 결과로서, 투윈 블록 침목은 중앙부의 콘크리트를 (원칙적으로 궤간을 유지하기 위하여 사용하는) 연결 봉으로 교체한 반면에 (상기의 해법을 적용할 수 없는) 프리스트레스트 침목에서는 침목 중앙부의 횡단면을 감소시켰다.

투윈 블록 침목은 프랑스에서 개발하였으며 주된 사용자는 알제리, 벨기에, 브라질, 덴마크, 그리스, 멕시코, 네덜란드, 포르트갈, 스페인, 튀니지 등이다.

모노블록 프리텐션 침목은 영국에서 개발하였으며, 주된 사용자는 오스트레일리아, 캐나다, 헝가리, 이라크, 일본, 노르웨이, 폴란드, 남아프리카, 스웨덴, 미국, 러시아이다(역주 : 우리나라에서도 주로 사용).

모노블록 포스트-텐션 침목은 독일에서 개발하였으며, 주된 사용자는 오스트리아, 핀란드, 인도, 이탈리아, 멕시코, 터키이다.

모든 새로운 콘크리트 침목의 부설 중에서 20 %는 투윈-블록이며 80 %는 모노블록이다. 세계에서 매년 제작되는 콘크리트 침목의 총수는 약 2천만 개다(134).

콘크리트 침목을 곡선 궤도에서 사용하는 것은 논의의 여지가 있는 문제이다. 남아프리카는 그들의 미터 궤간에서 반경 300 m 이하의 곡선에 콘크리트 침목을 사용하지 않고 있다. 다른 한편, 대단히 극한의 온도(-40 ℃ 에서 +30 ℃까지)를 경험하는 캐나다 철도는 장대레일에 대하여 수많은 200 m 미만을 포함하여 반경 870 m 미만의 모든 곡선에 궤간의 확장이 없이 콘크리트 침목을 부설하고 있다. 어떤 체결장치의 결점으로부터 어느 정도까지는 다른 접근법이 발생할 수도 있다(56a).

6.5 투윈-블록 철근 콘크리트 침목

6.5.1 기하 구조와 기계적 강도

그림 6.7은 중량이 150 kg인 프랑스 철도의 투윈 블록 철근 콘크리트 침목 U 31

의 기하 구조적인 특성을 나타낸다. 연결 봉은 Y형 또는 L형 단면을 가진다. 이 침목은 아마도 수입되는 바(bar)를 제외하고 각 국에서 전적으로 생산할 수 있으며, UIC 3, 4 및 5 그룹(제2장 2.5.2항 참조)의 중간 하중 선로에 대하여 충족시킨다. 이 침목은 19~21 t의 축중에 대하여 200 km/h에 이르기까지, 그리고 17 t의 축중에 대하여 220 km/h에 이르기까지의 속도를 허용한다(137).

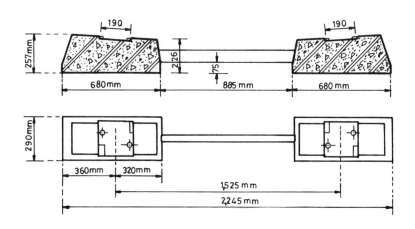

그림 6.7 UIC 3, 4 및 5 그룹 선로에 사용되는 프랑스 철도의 투윈 블록 철근 콘크리트 침목 U 31(치수 단위 mm), (137)

투윈 블록 침목은 목침목에 요구되는 것보다 더 큰 도상 두께와 강도를 필요로 한다. 이 요구조건이 적합할 때는 언제나 투윈 블록 침목이 대단히 만족스러운 결과를 준다.

투윈 블록 침목을 열등한 품질의 노반에 부설할 때는 특히 주의하여야 한다. 이 경우에는 도상 두께를 더욱 증가시켜야 한다.

더 무겁게 재하되는 선로(UIC 1, 2 그룹)와 속도가 200 km/h를 넘는 선로에는

큰 유형의 투윈 블록 침목을 사용한다. 그림 6.8은 U 41로 알려진, 프랑스 철도의 그러한 침목의 기하 구조적인 특성을 나타낸다. 이 침목은 중량이 260 kg이며 300 km/h의 속도로 주행하는 TGV 궤도에서 사용되고 있다(137).

투윈 블록 침목은 유연한 타이 바를 사용하기 때문에, 블록이 다르게 기울어지지 않고 궤간이 느슨하게 되지 않는 것을 보장하도록 사용 중에 특별한 보수를 필요로 한다.

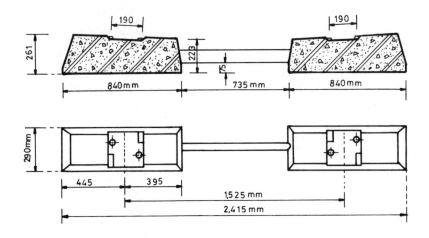

그림 6.8 (UIC 1. 2 그룹 선로와 300km/h의 속도에 이르기까지에 대한) 프랑스 철도의 U 41형 투윈 블록 철근 콘크리트 침목(치수 단위 mm), (137)

6.5.2 장점과 단점

투윈 블록 침목은 침목의 무거운 중량 때문에 대단히 만족스러운 궤도 횡 저항력을 마련하며 높은 열차 속도를 허용한다. 이 침목은 궤간을 만족스러운 공차 이내로 유지하며 긴 수명을 가진다. 또한, 각 국에서 생산할 수 있으며 일반적으로 목침목보다 덜 비싸다.

투윈 블록 침목의 거동은 도상이 적합한 두께와 기계적 특성을 가지지 않을 때는 덜 만족스럽다. 하중 분포와 유연성은 목침목보다 투윈 블록 침목이 덜 충족된다. 게다가, 투윈 블록 침목은 탄성 체결 장치를 필요로 하며, 침목의 무거운 중량 때문에 취급이 어렵다. 투윈 블록 침목은 (목침목과 대조적으로) 신호와 전기 운전에 필요한 절연을 보장하도록 특수한 부속품을 필요로 한다. 타이 바의 거동에 특별한 주의를 하여야 한다. 타이 바가 적합하게 위치하지 않는 경우에는 궤도에서 작업하는 직원에 대하여 보수 위험을 일으킬 수 있으며 이것은 모노블록 침목의 경우라면 극복이 되는 것이다.

6.5.3 수명

투윈 블록 침목은 약 50 년의 수명을 가진다.

6.5.4 투윈-블록 침목의 변형성

그림 6.9는 각종 품질의 노반(S_1, S_2, S_3, R)과 궤도지지 두께에 대한 U 31 투윈 블록 침목의 변형성을 도해한다(142). 이 변형성은 목침목의 변형성보다 훨씬 더 낮은 점이 관찰된다. 따라서, 열등한 품질의 노반일 경우에는 투윈 블록 침목을 사용할 때 도상 두께의 증가가 수반되어야 하며, 도상이 적합한 기계적 강도를 가져야 한다.

6.6 프리스트레스트 콘크리트 침목

6.6.1 기하 구조와 기계적 강도

모노블록 프리스트레스트 콘크리트 침목의 기하 구조적인 특성(그림 6.10)은 목침목과 유사하며, 그 기계적 강도는 투윈 블록 침목과 유사하다. 모노블록 침목은 다음

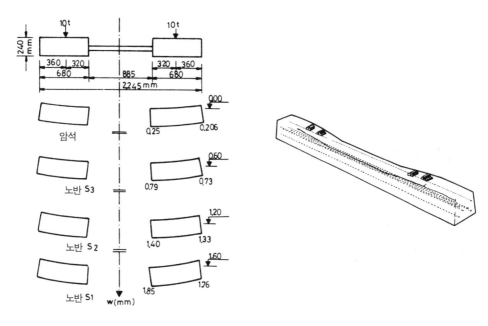

그림 6.9 각종 노반 품질에 대한 투윈 블록 침목의 변형성, (142)

그림 6.10 모노블록 프리스트레스트 콘크리트 침목

과 같은 특성이 있다.

- 콘크리트에 대한 응력이 항상 압축이므로 교호의 응력에 대처한다.
- 강선이 철근 콘크리트에서처럼 위치하지 않고 가능한 한 중립 축에서 떨어져 있으므로 중간 부분에서 감소된 침목 높이를 제공한다.
- 투윈 블록 침목에 비교하여 사용되는 강의 감소를 허용한다.
- 투윈 블록 침목에 비하여 일반적으로 더 가볍다. 그러나 횡 저항력이 감소되는 것도 사실이다.

모노블록 침목은 기하 구조적 특징에서 큰 다양성이 있다. 그러나 모두가 중앙 지역에서 횡단면을 감소시키는 특징을 갖고 있다. 그림 6.11은 (38.9 t의 초기 프리스트레싱 힘과 32.1 t의 잔류 프리스트레싱 힘을 가진) 영국 철도의 모노블록 침목과 (32.5 t의 초기 프리스트레싱 힘과 27.0 t의 잔류 프리스트레싱 힘을 가진) 독일 철도의 모노블록 침목에 대한 기하 구조직인 특징을 도해한다. 표 6.1은 세계의 주요 철도망에서 사용 중인 모노블록 침목의 기하 구조적인 특징을 나타내며, 표 6.2는 여러 철도망에 대한 모노블록 침목의 기계적 특성을 나타낸다(134). 모노블록 침목에서 결정적인 요소는 침목에 발달하는 최대 모멘트 M_{max}에 대하여 침목이 저항할 수 있는 최대 모멘트 M_{cr}의 비율 i이다. 이 계수는 1.3과 1.8 사이에 있다.

6.6.2 장점과 단점

모노블록 침목은 투윈-블록 침목과 유사한 거동을 갖고 있다. 모노블록 침목은 만족스러운 방법으로 궤간을 유지하며 긴 수명을 가진다. 모노블록 침목은 탄성 체결 장치와 신호를 위한 특별한 부속품을 필요로 한다.

모노블록 침목은 투윈-블록 침목보다 더 좋게 하중을 분산시키지만, 목침목만큼은 아니다. 모노블록 침목의 횡 저항력은 투윈-블록 침목보다 더 작지만 목침목과 비교하여 더 크다. 모노블록 침목은 보수 검사 직원에게 좋은 표면을 제공한다.

6.6.3 수명

모노블록 침목의 수명은 약 50 년이다.

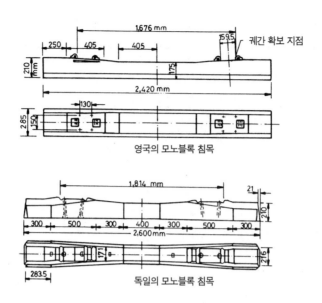

그림 6.11 영국과 독일 철도의 모노블록 침목

표 6.1 여러 철도망에서 사용하는 모노블록 프리스트레스트 콘크리트 침목의 기하 구조적인 특징,
（134）

국가	궤간 (mm)	침목 길이 (mm)	침목 치수 (mm)					
			레일 위치			침목 중앙		
			H	W_B	W_I	H	W_B	W_I
오스트레일리아	1,435	2,500	212	250	200	165	250	200
캐나다	1,435	2,542	203	264	216	159	264	226
중국	1,435	2,500	203	280	170	165	250	161
독일	1,435	2,600	214	300	170	175	220	150
인도	1,673	2,750	210	250	n.a.	180	220	n.a.
이탈리아	1,435	2,300	172	284	222	150	240	190
일본	1,435	2,400	220	310	190	195	236	180
러시아	1,525	2,700	193	274	177	135	245	182
남아프리카	1,065	2,057	221	245	140	197	203	140
스웨덴	1,435	2,500	220	294	164	185	230	140
영국	1,432	2,515	203	264	216	165	264	230
미국	1,435	2,591	241	279	241	178	279	250

표 6.2 모노블록 프리스트레스트 콘크리트 침목의 각종 유형의 기계적 특성, (134)

국가	침목 간격 (mm)	레일 유형	열차최 고속도 (km/h)	최소곡 선반경 (m)	최대 축중(t)	길이 l_{exc}* (m)	최대 허용 모 멘트 M_{max} (t·m)	콘크리트 허용응력 (kg/cm²)	전개된 최대 모멘트 M_{cr} (t·m)	계수 $\lambda = M_{cr}/M_{max}$
오스트레일리아	550~600	53, 60 kg/m	160	200	24.5	0.53	1.62	23	2.38	1.5
캐나다	610	132RE, 136RE	130	194	29.2	0.55	2.01	33	3.06	1.5
중국	550	50 kg/m	120	350	24.5	0.53	1.62	26	1.34	0.8
독일	600~650	S54, UIC60	250	100	22.1	0.58	1.60	30	1.84	1.2
인도	650	UIC60	130	550	22.0	0.54	1.49	20	2.43	1.6
이탈리아	600	UIC60	180	485	22.1	0.43	1.19	47	1.50	1.3
일본	590	50.4, 60.8 kg/m	210	1,200	16.4	0.48	0.96	n.a.	1.73	1.8
러시아	506~643	R50, R65, R70	200	350	26.5	0.59	1.95	20	1.35	0.7
남아프리카	700	48.74 kg/m	160	150	22.1	0.50	1.38	28	1.12	0.8
스웨덴	600. 650	SJ50	130	300	22.2	0.53	1.47	30	1.50	1.0
영국	650. 700	BS113A	200	400	24.5	0.54	1.65	45	2.50	1.5
미국	610	65.69 kg/m	200	610	32.1	0.58	2.33	50	4.24	1.8

* 그림 6.13 참조

6.6.4 모노블록 침목의 변형성

그림 6.12는 각종 품질의 노반(S_1, S_2, S_3, R)과 궤도지지 두께에 대한 모노블록 침목의 변형성을 도해한다(142). 모노블록 침목은 목침목과 유사한 변형성을 갖고 있지만 유연성이 더 낮은 점이 관찰된다. 그러므로 모노블록 침목은 적합한 두께와 기계적 강도의 노반에 부설하여야 한다.

6.7 침목 아래의 응력

침목에서 발달한 휨 모멘트는 그림 6.13의 단순화한 시뮬레이션으로 검토할 수 있다. 여기서,

- 침목은 양단에서 내민 보로 시뮬레이트한다.
- 윤하중은 한 점에 적용하는 것으로 가정한다.

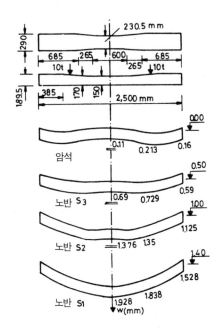

그림 6.12 각종 노반에 대한 모노블록 침목의 변형성

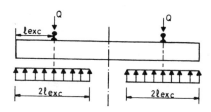

그림 6.13 단순화한 침목 모델

- 도상 반력은 각 레일 아래에서 길이 $2l_{exc}$ 에 걸쳐 균등하다고 고려한다.

그러나 마지막 가정은 정확하지 않다. 침목-도상 공유 접촉 영역에서 발생하는 영향의 분석은 복잡하다. 그것은 역학의 일면적인 접촉 문제에 속하며 현재 만족스러운 접근법이 구해지지 않고 있다(121a), (122).

침목 아래 응력의 현장 측정은 다음의 관계로 주어진 최대 응력 σ_1과 함께 그림 6.14의 분포를 산출하였다(138).

$$\sigma_1 = \frac{P}{\alpha\left(\dfrac{L}{2} + \dfrac{3l_{exc}}{2}\right)} \tag{6.1}$$

여기서, α : 침목 폭

L : 침목 길이

l_{exc} : 침목 단부와 윤하중 작용점간의 거리

P : 축중, $P = 2Q$

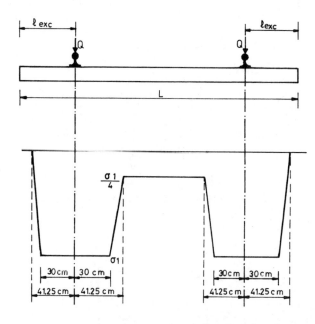

그림 6.14 침목 아래의 응력 분포, (138)

6.8 콘크리트 슬래브 위의 궤도

6.8.1 슬래브 궤도의 두 유형

제2장 2.3절에서 이미 언급한 것처럼 (침목과 도상 위에 부설된) 연성(軟性)의 자갈(有道床) 궤도에 더하여 슬래브 궤도(강성(剛性)의 착석)도 가능하다. 슬래브 궤도는 두 가지 유형으로 구분할 수 있다.

• 삽입하는 침목에 의한 콘크리트 슬래브 위의 궤도 착석(사진 6.1)
• 콘크리트 슬래브 위에 궤도의 직접 착석(사진 6.2)

사진 6.1 삽입하는 침목에 의한 슬래브 궤도   **사진 6.2** 삽입하는 침목이 없는 슬래브 궤도

6.8.2 슬래브 궤도에서 발생하는 문제

강성의 착석에 사용된 콘크리트 슬래브는 다음일 수 있다.

- 균열이 흔히 발견되는 경우의 철근 콘크리트
- 더 좋은 기계적 거동과 하중 분포를 제공하는 프리스트레스트 콘크리트

자갈이 없는(無道床) 궤도를 일단 부설하면, 침하를 극복하기 위하여 무도상 궤도를 수직 조정하는 것은 비용이 많이 들게 되며, 그러므로 무도상 궤도의 사용은 좋은 품질의 노반을 마련할 수 있는 위치로 한정된다.

선로가 전철화된 곳에서는 미주(迷走) 전류가 철근으로 유도될 가능성이 있다. 시멘트 풀은 전해질로서 작용한다. 강의 전해질 부식(電蝕)을 피하기 위해서는 종과 횡 철근을 규칙적인 간격으로 버트와 스포트 용접함에 의하여 전기적으로 연속되게 만든다. 목적은 전류 밀도를 최소화하여 그에 따라 부식을 방지하도록 지반으로 많은 누설 경로를 마련하는 것이다.

6.8.3 슬래브 궤도의 장점과 단점

슬래브 궤도는 대단히 만족스러운 횡 저항력을 확보하고 대단히 높은 속도를 제공하는 장점을 가진다. 보수비는 거의 존재하지 않지만, 건설비는 특정 국가의 인건비에

좌우하여 더 높다. 예를 들어 영국에서는 연속 슬래브 궤도의 비용이 재래의 자갈 궤도를 굴착하여 되돌리는 비용보다 30 % 더 크다고 보고되어 있다. 이 추가 비용은 5~7년의 기간 이내에 보수의 절감으로 벌충할 수 있다(144). 그러나 프랑스와 같은 다른 국가는 자갈 궤도와 비교하여 슬래브 궤도 건설비의 더 큰 차이를 보고하였다.

슬래브 궤도는 터널 높이의 감소(약 25 cm)와 보수의 배제를 허용하기 때문에 터널 내 궤도의 경우에 특히 관심이 있다. 그러한 경우에 궤도 강성을 줄이는 수단이 필요하게 되며 적합한 두께의 고무 패드를 삽입하여야 한다(이하의 제6.10절 참조). 탄성의 부족은 설비의 이른 파단과 함께 진동과 소음 문제를 야기할 수 있다.

중간 또는 열등한 품질의 노반인 경우에는 터널에서조차 연속 슬래브 궤도를 피하여야 한다.

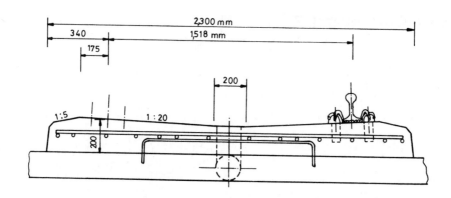

그림 6.15 영국 슬래브 궤도의 기하 구조적인 특성(단위 mm), (144)

6.8.4 슬래브 궤도의 기하 구조적 특성

그림 6.15는 영국 철도에서 일반적으로 사용하는 슬래브 궤도의 기하 구조적인 특성을 도해한다(144), (역주 : 기타의 구조에 대하여는 《최신 철도선로》, 《선로공학》, 《궤도시공학》 참조).

6.9 체결장치

6.9.1 기능적 특성

체결장치는 레일과 침목의 연결을 확보하는 요소 또는 재료의 세트라고 불려지는 것처럼 다음 성질의 대부분을 마련하여야 한다.
- 궤간과 침목 상의 레일 횡 기울기를 일정하게 유지
- 레일로부터의 하중을 침목으로 전달
- 열차 주행에 기인하는 진동을 약화시키고 감쇠
- 설치와 보수의 용이
- 전기적 절연
- 탄성과 적합한 처짐
- 구성요소간의 마모와 지나친 응력의 회피
- 적합한 부식 저항
- 합리적인 비용 및 침목과 양립할 수 있는 수명
- 파괴에 대한 저항

6.9.2 체결장치의 유형

체결장치는 경성(硬性) 체결장치와 탄성 체결장치로 구분된다.

6.9.2.1 경성 체결장치

경성 체결장치는 목침목 또는 철침목에만 사용된다. 경성 체결장치에서는 볼트 또는 스파이크를 이용하여 레일을 침목에 연결한다. 레일은 열차가 통과하는 동안 침목을 압축하며 스트레인의 일부는 스파이크 두부와 레일간에서 틈의 형성으로 귀착되는 소성이다(즉, 하중이 제거되었을 때 사라지지 않는다). 연속한 열차의 통과와 함께 틈이 성장하여 체결 장치의 늘어남으로 귀착되며, 그것은 안전에 영향을 미치고 탈선의 근원으로 될 수 있다. 소성 스트레인에 더하여 열차 주행에 기인하는 고주파 진동도 틈의 확장과 체결 장치의 늘어남에 기여한다.

경성 체결장치는 좌면 플레이트가 없이(그림 6.16), 또는 좌면 플레이트를 이용하여

(그림 6.17) 설치할 수 있으며 후자가 바람직한 해법으로 되고 있다. 우두 레일의 경성 체결은 조르거나 나사로 조이는 주철 체어를 이용하여 마련되며, 레일은 철제나 목재 키 또는 쐐기로 유지되고 있다.

6.9.2.2 탄성 체결장치

콘크리트 침목에서는 탄성 체결 장치의 사용이 필수적이며 목침목과 철침목에 대하여는 선택적이다. 탄성 체결장치는 두 가지 유형으로 구분된다.

- **나사형** 탄성 체결장치(그림 6.18). 이 체결장치는 체결장치의 강도가 크고 보수와 교체가 쉬운 장점을 갖고 있다. 이 체결장치는 올바른 설치가 국지적인 조건의 영향을 받는다는 단점을 갖고 있다. 나사형에는 RN, Nabla, Vossloh 및 기타가 있다. 이들의 모든 설계에서 보통의 요소는 다음과 같다(그림 6.18).

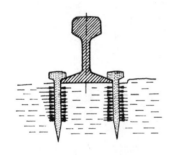
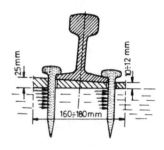

그림 6.16 좌면 플레이트가 없는 경성 체결장치 **그림 6.17** 좌면 플레이트가 있는 경성 체결장치

- 스프링 강 요소에 힘을 가하기 위하여 사용하는 나사의 요소(a). 이 나사 요소는 침목에서 철거할 수 있다.
- 바(bar) 또는 플레이트 단면일 수 있는 스프링 강 요소(b)
- 진동과 충격을 흡수하고, 레일과 침목간에 안락한 층을 마련하며, 전기적 절연을 마련하는 레일과 침목간의 패드(c)
- 침목으로 통하는 어떠한 금속 통로라도 레일을 전기적으로 절연하기 위한 절연 요소(d)
- **스프링형** 탄성 체결장치(그림 6.19). 이 체결장치는 나사형 체결장치보다 적용

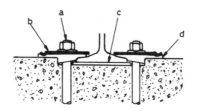

그림 6.18 나사형 탄성 체결장치

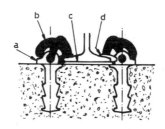

그림 6.19 스프링형 탄성 체결장치

가능성이 더 적지만 절연 조건에 더 적게 영향을 받으며 어떠한 틀림도 육안으로 쉽게 위치를 알아낼 수 있다. Pandrol, Lineloc, Hambo 등의 체결 장치는 스프링형이다. (어떠한 후속의 보수도 요구하지 않는) 스프링형 체결장치의 일반 요소는 다음과 같다(그림 6.19).

- 일반적으로, 침목을 제작할 때 침목에 고정시키는 어떤 형의 앵커(숄더)(a)
- 레일 저부에 클램핑 힘을 발생시키는 스프링 강 요소(b)
· 레일과 침목간의 힘을 약하게 하고, 레일과 침목간을 전기적으로 절연시키며, 레일과 침목간에 적합한 표면을 제공하는 레일 패드(c)
· (a)와 (b)를 경유하여 침목으로 통하는 것처럼 모든 금속 통로와 레일간을 전기적으로 절연시키는 인슈레이터 또는 절연 재료의 층(d)

6.9.2.3 탄성 체결장치의 유형

탄성 체결장치도 좌면 플레이트를 사용하거나 사용하지 않고 부설한다. 표 6.3에 번호를 매겨 나타낸, 세계에서 사용 중인 체결 장치를 알아보자. 탄성 체결장치를 다음의 유형으로 동일시할 수 있다.

- 좌면 플레이트를 사용하지 않고 직접 설치하는 체결 장치(번호 6, 7, 8)
- 좌면 플레이트를 사용하지 않고 간접 설치하는 체결 장치(번호 9, 10, 11)
- 좌면 플레이트를 사용하여 직접 설치하는 체결 장치(번호 1, 2)
- 좌면 플레이트를 사용하여 간접 설치하는 체결 장치(번호 3, 4, 5, 12, 13, 14)

1 내지 5로 번호를 매긴 체결 장치는 6과 그 다음으로 번호를 매긴 것보다 오래 되었다.

표 6.3 철도용 탄성 체결장치의 각종 유형, (1)

범례

1. 탄성 스파이크	2. Macbeth	3. 레일 앵커	4. Mills
5. Hey-back	6. Nabla	7. Fist	8. Omega(Vossloh)
9. DE	10. Pandrol(좌면 플레이트 없음)	11. Delta(좌면 플레이트 없음)	12. Vossloh
13. Pandrol(좌면 플레이트 있음)	14. Delta(좌면 플레이트 있음)		

6.9.2.4 탄성 체결장치의 작동 원리

탄성 체결장치는 작용 동안에 다음을 보장하여야 한다.

• 레일-침목의 체결력은 완전히 안정된 도상에서 침목의 종 방향 이동에 대한 저항

력보다 훨씬 더 큰 레일-침목의 슬립 저항을 만들기에 충분하여야 한다.

- 체결장치의 공진 주파수는 레일의 공진 주파수보다 뚜렷하게 더 높아야 한다.
- 체결 장치는 여러 해에 걸쳐 충분한 체결력을 유지하여야 한다.
- 체결장치를 해체하지 않고도 체결 상태를 궤도에서 쉽게 점검할 수 있어야 한다.
- 체결 장치는 설치 후 장기간 동안 탄성 특성을 유지하여야 한다.
- 체결장치의 유효성(즉, 체결 장치가 침목으로 전달한 힘에 대한 레일 저부에 가한 힘의 비율)은 가능한 한 높아야 한다.

6.9.3 경성과 탄성 체결장치에서 전개되는 힘

경성(硬性)과 탄성 체결장치간의 차이는 주로 시간의 함수로서 체결 장치에서 전개되는 인장력의 다이어그램(그림 6.20)에서 분명하게 된다. 탄성 체결장치의 더 좋은 거동은 그것에 의하여 확인된다. 그림 6.21과 6.22는 각각 나사형과 스프링형 체결장치의 힘-신장 곡선을 도해한다.

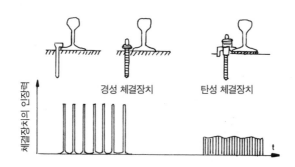

그림 6.20 시간의 함수로서 경성과 탄성 체결장치에 전개된 힘

6.9.4 레일 크리이프와 안티-크리이프 앵커

이음매(즉, 장대레일이 아닌) 궤도의 레일(또는, 전체 궤도조차)은 종 방향 크리이프를 받는다. 크리이프는 일반적으로 열차 주행 방향으로 일어난다. 그러나 높은 구배(기울기)의 궤도에서는 교통의 방향에 관계가 없이 레일이 하향으로 움직이는 경향이 있다. 이 슬립(역주 : 匐進)을 방지하기 위해서는 궤도를 따라서 안티-크리이프 장치

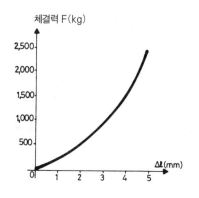

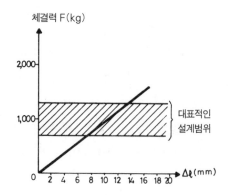

그림 6.22 나사형 체결장치의 힘-신장 곡선 　　**그림 6.21** 스프링형 체결장치의 힘-신장 곡선

그림 6.23 레일 안티-크리이프 장치

또는 앵커라고 부르는 특수 장치를 부설한다(그림 6.23).

6.10 탄성 패드

6.10.1 레일 좌면과 베이스플레이트 패드

탄성 패드는 제2장 2.2절에서 설명한 것처럼 레일과 침목 사이 또는 레일과 콘크리트 슬래브 사이에 사용한다(그림 6.24). (자갈 궤도와 자갈이 없는 궤도에서) 베이스

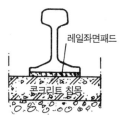

(a) 자갈궤도   (b) 자갈을 이용하지 않는 궤도

그림 6.24 자갈 궤도(a)와 무도상 궤도(b)에서 레일 패드

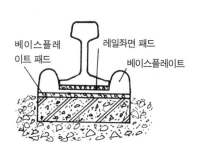

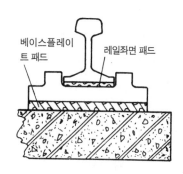

(a) 자갈궤도   (b) 자갈을 이용하지 않는 궤도

그림 6.25 베이스플레이트와 베이스플레이트 패드

플레이트를 사용하는 경우에는 베이스 플레이트-침목 또는 베이스플레이트-콘크리트 슬래브 사이에 패드를 사용하며 이것을 베이스플레이트 패드라고 부른다(그림 6.25).

6.10.2 패드의 기능과 성질

패드는 다음과 같은 다수의 성질을 충족시켜야 한다(144a), (144b).

"하중의 분산." 패드는 레일 저부와 침목간에서 하중을 분산시켜야 한다. 그것은 양쪽 구성 요소의 불규칙을 조정하도록 레일과 침목간에 적합한 표면을 마련한다.

"진동 감쇠." 패드는 차륜 플랫과 궤도 틀림 때문에 통과 열차에서 발생하여 전달된 진동을 약하게 하여야 한다.

"탄성." 패드는 체결 장치가 종과 횡의 레일 힘(역주 : 축력과 횡력)에 필요한 저항력을 언제나 마련할 수 있는 방식으로 전체 탄성 레일 체결 시스템과 양립할 수 있는 최적 처짐을 마련하도록 설계되어야 한다. 열차 통과 동안 패드의 탄성 회복은 작용 하중에서 감지한 강성이 충분한 정도이어야 한다.

"크리이프에 대한 저항." 패드는 경년 또는 수송한 통과 톤수에 관하여 크게 변화하지 않아야 하는 적당한 크리이프와 비틀림 저항을 레일 체결 시스템과 함께 마련하여야 한다.

"전기적 절연." 패드는 침목에서 레일을 절연시키도록, 따라서 궤도 회로가 신호와 제어 목적에 사용될 수 있도록 좋은 전기적 절연 성질을 가져야 한다.

"내구성." 패드는 적어도 레일과 같은 긴 사용 수명을 가져야 한다. 이상적인 조건은 레일을 교체하는 동안 패드를 설치하는 것이다. 게다가, 패드는 먼지, 물, 기름 및 화학제에 의한 오염에 저항하는 성실을 가지고 있고 기온과 날씨 조건에 개의치 않고 유사한 특성으로 작동할 수 있어야 한다. 일본 철도는 신칸센 고속열차 운행의 10년 후에 66 %의 패드 강성 증가를 경험하였다(141 a).

6.10.3 치수와 재료

패드의 두께(일반적으로 4.5 mm 또는 9 mm)는 특정한 부설에 적합하도록 선정되며 다음과 같은 몇 가지 요인에 좌우된다.
- 평저 레일 저부의 폭
- 사용된 체결 장치의 유형
- 침목과 만일 사용된다면 베이스플레이트의 크기
- 교통의 유형, 예를 들어 낮은 속도의 중량 화물 교통 또는 고속의 여객 교통

패드의 재료는 세 가지 주요 유형이 사용되어 왔다.
- 고무(천연과 합성)
- 플라스틱
- 코르크를 접착한 고무

프랑스 철도는 고무 패드를 사용하는 반면에, 독일 철도는 더 딱딱한 플라스틱 패드를 사용한다. 그러나, 어떤 패드는 하중 하에서 동적 및 진동 특성을 변화시키기 위하여 솟아오른 돌기, 홈 또는 구멍이 마련되어 있다.

6.11 여러 궤도 구성요소의 치수 설정에 대한 수치적 적용

표준 궤간의 장대레일 궤도가 예를 들어 3만 톤의 일간 열차 하중, 20 톤의 최대 축중, 140 km/h의 최대 속도를 가지며, 중간 품질의 노반(S₂)에 부설되는 경우의 수치적 적용 예를 검토한다. 여기서, 다음을 결정할 것이다.

a. 가장 적합한 레일의 유형
b. 가장 적합한 침목의 유형. 여기서는 목침목, 투윈–블록 침목 및 모노블록 침목의
   경우를 검토할 것이다.
c. 침목 아래 응력의 분포
d. 가장 적합한 유형의 체결 장치

a. 레일 횡단면은 표 5.1에서 3만 톤의 평균 일간 하중을 기초로 하여 계산할 것이다. 목침목에 대하여는 UIC 50 레일을 선택하는 반면에, 투윈–블록 침목과 모노블록 침목에 대하여는 UIC 60 레일을 선택한다.

b. 표준 궤간의 궤도이므로 목침목은 그림 6.4의 기하 구조적 치수를 가질 것이다. 만일, 상대적으로 낮은 속도를 가진 UIC 4 중간 하중 선로(그림 2.6 참조)를 조건으로 투윈–블록 침목을 선택한다면, 그림 6.7의 기하 구조적 치수를 가진 침목 유형을 선택할 것이다. 그러나 더 무거운 하중(UIC 그룹 1, 2, 3)과 더 높은 속도($V >$ 200 km/h)의 선로이라면, 그림 6.8의 기하 구조적 치수를 가진 투윈–블록 침목 유형을 선택할 것이다. 모노블록 침목의 경우에 기하 구조적 특성의 선택은 표 6.1, 6.2 및 그림 6.11에 기초하여 행할 수 있다.

c. 침목 아래 응력의 분포를 그림 6.14에 나타낸다. 이 경우에 예를 들어 길이 2.6 m와 폭 0.15 m 목침목의 최대 응력을 계산할 것이다(그림 6.4).

공칭 정적 축중은 동적 효과(제4장 4.5절)를 고려하기 위하여 1.5의 계수로 곱할 것이다. 하중 아래의 침목이 축중의 40 %만 지지한다고 가정하면(제4장 4.3.7항 참조), 침목에 가해지는 실제 하중은 다음과 같을 것이다.

$$20 \ t \cdot 1.5 \cdot 0.4 \ = \ 12 \ t$$

식 (6.1) (제6.7항)은 다음과 같이 된다.

$$\sigma_1 \ = \ \frac{12 \ t}{0.15 \ m\left(\dfrac{2.60}{2} + \dfrac{3(2.60 - 1.50)/2}{2}\right)} \ = \ 37.65 \ t/m^2 \ = \ 3.7 \ kp/cm^2$$

응력 σ_1의 크기 오더는 그림 2.3(제2장)으로 확인할 수 있다.

d. 목침목의 경우에 경성, 또는 탄성 체결 장치가 선택되는 반면에, 투윈-블록과 모노블록 콘크리트 침목의 경우에는 탄성 체결 장치를 지시하고 표 6.3에서 선택할 수 있다.

7. 도상 및 궤도 부설

7.1 도상과 보조 도상의 기능

철도 공학에서 "도상"이란 용어는 침목을 받히는 깬 자갈(또는 예외적인 경우에만 친 자갈)의 층을 가리킨다. 게다가 도상은 침목 사이의 공간뿐만 아니라 침목 끝의 옆 부분을 채운다.

철도 도상(또한, 제2장 그림 2.1 참조)은 다음과 같은 몇 가지 기능을 수행한다.

- 침목에서 전달된 응력을 더욱 분산시킨다.
- 열차 진동의 가장 큰 성분을 감쇠시킨다.
- 궤도 이동에 저항한다(횡과 종 방향)
- 배수를 용이하게 한다.
- 궤도 선형의 회복과 궤도 틀림의 정정을 허용한다(궤도 보수 장비를 사용하여. 제 11장 11.7절 참조).

상기의 기능들은 어떤 관점에서 분명히 양립되지 않으며, 따라서 도상은 그들의 모 두를 완전하게 충족시킬 수 없다. 좋은 하중지지 특성과 부가된 궤도 안정성을 위해서 는 도상이 좋은 입도 분포를 가짐과 아울러 압밀되는 것을 필요로 하지만, 이에 따라 서 관련된 보수와 함께 물의 분산을 더 어렵게 만든다. 그러므로, 도상이 수행하는 것 을 필요로 하는 여러 가지의 기능간에서 균형이 되는 것을 목표로 한다.

도상 층 아래에는 다음의 기능을 가지는 "친 자갈의 보조 도상"이 부설된다.

- 도상 자갈의 침투로부터 노반의 상부 표면을 보호한다.
- 응력을 더욱 분산시킨다.
- 강우의 배수를 더욱 촉진시킨다.
- 적당한 배수를 위하여 노반의 상부 표면에 횡 구배(통상적으로 3~5%)를 준다.
친 자갈 보조 도상의 통상적인 두께는 15cm이다.

7.2 도상의 기하 구조적 특성

도상은 상기의 기능을 충족시키기 위하여 단단한 모서리가 있는 형상(입방체 또는 다면체)으로 단단하고 모가 난 좋은 자갈이어야 하고, 거의 같은 전체의 치수를 가져야 하며, 먼지가 없어야 한다.

도상은 중량의 퍼센트로 크기를 나타낸 혼합물로 구성되어야 하며, 어떠한 화차에서도 고른 입도 분포를 가져야 한다.

그림 7.1은 프랑스 철도에서 사용하는 도상의 전형적인 입도 분포를 도해한다. 63 mm보다 큰 조각과 16mm보다 작은 조각은 한계 값 이상 3 %까지와 한계 값 이하 2 %까지 허용된다. 영국 철도에서 사용하는 도상의 입도 분포(14mm~50mm)를

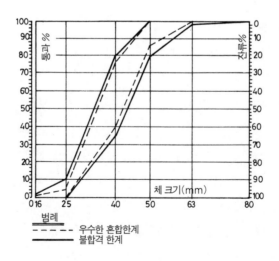

그림 7.1 프랑스 철도에서 표준 도상의 전형적인 입도 분포 다이어그램, (152)

표 7.1 영국 철도의 시방서에 따른 도상 자갈의 크기, (150)

체 크기 D	비율
50 mm	100 % 통과
28 mm	20 % 미만의 통과
14 mm	0 % 통과

표 7.1에 나타낸다.

7.3 도상의 기계적 거동

7.3.1 응력-스트레인 관계

열차 하중 통과 시의 침하와 응력을 현장에서 측정한 결과에 의하면 도상의 거동이 Drucker-Prager 기준(제4장 4.3.3.1항 참조)에 따르는 탄·소성이라는 점을 나타내었다(55), (99).

7.3.2 피로 거동

실험실 시험과 현장 측정 결과에 따르면 도상이 최초의 재하에 대하여 상당한 영구(소성) 변형을 경험한다는 점을 나타내었다. 도상 고유의 입도 구성의 점에서 이 현상의 있음직한 원인은 평형의 상태에 도달하기까지 자갈 조각의 재배치이다(145). 다음의 재하에서는 총 변형에 대한 소성 성분의 기여가 더 작다. 따라서 3 축 시험에 의하면 N 번째 하중 사이클에서의 소성 변형 ε_p^N은 다음의 식을 사용하여 첫 번째 재하 사이클 ε_p^1에서의 소성 변형의 함수로서 표현할 수 있음을 나타내었다(151).

$$\varepsilon_p^N = \varepsilon_p^1(1 + 0.2\log N) \qquad (7.1)$$

식 (7.1)에 따르면 첫 번째 재하 사이클에 기인하는 소성 스트레인의 2 배로 되기까지 10만 재하 사이클을 필요로 할 것이다.

영국 철도가 수행한 일정한 응력 하의 실험실 시험은 N 사이클의 재하 후 소성 변형에 대한 다음의 반-경험적인 관계를 산출하였다.

$$\varepsilon_p^N = 0.082 \, (100n - 38.2) \, (\sigma_1 - \sigma_3)^\alpha \, (1 + 0.2 \log N) \qquad (7.2)$$

여기서, n : 도상의 다공성

   α : 적용된 응력의 레벨에 좌우되는 계수. 이것은 낮은 응력 값에 대하여 1에서 2까지의 범위를 갖지만, 높은 값의 응력에서 3에 달할 수 있다.

3축 시험은 탄성 계수에 관하여 처음의 1,000 재하 사이클 동안 변화하고 그 후에 거의 일정하게 남아있는 것을 나타내었다. 이것은 최초의 재하 사이클 동안 중요한 소성 변형의 양상과 유사하게 설명된다. 천 번째 재하 사이클에서의 탄성 계수는 최초 사이클에서의 탄성 계수에 거의 2 배인 것으로 구해졌다(55), (148).

7.4 도상의 경도

도상자갈은 적합한 경도를 가져야 하며, 그렇지 않으면 자갈이 붕괴되고 그 기능을 충족시킬 수 없다. 도상의 경도는 데발(Deval)과 로스앤젤레스(Los Angeles) 실험실 시험으로 사정한다.

7.4.1 데발 시험

이것은 아직도 사용 중인 가장 오래된 시험이다. 이 시험은 강(鋼) 테(타이어)로 둘러싼 차륜을 이용하는 탈것으로 도로 교통이 구성되어 있던 시기인 1896년에 설계되었다.

(가능한 한 입방의 형상에 가까운) 시험 샘플의 중량은 5 kg이다. 건식 시험에서는 중량을 달기 전에 시편을 세척하여 건조시킨다. 그 후에 시편을 데발 기계의 원통에

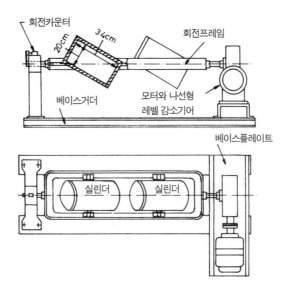

그림 7.2 데발 마멸 기계

넣는다. 이 원통은 20 cm의 내부 직경과 34 cm의 내부 길이를 가졌고, 30°만큼 기울어져 있으며 수평축에 연결되어 있다(그림 7.2). 그 다음에 기계를 돌리기 시작하며(시간당 2천 회전), 전체 시험은 약 5 시간을 취한다(총 1만 회전).

A를 시편의 최초 중량, B를 시험 후 d mm 체에 남아있는 시료의 중량이라고 하자. 값 d는 프랑스 철도에 따르면 1.6 mm이고 영국 철도에 따르면 2.36 mm이다 (150), (152). 마모의 백분율은 다음과 같이 될 것이다.

$$= \frac{A-B}{A} \cdot 100 \tag{7.3}$$

일반적으로 사용되는 데발 계수 Q는 다음의 관계에서 도출한다.

$$Q = \frac{40}{W_D} \tag{7.4}$$

예들 들어 프랑스 규정은 도상자갈이 단단한 암석의 경우에 14보다 큰 데발 계수, 석회암 암석의 경우에 12보다 큰 데발 계수를 가져야 한다고 정하고 있다.

데발 시험 과정(샘플은 시험의 마지막에 1만 회전을 완료한다) 동안의 마찰 작용은 진동 작용보다 훨씬 더 강하며, 그러므로 대단히 연한 암석만이 상당한 정도까지 부서진다. 특히 예리한 모서리를 가진 자갈이 둥그스름하게 된다.

데발 표준 시험의 또 다른 변형체는 물을 이용하여 전체 프로세스를 시행하는 것이며, 이 경우의 결과는 습식 데발 계수라고 부른다.

7.4.2 로스앤젤레스 시험

이 시험은 데발 시험보다 더 최근(1926년)에 설계되었다. 시험 장비는 71.1 cm의 내부 직경과 50.8 cm의 내부 길이를 가진 철제 원통으로 구성되어 있다(그림 7.3). 5 kg의 샘플을 각각의 중량이 420 g인 12 개의 철구와 함께 원통 안에 넣는다. 그 다음에 500 회전이 완료될 때(시험 지속 시간 약 15분)까지 원통을 회전 운동으로 설정한다.

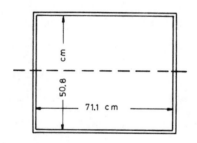

그림 7.3 로스앤젤레스 시험 원통

A를 시편의 최초 중량이고 B를 시험 후 d mm 체에 남아있는 시료의 중량이라고 하자(프랑스 철도에 따르면 d = 1.6 mm이고 영국 철도에 따르면 d = 2.36 mm 이다). 마모의 백분율은 로스앤젤레스 계수라고 부르며 다음과 같이 구한다.

$$W_{LA} = \frac{A-B}{A} \cdot 100 \tag{7.5}$$

프랑스 규정은 도상자갈이 25보다 작은 로스앤젤레스 계수를 가져야 한다고 정하고 있다.

로스앤젤레스 시험은 다음의 장점을 갖고 있다.

- 불활성(inert) 재료에 대한 작용은 어떠한 약점이라도 나타내기에 충분히 유력하다.
- 불활성 재료, 깬 자갈 및 강 자갈을 시험하기에 적합하다.
- 시험의 완성에 요하는 시간이 짧다.
- 조작자 개인의 영향을 상당히 줄인다.
- 시험의 결과는 다양한 건설 프로젝트에서 대단히 충분한 정도로 깬 자갈과 불활성 재료의 거동과 일치한다.

전술한 경향이 있는 최근의 기술 시방서는 로스앤젤레스 시험을 이용한다. 로스앤젤레스 시험에는 몇 가지 변형체가 존재한다.

7.4.3 도상 자갈에 요구된 강도와 경도

도상 자갈에 요구된 강도와 경도는 선로의 교통, 갱신의 빈도(일반적으로 15~20년마다), 깬 자갈의 성질 등에 좌우된다. 프랑스 규정은 로스앤젤레스와 데발 계수가 그림 7.4에 도시한 대역 이내에 드는 지점에서 교차하는 것을 지정하고 있다(역주 : 경부고속철도에도 적용).

7.5 도상의 치수 설정

7.5.1 일반적인 치수 설정 식

도상의 두께는 최근까지 Boussinesq 식에 기초한 계산 도표를 사용하여 근사 계산을 하였다. 그러나 유한 요소 분석 (91), (142)은 다음과 같은 모든 철도 파라미터를 고려하는 것을 허용하였다.

- 선로의 열차 하중(제2장 2.5.2항 참조)
- 침목의 재료와 길이(제6장 참조)
- 보수 작업량(제3장 3.8절과 제11장 참조)
- 축중(제2장 2.5.1항 참조)

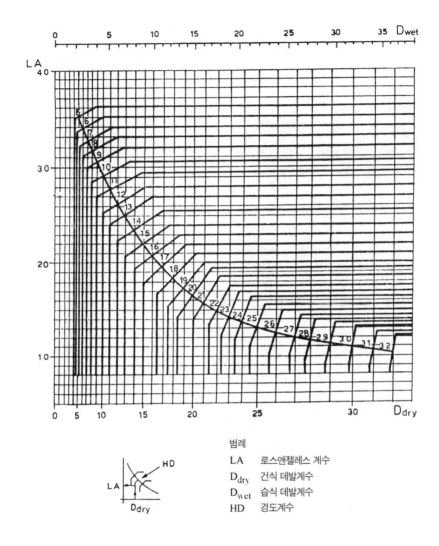

그림 7.4 프랑스 시방서에 따른 도상에 대한 로스앤젤레스 데발 계수의 결합(152)

범례
LA   로스앤젤레스 계수
D_{dry} 건식 데발계수
D_{wet} 습식 데발계수
HD   경도계수

그러므로 도상 두께는 각 파라미터에 대한 표 7.2의 값을 이용하여 다음의 분석적 관계에서 도출할 수 있다.

$$b(m) = N(m) - a(m) + g(m) - c(m) + d(m) \qquad (7.6)$$

표 7.2 도상의 치수설정 식에 사용된 파라미터의 값 (142)

파라미터 N 노반 흙의 품질	시공 기면 층		N (m)
	품질	두께 (cm)	
S_1	S_1	-	0.55
	S_2	0.30~0.55	0.40
	S_3	0.20~0.40	0.35
S_2	S_2	-	0.40
	S_3	0.20~0.30	0.30
S_3	S_3	-	0.30
R(암석)	R	-	0.25

파라미터 a(m)

a = 0   UIC 그룹 1과 2의 선로에 대하여

　 = 0.05 UIC 그룹 3의 선로에 대하여

　 = 0.10 여객 교통용 UIC 그룹 4, 5 및 6 뿐만 아니라 UIC 그룹 7, 8, 9의 선로에 대하여

　 = 0.15. 화물 교통용 UIC 그룹 7, 8, 9의 선로에 대하여

파라미터 g(m)

g = 0 　　　　　목침목(길이 L = 2.60 m)에 대하여

　 = (2.5 - L)/2 콘크리트 침목(L(m) : 침목의 길이)에 대하여

파라미터 c(m)

c = 0   중간 양의 궤도 보수 작업에 대하여

　 = 0.10 많은 양의 궤도 보수 작업에 대하여

파라미터 d(m)

d = 0   축중 P = 20 t에 대하여

　 = 0.05 축중 P = 22.5 t에 대하여

　 = 0.12 축중 P = 25 t에 대하여

　 = 0.25 축중 P = 30 t에 대하여

7.5.2 수치적 적용

투원 블록 침목(L = 2.25 m), 축중 P = 20 t 및 중간 레벨의 보수를 가진 (10 에서 18백만 톤까지 범위의 연간 교통을 가진) UIC 4 그룹 선로에 대하여 표 7.2의 값과 식 (7.6)을 적용하면 다음이 구해진다.

- UIC 4 그룹 ⇒ $a = 0.10$ m
- 투윈 블록 콘크리트 침목(길이 $L = 2.25$m) ⇒ $g = 0.125$ m
- 중간 레벨의 보수 ⇒ $c = 0.05$ m
- 축중 20 t ⇒ $d = 0$

식 (7.6)에서 이들 값을 바꾸면, 표 7.3에 주어지는 도상 두께 b의 값을 산출한다. 영국 철도는 표 7.4를 이용하여 선로의 속도와 통과 톤수에 따라 도상 두께를 계산한다. 표 7.3과 7.4의 값은 노반의 과다 응력과 파손을 피하기 위하여 식 (7.6)을 적용할 때 도상 깊이의 증가를 필요로 하는 불량한 품질의 노반(S_1)을 제외하고는 거의 유사하다.

표 7.3 노반 품질의 함수로서 UIC 그룹 4 선로의 도상 두께 b

노반 흙의 품질	시공 기면 층의 품질	도상 두께 b(cm)
S_1	S_1	0.525
	S_2	0.375
	S_3	0.325
S_2	S_2	0.375
	S_3	0.275
S_3	S_3	0.275
R(암석)	-	0.225

7.6 도상의 횡단면

각종 층의 두께가 주어지면, 모든 경우에 대하여 궤도 횡단면을 그릴 수 있다. 각종 유형의 침목에 대한 여러 횡단면을 이하에 설명한다. 횡단면은 차량 궤간의 차이가 상당하지 않을지라도 이 차이 때문에 철도망마다 다를 수 있으며, 따라서 그림 7.5~7.10은 항상 각 철도망의 특수성을 고려하면서 각종 층의 크기 정도에 관한 결정에 사용하여야 한다. 이들 그림은 다음의 경우를 설명한다.

표 7.4 영국 철도에 따른 도상 두께 b

선로 속도 (km/h)	연간 선로 통과 톤수 (백만 톤)	도상 두께 b(m)
160~200	모두	0.38
120~160	> 12	0.38
	2~12	0.30
	< 2	0.23
80~120	> 12	0.30
	< 12	0.23
< 80	> 2	0.23
	< 2 (콘크리트 침목)	0.20
	< 2 (목침목)	0.15

○비-전철화 궤도

- 투윈 블록 침목의 단선 궤도 - 직선 궤도(그림 7.5)
- 투윈 블록 침목의 단선 궤도 - 곡선 궤도(그림 7.6)
- 철침목의 단선 궤도(그림 7.7)
- 목침목의 복선 궤도(그림 7.8)

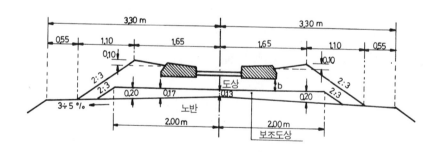

그림 7.5 투윈 블록 침목 단선 궤도의 횡단면(직선 궤도)

○전철화 궤도

- 투윈 블록 콘크리트 침목과 V_{max} = 300 km/h의 복선 궤도(그림 7.9)
- 모노블록 콘크리트 침목과 V_{max} = 250 km/h의 복선 궤도(그림 7.10)

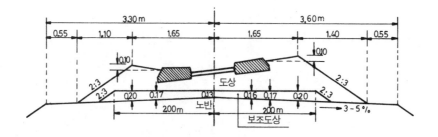

그림 7.6 투윈 블록 침목 단선 궤도의 횡단면(곡선 궤도)

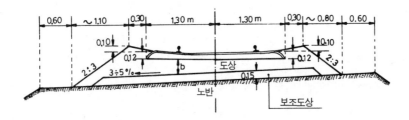

그림 7.7 철침목 단선 궤도의 횡단면

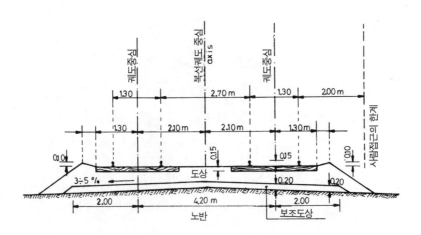

그림 7.8 목침목 단선 궤도의 횡단면

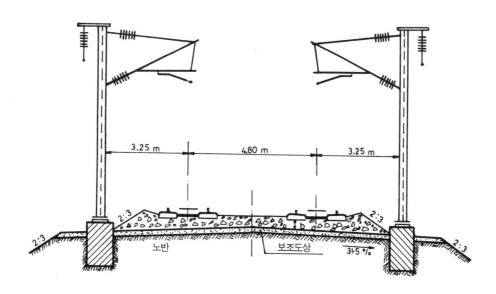

그림 7.9 투윈 블록 콘크리트 침목 V_{max} = 300 km/h 복선 궤도의 횡단면

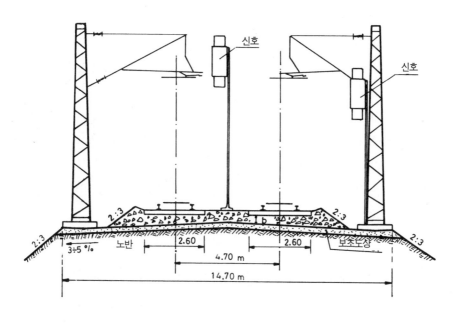

그림 7.10 모노블록 콘크리트 침목 V_{max} = 250 km/h 복선 궤도의 횡단면

도상은 다음의 장(제8.4.1항)에서 설명하는 것처럼 횡 저항력을 증가시키기 위하여 궤도의 양쪽에 대하여 더 돋기(餘盛)를 한다.

7.7 궤도의 부설

7.7.1 기계 장비

궤도의 부설은 현재 각종 기계 장비를 연속적으로 사용하여 수행한다.

부설하기 전에 노반이 적합하게 처리(제3장 참조)되었는지와 횡 기울기(3~5 %)가 정확하게 주어졌는지를 확인하여야 한다.

도상자갈은 특수 화차로 수송하여 현징에 하화한다. 도상은 적합하게 면 맞춤을 하고 단면을 정리하여야 하며 특히 압밀하여야 한다. 갠트리 또는 경량형 차량은 상부 도상의 통상적인 면 고르기를 위한 면 고르기 기계를 견인하고, 또한 소형 단면 정리 기계로 도상 단면을 정리하며, 그리고 진동 판 또는 롤러 바이브레이터로 도상을 압밀하기 위하여 사용한다(역주 : 고속철도 궤도 부설장비는《궤도장비와 선로관리》참조).

레일과 침목의 부설은 더 정교한 기계로 행한다. 현재 레일은 용접 절차의 신중한 컨트롤을 요구하는 장대레일로 부설하고 있다. 레일의 또 다른 본질적인 특징은 산화 함유물이 없고 수소가 최소 레벨인 청결이다. 쉐링 손상과 태취(tache) 타원형 손상(제5장 7.7절 참조)이 발생함이 없이 레일을 적합하게 제조하여야 한다.

침목은 정확하고 균등하게 간격을 두어야 한다. 만일, 침목의 그룹이 서로 가깝고 다른 그룹이 넓게 간격을 둔다면, 이것은 교통 하에서 불균등한 침하로 귀착될 것이다. 간격의 균등성은 공칭 간격과 마찬가지로 중요하다.

패드와 체결 장치는 침목 위에서 적합하게 조정하여야 한다. 이상적인 체결 장치는

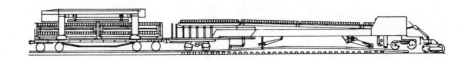

그림 7.11 고속 궤도 부설 기계

보수를 필요로 하지 않지만, 만일 보수를 행한다면 용이하고 값싸야 한다.

궤도 부설 기계에는 많은 유형이 있다. 그림 7.11은 고속의 부설 기계를 도해한다. 이 기계는 6 시간의 일간 작업 교대에서 작업 교대당 1.3 km의 평균 작업량을 달성한다. 피크 작업량은 500 m/h와 작업 교대당 1.56 km이었다(150).

궤도가 일단 부설되면, 레일 위치설정 기계를 이용하여 레일의 위치를 잡는다(그림 7.12).

구 궤도의 갱신에는 새 노선에 부설하는 새 궤도의 경우에서와 같은 기계 장비를 사용한다. 그러나 구 궤도를 철거하는 추가의 기계 장비가 필요하다.

충분히 기계화된 궤도 갱신과 부설 공법은 각 철도 당국의 특정한 조건에 개별적으로 적용되어야 함에 유의하여야 한다.

그러나 작은 철도 기반시설과 제한된 자금을 가진 개발 도상 국가는 충분히 기계화된 부설을 위하여 모든 정교한 재료에 투자하는 것이 불가능할 수도 있다. 그러한 경우에는 저-비용의 잉여 노동력을 현대적 궤도의 부설에 이용할 수 있는 국가가 이용

그림 7.12 레일 위치 설정 기계

가능한 장비 및 레일 취급 도구, 인력 레일 갱신기, 레일 스케이트 롤러 장비, 레일 스쿠터, 소형 유압 체결장치 설치 장비와 인력 도상 채움 기계, 레일 톱, 잭, 이동 바 등과 같은 손 도구와 함께 더 작은 얼마간의 품목이 있다.

7.7.2 각종 궤도 공사의 건설 순서

노동력과 시간을 절약하고 이용 가능한 기계 장비를 가장 좋게 사용하기 위해서는 각종 궤도 공사의 계획을 잘 수립하여야 한다. 그림 7.13은 기계 장비를 사용하여 단선 궤도 부설 작업을 하는 전형적인 건설 순서의 바 차트이다(153 a).

하루에 한 장소에서의 단지 하나의 작업 실패가 전체 순서를 혼란시킬 것임을 쉽게 알 수 있다. 그러한 혼란은 가능한 한 작아야 하며 혼란이 예상되는 곳에서는 대안의 작업 순서를 때에 알맞게 다시 공식화하여야 한다.

도상 작업은 항상 따라잡을 수 있고 늘어진 기간이 있다는 그릇된 가정에서 때때로 낮은 우선 순위에 둔다. 이것은 치명적인 가정이고, 많은 프로젝트가 긴 연장의 완료

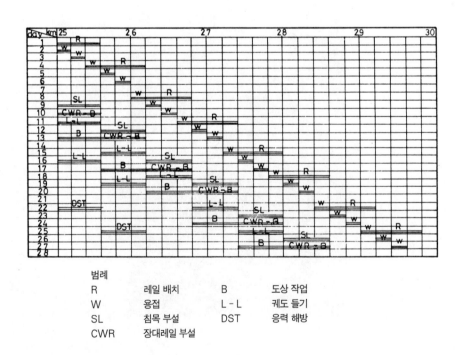

범례

R	레일 배치	B	도상 작업
W	용접	L - L	궤도 들기
SL	침목 부설	DST	응력 해방
CWR	장대레일 부설		

그림 7.13 궤도 건설 프로그램 (153a)

되지 않은 도상 작업을 남기며, 이것은 차례로 마지막 면 다듬기(역주 : 레벨링)에 영향을 준다.

8. 횡 영향과 탈선

8.1 횡 영향

열차가 주행하는 동안에는 수직, 횡 및 종 방향의 힘이 궤도에 가해진다(제2장 2.11.1항 참조). 이 장에 이르기까지는 주로 궤도와 노반의 각종 구성 요소의 치수 설정을 결정하는 수직력의 영향을 설명하였다. 횡력은 승차감에 영향을 주며 열차 안전에 결정적이다. 궤도 횡 저항력의 한계를 초과하면 궤도의 이동, 그리고 종국적으로 탈선을 일으킬 수 있다. 탈선은 레일에 대한 차륜 반동이든지, 또는 차량 전도의 결과일 수 있다(154). 최근의 속도 증가는 교통 안전을 위하여 지시된 추가의 엄격한 보호 수단을 가지고 있다. 여기서 철도는 다른 수송 수단과 비교하여 훨씬 더 안전하다는 점을 강조하여야 한다.

8.2 궤도 횡력

여기서는 먼저 열차가 주행할 때 궤도에 가해지는 횡력을 설명하기로 한다. 궤도 횡력은 두 성분으로 구분할 수 있다.
- 정적
- 동적

8.2.1 정적 횡력

이것은 곡선 상에서 불균형하게 된 원심 가속도와 구동력에 기인하는 힘으로 정의된다. 정적 힘 Hs (단위 : t)는 다음의 반-경험적인 식으로 계산한다(157).

$$H_s = \frac{P \cdot N_T}{1,500} \tag{8.1}$$

여기서, P : 축중 (t)

N_T : 열차가 직선 궤도에 있을 경우에는 횡 틀림(수평 틀림, 제11장 11.3.2항 참조), 또는 열차가 곡선에 있는 경우에는 캔트 부족 $h_{d\,max}$(제9장 9.2.2항 참조) (mm)

8.2.2 동적 횡력

이것은 각종 유형의 궤도 틀림과 차량의 결함에 기인하는 추가의 동적 힘으로 정의된다. 동적 힘 Hd (단위 : t)는 다음의 반-경험적인 식으로 계산한다(157).

$$H_d = \frac{P \cdot V}{1,000} \tag{8.2}$$

여기서, P : 축중 (t)

V : 열차 속도 (mm)

8.3 궤도 횡 저항력

궤도의 횡 저항력은 침목의 유형과 궤도의 보수 상태에 좌우된다. 여기서는 최악의 경우, 즉 궤도가 안정화되지 않은 보수 직후의 궤도를 고려할 것이다. 도상은 열차 하중의 영향을 받아 압밀되며, 이것은 횡 저항력의 증가로 귀착된다.

비-기계화(인력) 수단으로 보수를 수행한 목침목 궤도의 경우에 횡 저항력은 다음의 식으로 계산할 수 있다(158).

$$L = 0.85\left(1 + \frac{P}{3}\right) \qquad (8.3)$$

기계적으로 보수를 수행한 목침목 궤도의 경우에 횡 저항력은 다음의 식으로 계산한다.

$$L = 1 + \frac{P}{3} \qquad (8.4)$$

기계적 수단에 의한 보수가 필수적인 투윈 블록 철근 콘크리트 침목 궤도의 경우에 횡 저항력은 다음과 같다.

$$L = 1.5 + \frac{P}{3} \qquad (8.5)$$

모노블록 프리스트레스트 콘크리트 침목의 궤도에 대하여는 적은 수의 연구만이 다루어졌으며 분석적인 식을 이용할 수 없다. 그러나 시험에 의하면, 이 경우의 횡 저항력은 식 (8.4)와 (8.5)간의 값을 가지는 것으로 나타났다.

상기의 관계는 반-경험적인 성질의 것이며 프랑스와 독일 철도가 수행한 일련의 시험 결과이다(157), (158). 이들의 식은 현재 대부분의 철도망에서 사용되고 있으며 이의나 보류를 나타내지 않았다.

횡 저항력에 대한 속도의 영향에 관하여 연구한 결과에 의하면, 대단히 높은 속도에서조차 횡 저항력은 감지할 수 있을 정도로 영향을 받지 않는 것으로 나타났다(158).

상기의 식은 추가의 동적 궤도 하중(제4장 4.5항 참조)이 공칭 정적 하중의 20 %보다 크지 않은 것을 조건으로 적용할 수 있다. 그러나 추가의 동적 하중이 정적 하중의 20 %를 넘는 경우에는 이 절의 식을 0.9 정도의 정정 계수로 곱하여야 한다 (160). 후자의 경우는 중간 또는 나쁜 품질의 궤도와 상당히 높은 속도에 적용한다.

8.4 궤도 횡 저항력에 대한 도상 특성의 영향

8.4.1 도상 단면의 기하 구조적 특성의 영향

궤도의 횡 저항력은 다음과 같은 세 성분의 합력이다.

• 침목의 중량에 비례하여 침목 하부 표면의 마찰에서 생기는 성분

• 침목 측면과 연속한 침목 사이를 채운 도상간의 마찰에서 생기는 성분. 이 성분은 침목 사이를 채운 정도(그림 8.1)뿐만 아니라 도상의 압밀 정도에 좌우된다. 이 횡 성분의 양은 목침목의 경우에 총 저항력의 약 40~50 %, 투윈 블록 철근 콘크리트 침목의 경우에 15~25 %, 및 모노블록 프리스트레스트 콘크리트 침목의 경우에 30 %이다.

• 침목의 두 끝에서 전개되며 도상의 어깨 폭과 도상의 더 돋기(餘盛) (그림 8.2)에 좌우되는 성분

그림 8.3은 침목 끝에서 도상 어깨 폭의 증가뿐만 아니라 도상 단면의 더 돋기에

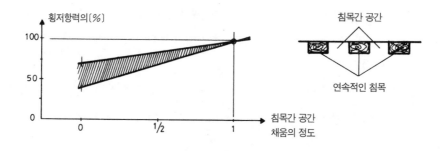

그림 8.1 궤도 횡 저항력에 대한 침목간 도상 채움 정도의 영향

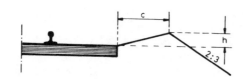

그림 8.2 침목 끝의 도상 어깨 폭 및 도상의 더 돋기(餘盛)

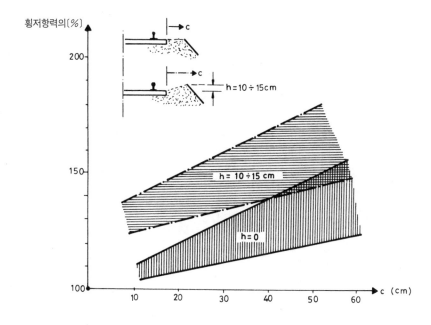

그림 8.3 침목 끝에서의 궤도 횡 저항력과 도상 단면의 기하 구조적 특성과의 관계

의한 횡 저항력의 증가를 도해한다(159). 그러므로 더 돋기와 함께 동시의 도상 단면의 증가는 어깨 폭의 단순한 증가보다 더 좋다.

도상 측면 기울기의 영향에 관한 중요성은 2차적인 것이며 폭 c가 감소함에 따라 감지할 수 있을 정도로 감소한다(159).

8.4.2 도상 입도 분포의 영향

도상 자갈의 형상과 크기, 자갈의 입도 분포 및 재료의 경도는 궤도의 횡 저항력에 상당한 영향을 준다(그림 8.4).

8.4.3 도상 압밀도의 영향

궤도는 도상의 보수 작업* 후에 횡 저항력이 상당한 정도로 손실된다(그림 8.5).

---

*제11장 11.7항에서 설명하는 것처럼 궤도의 보수 작업은 반복하여 궤도를 들어 올리거나 또는 수평 방향으로 이동시킴을 포함한다.

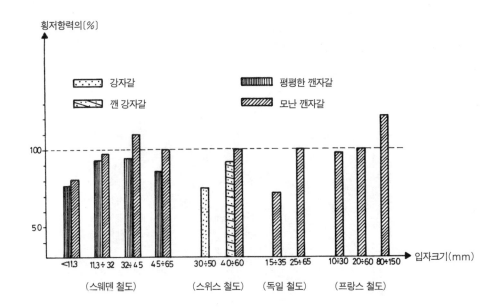

그림 8.4 도상 횡 저항력에 대한 도상 입도 분포의 영향, (159)

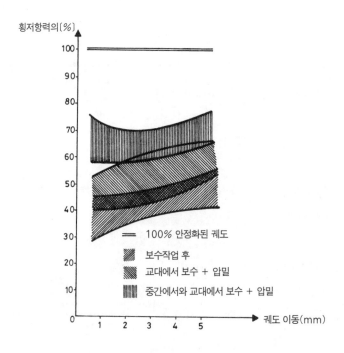

그림 8.5 각종 유형의 압밀에 대한 궤도 안정화

이 횡 저항력을 회복하기 위해서는 도상을 압밀하는 것이 필요하다.

궤도의 횡 저항력은 열차의 통과 후에, 특히 2백만 톤의 열차 하중 통과 후에 충분히 회복된다(그림 8.6).

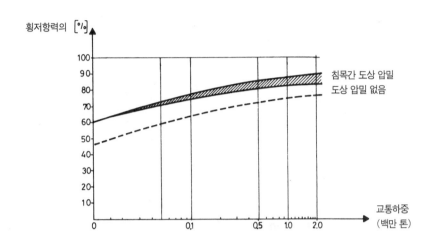

그림 8.6 교통의 함수로서 궤도 횡 저항력의 회복

8.5 궤도 횡 저항력에 대한 침목 유형과 특성의 영향

충분히 안정된 궤도에 대한 일련의 실험적 시험 결과에 의하면 콘크리트 침목, 특히 투윈 블록 침목이 의심할 나위 없는 우수성을 가지는 것으로 나타났다(159). 그림 8.7은 각종 유형의 침복에 대한 횡 저항력을 도해한다. 상대적으로 큰 분산은 제작 공차(치수, 중량, 침목 모양 등)뿐만 아니라 도상의 품질과 성질에 기인한다.

투윈 블록 침목의 저항력이 목침목보다 두 배 이상으로 더 높은 것은 주로 다음의 두 가지 이유 때문이다.

• 투윈 블록 침목의 중량이 더 무겁기 때문에, 침목의 하부 표면과 도상간의 마찰에 해당하는 저항력 성분이 더 크다.

• 침목 끝에서 발생하는 저항력 성분이 훨씬 더 크다.

모노블록 침목에서 전개되는 횡 저항력은 투윈 블록 침목에 비하여 더 작지만, 목침

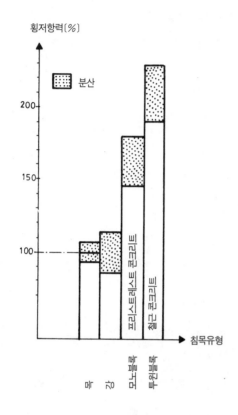

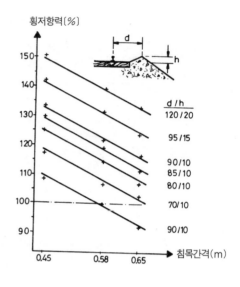

그림 8.7 궤도 횡 저항력에 대한 침목 유형의 영향   **그림 8.8** 침목 간격의 함수로서 궤도 횡 저항력

목보다 분명히 더 높다. 이것은 모노블록 침목의 더 무거운 중량, 더 높은 높이 및 더 큰 접촉면에 기인한다.

독일 철도에서는 침목 길이를 2.40 m에서 2.60 m로 증가시켜서 궤도 횡 저항력을 15~20 %만큼 증가시켰다(159).

철침목의 저항력은 침목의 형상(끝에서의 곡률, 침목 안에 들어간 도상 등)에 상당히 좌우된다. 철침목의 횡 저항력은 침목 유형에 따라 목침목의 횡 저항력과 유사한 값을 가진다.

목침목과 관련하여 여러 목재 품질간의 비교는 다음의 결론으로 이끌었다.

단단한 목재(예를 들어, 오크)로 만든 침목과 연한 목재(예를 들어, 소나무)로 만든 침목간의 차이는 작은 편이다. 오래 전에 부설되고 도상으로 거칠어진 표면을 가진 침목은 특히 도상이 압밀된 경우에 (사용하지 않은) 새 침목보다 약간 더 높은 횡 저항력을 나타내었다.

이에 반하여, 열대 지방의 목재로 만든 침목은 대단히 단단하고 원활한 표면에 기인하여 다른 재질로 만든 침목의 85 %뿐인 횡 저항력을 가진다(159).

침목 간격의 감소는 침목 당 저항력 값의 약간의 감소로 이끌지만, 킬로미터 당 침목의 더 큰 수 때문에 차감 계산 이상이다. 침목 간격이 감소할 때 전체적으로는 궤도 횡 저항력이 증가한다(그림 8.8).

8.6 횡 저항력의 증가에 사용하는 추가의 수단과 특수 설비

어떤 경우(예를 들어, 작은 곡률 반경, 분기기, 교량 등)에는 특수한 침목 형상, 거친 침목 저면, 횡 앵커 등과 같이 큰 비용을 수반하지 않는 특수 수단을 이용하여 횡 저항력을 국지적으로 증가시킬 필요가 있다.

어떤 산악 지역에서는 선로가 아주 작은 반경을 갖고 있고 부가적인 원심력과 레일의 내부 응력 때문에 궤도의 높은 횡 저항력이 필요하므로 이것은 실제적으로 크게 중요한 문제이다. 목침목의 측면과 저면을 거칠게 하면 횡 저항력을 약간만 증가시킨다. 이에 반하여, 열대 지방 목재의 침목 저면에 홈을 파면, 횡 저항력을 20~25 %만큼 증가시킨다(159). 그러나 침목이 도상을 잘 잡고 있도록 홈이 충분한 폭과 깊이를 가져야 한다(그림 8.9).

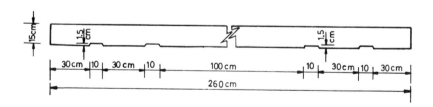

그림 8.9 횡 저항력을 증가시키기 위하여 목침목의 저면에 판 홈

소위 횡 앵커(그림 8.10)를 이용하여 횡 저항력의 상당한 증가(20~80 %)를 달성할 수 있다(154). 마지막으로, 침목 끝에 콘크리트 기둥을 설치하여 더욱 더 큰 증

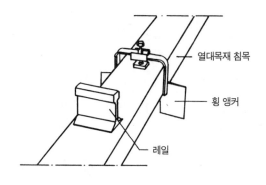

열대목재 침목

횡 앵커

레일

그림 8.10 횡 저항력용 앵커

가(170 % 정도의)를 달성할 수 있지만, 이것은 체계적인 궤도 보수를 방해하는 값비싼 해법이다.

8.7 탈선

철도 차량의 탈선은 다음 중 하나의 결과로서 발생한다.
- 궤도의 이동
- 레일에 대한 차륜의 반동
- 차량의 전복

여기서는 각각의 경우를 따로따로 논의한다.

8.7.1 궤도의 이동에 기인하는 탈선

궤도는 상당한 횡 하중의 영향을 받아 전체로서 이동하여 차량의 탈선을 일으키는 경우가 있다. 이 유형의 탈선은 주로 고속에서 발생한다. 궤도의 이동에 기인하는 탈선의 조건은 궤도의 이동을 일으킬 수 있는 횡력 H(그림 8.11)가 식 (8.3) 내지 (8.5) (제8.3절)으로 주어진 횡 저항력 L을 넘는 것이다.

$$H > L \qquad (8.6)$$

여기서,

$$H = H_s + H_d \qquad (8.7)$$

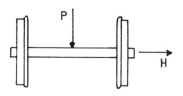

그림 8.11 차륜에 대한 수직력과 횡력

8.7.2 레일에 대한 차륜의 반동에 기인하는 탈선

차륜과 레일간에서 발달한 횡력이 어떤 값을 넘을 때는 차륜이 반동하여 탈선을 일으킨다. 이 유형의 탈선은 주로 저속에서 발생하며, 충족되어야 하는 조건은 다음의 Nadal 공식으로 주어진다(그림 8.12).

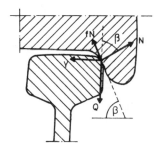

그림 8.12 차륜과 레일간의 횡력

$$Y = Q \frac{\tan \beta - f}{1 + f \cdot \tan \beta} \tag{8.8}$$

여기서, f는 차륜-레일 마찰 계수이다.

　탈선에 관한 여러 연구는 식 (8.8)을 다음과 같이 단순화할 수 있음을 나타내었다
(107), (157).

차축 위 차량 : $\dfrac{Y}{Q} = 1.2$　　　대차 위 차량 $\dfrac{Y}{Q} = 1.3$　　　(8.9)

　식 (8.9)에서 Y와 Q는 가해진 총 힘이다. 그러므로 정적 하중 Q에 동적 하중(제
2장 2.11.2항 참조)을 추가하여야 하며, 이 동적 하중은 Q의 공칭 하중(예를 들어,
10 t/차륜)을 50 %에 이를 만큼 증가시킬 수 있다. 차륜과 레일간의 횡력 Y에 관하
여는 강한 확률론*적인 성질의 것이며 차량과 궤도 파라미터의 함수로서 Y의 표현은
오늘날까지 공식화되지 않고 있다. Y를 평가하기 위하여 현재 이용할 수 있는 유일한
방법은 레일에서 현장 측정하는 것이지만, 이것은 어렵고 대단히 신뢰할 수 없으며,
물론, 측정 현장이 탈선이 있음직한 현장에 부합된다고 기대할 수 없다.

　힘 Y의 계산은 양 레일에서의 힘을 고려하여 구할 수 있다. 사실상, 식 (8.8)은 바
깥쪽 레일에 적용한다. 그러나 안쪽 레일에서의 힘을 고려할 수 있다. 이 경우에는 다
음과 같이 된다.

$$Y_1 = Q_1 \frac{\tan \beta_1 - f}{1 + f \cdot \tan \beta_1} \qquad \text{: 바깥쪽 레일에 대하여} \tag{8.10}$$

$$Y_2 = Q_2 \frac{\tan \beta_2 + \tan \gamma_2}{1 - \tan \gamma_2 \cdot \tan \beta_2} \qquad \text{: 안쪽 레일에 대하여} \tag{8.11}$$

$$Y_1 = Y_2 + H \qquad \text{: 평형 식} \tag{8.12}$$

---

*확률론은 통계적 측정(예를 들어, 지진)으로만 근사시킬 수 있는 프로세스를 말한다. 이에 반하여, 결정
론적인 프로세스에서는 원인과 결과의 상관성을 미리 실행할 수 있다. 역학에서 가장 알려진 프로세스는
관찰된 결과의 분산에도 불구하고 결정론적 성질(예를 들어, 탄성론 등)의 것이다.

여기서, γ_2는 원뿔형 답면이다.

식 (8.10)~(8.12)는 바깥쪽과 안쪽 레일에 대한 횡력 Y_1, Y_2의 계산을 허용한다.

일련의 탈선 사고 (155), (156)로부터 레일에 반동하는 차륜의 위험은 차륜과 레일간의 각도 β가 32°보다 작을 때 크다는 것이 도출되었다.

$$\beta_{\text{critical}} = 32° \tag{8.13}$$

8.7.3 차량의 전복에 기인하는 탈선

이 경우에 차량은 전체적인 불안정한 평형에 기인하여 전복한다. 표준 궤간의 궤도에서 (궤도로부터 2.25 m의 질량 중심을 가진) 가장 나쁜 경우에 횡 가속도가 g/3에 달할 때 차량이 전도할 것이다(157).

제9장 9.4절에서 설명하는 것처럼, 궤도는 비-보정 원심 가속도의 최대 값에 대하여 0.5~1.0 m/sec²간의 범위를 두며 결코 1.0 m/sec² ≃ g/10의 최대 값을 넘지 않도록 한다. 그러므로 전복에 의한 탈선에 대한 안전 계수는 (g/3) / (g/10) > 3이다.

8.7.4 탈선 안전 계수 – 수치적 적용

이 항에서는 최대 캔트 부족이 h_d = 100 mm(제9장 9.3절 표 9.1 참조)인 곡선을 80~120 km/h의 속도로 주행하는 열차의 탈선 안전 계수를 조사할 것이다. 여기서, 축중의 최대 값은 20 t이고 궤도는 투윈 블록 침목으로 부설되어 있으며 기계장비로 보수하는 것으로 가정한다. 차륜 - 레일 마찰 계수는 f = 0.3이고 차륜-레일 각은 β = 38°이다.

a. 궤도의 이동에 기인하는 탈선

식 (8.6)에 따르면 궤도의 이동에 기인하는 탈선은 궤도 횡력이 횡 저항력을 넘을 때, 즉 $H > L$일 때 발생할 것이다. $H = H_s + H_d$이므로, 식 (8.1)과 (8.2)에서 다음 식이 구해진다.

$$H_s(\text{t}) = \frac{P(\text{t}) \cdot h_{d\ max}\ (\text{mm})}{1,500} = \frac{20 \cdot 100}{1,500} = 1.33\ \text{t}$$

$$H_d(\text{t}) = \frac{P(\text{t}) \cdot V(\text{km/h})}{1,000} = \frac{20 \cdot 120}{1,000} = 2.4\ \text{t}$$

탈선이 곡선에서 발생하기 때문에, 식 (8.1)의 N_T는 캔트 부족 한계 값 $h_{d\ max}$(제 9장 9.2.2항 식 (9.1)과 제9.4절 표 9.1 참조)과 같게 취하였다.

궤도 횡 저항력은 식 (8.5)으로 계산한다

$$L(\text{t}) = 1.5 + \frac{P(\text{t})}{3} = 1.5 + \frac{20}{3} = 8.16\ \text{t}$$

특정한 경우와 특성한 탈선 조건에 대한 안전 계수는 다음과 같이 될 것이다.

$$\nu = \frac{L}{H} = \frac{8.16\ \text{t}}{1.33\ \text{t} + 2.4\ \text{t}} = 2.19$$

b. 궤도에 대한 차륜의 반동에 기인하는 탈선

레일에 반동하는 차륜은 Y/Q의 값이 1.2 또는 1.3(각각 차축 위 차량 또는 대차 위 차량)보다 클 것을 필요로 한다. 이미 설명한 것처럼(제8.7.2항 참조), 궤도와 차량 파라미터의 함수로서 Y의 분석적 식은 구해지지 않고 있다. 그러므로 차륜 반동은 어떤 차량의 특성이 예방 보수 동안 지정한 것들과 다른 값을 가짐직한 경우로 고려된다. 이 유형의 탈선은 특히 빈 차량(空車)의 경우에 저속에서 탁월하다.

차륜 레일 각 β의 임계 값은 경험적으로 결정되어 왔다. 이 임계값은 분기기의 경우에 더 크며, 그 이유는 더 낮은 속도가 포함되기 때문이다(제10장 10.5절 참조).

원저자 국가의 경우에

$$\beta = 38° > \beta_{\text{critical}} \simeq 32°$$

이며, 이 경우의 탈선에 대한 안전 계수는 1보다 크지만 이전의 경우보다는 더 작다.

c. **차량의 전복에 기인하는 탈선**

이 유형의 탈선은 차량의 기하 구조적인 특성과 관련하여 쉽게 검토할 수 있다. 이 경우의 안전 계수는 어떠한 경우에도 3보다 큰 값을 가진다.

9. 궤도 선형

9.1 곡선과 완화 곡선에서 차량의 주행

9.1.1 곡선 주행 중의 영향

기초 물리학에 따르면, 반경 R의 곡선에서 속도 V로 주행하는 차량은 다음과 같은 불리한 결과를 가지는 원심 가속도 $\gamma = V^2/R$과 원심력 $F = mV^2/R$을 받는다.

- 승차감의 감소
- 탈선을 조장하는 중대한 횡력
- 궤도와 차량의 증가된 횡 하중. 이것은 상당한 마모로 귀착된다.
- 증가된 진동

상기의 불리한 영향을 줄이기 위하여 다음의 수단을 이용할 수 있다.

- 가능한 한 큰 곡선 반경 R의 사용. 그러나 그러한 수단은 반경을 크게 만드는 것이 흔히 값비싼 토목공학 프로젝트(교량, 터널, 높은 성토 또는 절토) 여하에 달려 있는 지형적 제약에 기인하여 쉽게 시행되지 않는다.
- 원심력을 상쇄하기 위한, 안쪽 레일에 관한 바깥쪽 레일의 횡 캔트. 횡 캔트는 횡 영향을 크게 감소시키지만, 차량과 궤도의 마모가 너무 비싸게 되는 어떤 값을 넘어서 횡 캔트가 초과할 수 없으므로, 대부분의 경우에 횡 영향을 완전히 중화시키지 않는다.

- 열차 속도의 감소. 근래에 열차 속도를 증가시키는 경향이 있으므로 이 수단은 최후 수단으로서의 해법을 구성한다.

9.1.2 완화 곡선 - 3차 포물선 - 클로소이드

잘 알려진 것처럼, 직선 선로에 대한 곡률은 0이며, 반경 R의 곡선에 대한 곡률은 $1/R$이다. 그러므로 직선과 곡선 궤도간에서는 곡률이 0에서 $1/R$로 갑자기 변화한다. 이 갑작스런 곡률의 변화는 승객이 급격한 동요로 느끼게 된다.

시점에서의 곡률이 0이고 종점에서의 곡률이 $1/R$인 가변 반경의 완화 곡선은 직선 운동에서 곡선 운동으로의 원활한 천이 접속을 위하여 삽입한다.

직선과 곡선간의 완화 곡선으로는 3차 포물선 또는 (도로 공학에서처럼) 클로소이드를 사용할 수 있다. 철도 공학의 경우에 많은 철도에서 일반적으로 사용하는 곡선은 곡률 ρ가 다음과 같은 3차 포물선이다(그림 9.1).

$$\rho = \frac{1}{R} = -\frac{d^2 y}{d x^2} \tag{9.1}$$

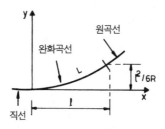

그림 9.1 3차 포물선

3차 포물선에서 곡률 ρ는 x축에 대한 원호의 투영에 비례한다.

$$\frac{1}{R_{c.b.}} = k\,x \tag{9.2}$$

여기서, k는 계수이다.

3차 포물선에서 원호의 길이 L은 x축에 대한 원호의 투영 l과 같다고 고려할 수 있는 것으로 가정할 수 있다. 이 가정을 이용하여 도입한 근사 계산은 대부분의 경우에 만족스러운 것으로 알려져 있다.

클로소이드 완화 곡선에서는 곡률이 다음과 같다.

$$\frac{1}{R_{c.l.}} = k\,L \qquad (9.3)$$

상기의 가정 $L = l$을 사용하면, 대부분의 경우에 3차 포물선과 클로소이드의 사용은 유사한 결과를 주는 것으로 알려져 있다.

9.2 캔트의 이론 값과 실제 값 – 횡 가속도의 허용치

9.2.1 원심력의 완전한 보상을 위한 캔트의 이론 값

반경 R(m)의 곡선에서 속도 V(km/h)로 주행하는 차량을 고려하여 보자. 원심력이 충분히 보상되는, 안쪽 레일에 관하여 바깥쪽 레일을 올리는(캔트) 값을 구해 보자. 이 이론적 캔트를 h_{th}(mm)로 나타내자. 여기서, 다음의 관계가 있다.

$$B = m \cdot g \qquad (9.4)$$

$$F = \frac{m \cdot V^2}{R} \qquad (9.5)$$

그림 9.2에서 다음의 관계를 가진다.

$$\tan \alpha = \frac{F}{B} \qquad (9.6)$$

$$\tan \alpha = \frac{h_{th}}{S} \qquad (9.7)$$

여기서, S는 두 레일 축 사이의 간격(역주 : 레일 중심 간격)이며, 표준 궤간의 경우에 다음과 같다.

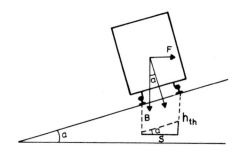

그림 9.2 차량에 가해진 힘과 이론 캔트

$$S = 1,500 \text{ mm} \tag{9.8}$$

식 (9.4)~(9.8)에서, 그리고 단위의 적합한 변환 후에 표준 궤간의 선로에 대하여 다음 식을 도출할 수 있다.

$$h_{th} \text{ (mm)} = 11.8 \frac{V^2 \text{ (km/h)}}{R \text{ (m)}} \tag{9.9}$$

미터 궤간($S = 1,060$ mm) 선로의 경우에는 다음과 같이 될 것이다.

$$h_{th} \text{ (mm)} = 8.3 \frac{V^2 \text{ (km/h)}}{R \text{ (m)}} \tag{9.9a}$$

9.2.2 캔트의 평균 또는 실제 값

식 (9.9)는 원심력의 완전한 보상을 위한 캔트의 이론적인 값이 차량 속도의 제곱에 비례한다는 것을 나타낸다. 차량 속도가 곡선에서 일정하다고 가정하면, 이론적 캔트의 단일 값 h_{th}를 계산할 수 있다. 그러나 이 조건은 도시 철도에서만 충족된다. 이에 반하여, 재래 철도 선로에서는 빠른 열차(여객)와 저속 열차(화물)가 혼재한다.

따라서 식 (9.9)에 여객 열차의 최고 속도를 사용한다면, 승차감이 확보된다. 그러나 화물 열차에 대하여는 차륜과 궤도 설비(특히, 안쪽 레일의 두부)의 마모에 기인하여 문제가 일어난다. 특히 화물 열차가 곡선에서 정지하는 경우에는 출발할 때 트러블

이 생긴다(만일 곡률 반경이 너무 작다면, 그렇게 조차도 할 수 없을 것이다).

식 (9.9)에 화물 열차의 보통 주행 속도를 적용한다면, 화물 열차에 대하여는 문제가 발생하지 않는다. 그러나 여객 열차의 승차감을 크게 손상시킬 뿐만 아니라 높은 쪽에 위치한 레일의 하중이 크게 된다.

그러므로 차량과 궤도 하중을 적당할 만큼만 증가시키면서 승차감을 확보하고 열차가 곡선에서 정지하는 것을 허용하는 캔트 값을 적용하여 상기 두 조건간의 절충안을 찾아야만 한다. 캔트의 이 중간 값은 흔히 "정규(normal)" 또는 "실제(actual)" 캔트라고 부른다. 여기서 다음의 관계를 가진다.

$$h_{th} \ (V_{min}) \ < \ h \ < \ h_{th} \ (V_{max}) \qquad\qquad (9.10)$$

캔트의 정규값을 선택하면 빠른 열차에 대하여는 캔트 부족, 저속 열차에 대하여는 캔트 초과로 귀착된다.

최대 속도에 대한 캔트의 이론 값과 캔트의 정규값간의 차이는 "캔트 부족" h_d라 부른다.

$$h_d \ = \ h_{th} \ (V_{max}) \ - \ h \qquad\qquad (9.11)$$

캔트의 정규값과 최저 속도에 대한 캔트의 이론 값간의 차이는 "캔트 초과" h_e라 부른다.

$$h_e \ = \ h \ - \ h_{th} \ (V_{min}) \qquad\qquad (9.12)$$

제9.4절에서 설명하는 것처럼 캔트의 정규값은 다음의 식으로 구한다.

$$h \ (mm) \ = \ \frac{h_{max}}{h_{max} \ + \ h_{d\ max}} 11.8 \frac{V^2 \ (km/h)}{R \ (m)} \qquad\qquad (9.13)$$

어떤 유형의 차량은 비-보정 원심 가속도의 문제를 처리하기 위하여 자동적으로 경사(tilt)를 이룬다. 그러한 유형의 차량은 일반 차량과 비교하여 작은 반경의 곡선에 대한 속도를 30 %에 이를 만큼 증가시킬 수 있다. 이 기술은 영국, 스페인, 일본 및 기타에서 적용되어 왔다(틸팅 기술은 제12장 12.11절에서 더 설명한다).

9.2.3 횡 가속도의 허용 값

제2장(2.12절)에서는 승차감이 횡 가속도의 값 및 인체가 느끼게 되는 존속 기간과 주파수에 좌우된다는 것을 설명하였다. 횡 가속도가 가해지는 방향도 중요하다. 주파수가 1.5 Hz인 0.05 g의 가속도는 수직 방향에서 5h 30min 동안, 수평 평면에서는 3h 30min 동안 허용될 수 있음을 알게 되었다(1).

그러므로 인간의 생리적인 고려는 횡 가속도의 최대값 뿐만 아니라 횡 가속도의 변화 속도를 고려한다. 최대 횡 가속도는 g/10, 즉 1 m/sec^{2}의 값을 결코 넘지 않아야 한다(162).

그러나 궤도 선형에서는 승차감의 상당한 감소를 허용하지 않는다. 따라서 보상되지 않은 횡 가속도 b는 인체가 받아들일 수 있는 최대 횡 가속도 γ의 비율을 초과하지 않아야 한다. 이 한계는 많은 철도 당국이 다음의 식과 같이 설정하였다.

$$b \simeq \frac{2}{3}\gamma \qquad (9.14)$$

도시 철도에서는 0.8 m/sec^{2}와 같은 비보정 횡 가속도의 더 높은 값을 허용할 수 있다고 고려한다.

b의 허용 값은 캔트 부족의 최대 값에 영향을 준다.

9.2.4 시간에 따른 캔트 부족의 변화

캔트 부족의 변화는 다음과 같이 정의된다.

$$\dot{h}_d \,(\text{mm/sec}) \;=\; \frac{\Delta h_d}{\Delta t} \qquad (9.15)$$

파라미터 $\dot{h}_d$는 단위 길이 당 캔트 부족 변화의 함수로서 나타낸다.

$$\dot{h}_d(\text{mm/sec}) \;=\; \frac{\Delta h_d}{\Delta t} \;=\; \frac{\Delta h_d}{\Delta l}\cdot\frac{\Delta l}{\Delta t} \;=\; \frac{\Delta h_d}{\Delta l}\cdot\frac{V_{\max}\,(\text{km/h})}{3.6} \qquad (9.16)$$

9.3 캔트와 가속도의 한계 값

다음의 절에서 설명하는 것처럼 캔트의 값 h와 가속도 b가 일단 정해지면, 주어진 속도의 값에 대한 곡률의 반경 R이 직접 계산된다(이하의 식 (9.34) 참조).

UIC는 캔트와 가속도의 한계 값을 규정하고 있다(162). 여기서는 선로를 다음과 같이 4 클래스로 분류하고 있다.

클래스 Ⅰ V_{max} : 80~120 km/h

클래스 Ⅱ V_{max} : 120~200 km/h

클래스 Ⅲ V_{max} : 250 km/h, 혼합 교통. 독일과 스위스 철도의 표준으로 주어진다.

클래스 Ⅳ V_{max} : 300 km/h, 여객만의 교통(프랑스 TGV의 경우)

각 클래스에 대하여 캔트와 가속도의 표준, 최대 및 예외적인 값을 표 9.1에 나타낸다(162).

표 9.1 UIC에 따른 캔트와 가속도의 한계 값

교통 클래스	Ⅰ			Ⅱ			Ⅲ				Ⅳ	
최고 속도 V_{max} (km/h)	80~120			120~200			250 독일		250 스위스랜드		300 프랑스	
한계 값	표준	최대	예외	표준	최대	예외	표준	최대	표준	최대	표준	최대
캔트 (mm)	150	160	-	120	150	160	65	85	125	-	180	-
캔트 부족 h_d (mm)	80	100	130	100	120	150	40	60	120	-	50	100
캔트 초과 h_e (mm)	50	70	90	70	90	110	50	70	100	-	-	110
캔트 부족 변화 $\dot{h}_d$(mm/sec)	25	70	90	25	70	-	13	-	36	-	30	75
비보정 횡 가속도 b (mm/sec²)	0.53	0.67	0.86	0.67	0.80	1.00	0.27	0.40	0.81	-	0.33	0.67

9.4 완화 곡선의 계산

제9.2.2항에서는 저속(화물) 또는 빠른(여객) 열차에 대하여 문제가 발생하지 않도록 보장하기 위하여 정규(normal) 캔트의 값 h가 두 한계 사이에 놓여야 하는 점을 설명하였다. 이전의 절에서 나타낸 한계 값이 주어진 후에는 다음과 같아야 한다.

$$h_{th} \ (V_{max}) - h_{d \ max} < h \ (mm) < h_{th} \ (V_{min}) + h_{e \ max} \qquad (9.17)$$

및 모든 경우에

$$h < h_{max} \qquad (9.18)$$

식 (9.17)의 두 한계간에서의 값의 선택은 특정한 선로에 대한 여객과 화물의 상대적인 밀도에 좌우된다. 더 많은 여객 교통은 이 값을 식 (9.17)의 상한 쪽으로 올리는 반면에 더 많은 화물 교통은 이 값을 식 (9.17)의 하한에 접근하게 만든다.

그러나 모든 경우에 최대 이론 캔트 $h_{max} + h_{d max}$에 대한 최대 캔트 h_{max}의 비율은 일정하게 남아 있어야 한다. 정규 캔트(normal cant)를 구하기 위해서는 이론적 캔트를 이 일정한 비율로 곱할 것이다.

$$h \ (mm) = \frac{h_{max}}{h_{max} + h_{d \ max}} \ 11.8 \ \frac{V^2 \ (km/h)}{R \ (m)} \qquad (9.19)$$

캔트의 최소 값은 b_{max}보다 큰 비보정 원심 가속도로 귀착되지 않아야 한다.

$$h_{min} \ (mm) = 11.8 \frac{V^2 \ (km/h)}{R \ (m)} - 152 \ b_{max} \ (m/sec^2) \qquad (9.20)$$

선행의 식에서 구한 캔트 값은 5 mm의 배수로 반올림(이사 삼입)하여야 한다.

원활한 열차 주행을 위해서는 캔트의 값을 직선 종점에서의 0으로부터 원곡선 시점에서의 h까지 점진적으로 변화시켜야 한다. 이것은 캔트변화 램프와 완화 곡선이 일치되는 것을 필요로 한다.

L이 완화 곡선의 길이이고 l이 직선 구간의 연장 부분에 대한 완화 곡선의 투영인 경우에, 완화 곡선의 최소 값은 다음과 같이 될 것이다.

$$l_{\min} \text{ (m)} = \frac{h \text{ (mm)} \cdot V^2 \text{ (km/h)}}{144} \tag{9.21}$$

이미 설명한 것처럼 철도 공학에서 3차 포물선 완화 곡선의 좌표는 다음의 식으로 구한다(166).

$$y = \frac{x^3}{6Rl}\left[1 + \left(\frac{l}{2R}\right)^2\right]^{3/2} \tag{9.22}$$

$(l/2R)^2$의 항이 1보다 훨씬 더 작다면, 작은 길이의 3차 포물선을 가지는 경우에 식 (9.22)에서 이 항을 생략할 수 있다. $l < R/3.5)$인 한, 적용할 수 있는 좌표의 식은 다음과 같다.

$$y = \frac{x^3}{6Rl} \tag{9.23}$$

3차 포물선의 세로 좌표는 보통은 10 m마다, 지점의 더 큰 밀도가 요구될 때는 언제나 5 m마다 계산한다.

3차 포물선의 길이 L과 직선에 대한 그것의 투영 l은 다음의 식과 같이 관련된다.

$$L = l + \frac{l}{10}\left(\frac{l}{2R}\right)^2 \tag{9.24}$$

어떤 철도망은 더 높은 차수(3차 또는 4차 포물선)의 포물선 완화 곡선을 사용한다.
다음과 같은 경우에는 완화 곡선을 사용하지 않는다.
• 곡선 반경 $R > 3,000$ m
• 계산된 캔트의 값이 실용적으로 0이다.

9.5 원곡선의 계산

f를 직선과 원곡선간의 3차 포물선으로 산출된 이정(移程)이라고 하자(그림 9.3).
원곡선의 특성은 다음의 식에서 구해진다(8), (166).

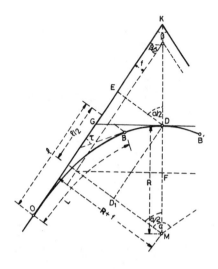

그림 9.3 완화 곡선의 평면도($\overline{OB}$: 완화 곡선(3차 포물선), $\overline{BB'}$: 곡선)

$$\overline{OK} = (R + f) \tan\frac{\alpha}{2} + \frac{l}{2} \qquad (9.25)$$

$$\overline{KD} = (R + f)\left(\sec\frac{\alpha}{2} - 1\right) + f \qquad (9.26)$$

$$\overline{OBD} = \frac{1}{2}\left[R\frac{\pi\alpha}{200} + l\right] \qquad (9.27)$$

여기서, $\sec\dfrac{\alpha}{2} = \dfrac{1}{\cos(\alpha/2)}$ 는 각도 $\dfrac{\alpha}{2}$의 시컨트이며 각도 α는 도로 나타낸다.

이정 f는 다음의 식으로 계산한다.

$$f = \frac{l^2}{24R} \qquad (9.28)$$

즉, 대부분의 경우에 길이 $\overline{OK}$에 대한 f의 영향은 다른 양에 비하여 무시해도 좋다.

9.6 복심 곡선과 반향 곡선의 경우

반경 R_1과 R_2를 가지고 같은 방향으로 연속한 두 원곡선간에는 각 원곡선에 인접하여 완화 곡선을 설정하며 중간의 직선 구간은 완화 곡선간에 삽입한다. 중간 속도(V : 100~200 km/h)의 궤도에 대하여는 이 직선 구간이 30 m의 보통 값을 가진다.

다음의 기호를 사용하면

$$\delta = \frac{l_2^2}{24 \ R_2} - \frac{l_1^2}{24 \ R_1}$$

$$\rho = \frac{R_1 \ R_2}{R_1 - R_2}$$

$$l = \sqrt{24 \ \rho \ \delta}$$

반경 R_1의 원곡선에 인접한 원곡선은 다음과 같이 된다.

$$y = \frac{x^2}{2 \ R_1} + \frac{\delta}{2} - \frac{1}{6 \ l \ \rho}\left[\left(\frac{l}{2}\right)^3 - \left(\frac{l}{2} - x\right)^3\right] \tag{9.29}$$

반경 R_2의 원곡선에 인접한 원곡선은 다음과 같이 된다.

$$y = \frac{x^2}{2 \ R_2} + \frac{\delta}{2} - \frac{1}{6 \ l \ \rho}\left[\left(\frac{l}{2}\right)^3 - \left(\frac{l}{2} - x\right)^3\right] \tag{9.30}$$

중간 직선 구간의 삽입을 실행할 수 없는 경우에는 두 완화 곡선 대신에 다음의 식을 가진 단일의 완화 곡선을 사용한다.

$$y = \frac{x^3}{6 \ l_2 \ R_2 \cos^3 \tau_2} \ , \quad L_2 > \frac{R_2}{3.5} \ \text{일 때} \tag{9.31}$$

또는

$$y = \frac{x^3}{6 \ l_2 \ R_2} \ , \quad L_2 < \frac{R_2}{3.5} \ \text{일 때} \tag{9.32}$$

여기서, L_1, L_2는 직선 구간과 (반경 R_1과 R_2을 가진) 두 원곡선 구간간 완화 곡선의 호 길이이며, τ는 원곡선의 시점에서 직선과 접점간의 각도이다(그림 9.3).

연속한 두 개의 반향 곡선간에는 각 원곡선 구간에 인접하는 하나의 3차 포물선을 삽입하며 중간의 직선 구간은 길이가 적어도 30 m이다(가급적이면, V(km/h)/2가 좋다). 후자를 실행할 수 없다고 판명되면 직선의 부분을 생략하며 두 개의 완화 곡선은 보통의 시점, 보통의 접선 및 같은 곡률 변화를 가진다.

9.7 캔트변화 램프

제9.4절에서 설명한 것처럼, 캔트변화 램프와 3차 포물선 완화 곡선은 일치하여야 한다. 이 경우에 다음의 캔트 변화 다이어그램이 결과로서 생긴다(그림 9.4).

B.R. = 캔트변화 램프의 시점
E.R. = 캔트변화 램프의 종점
B.T. = 포물선 완화 곡선의 시점
E.T. = 포물선 완화 곡선의 종점

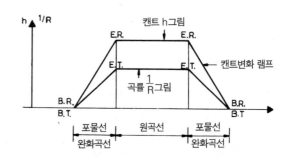

그림 9.4 직선 구간과 원 곡선간의 캔트와 곡률 변화 다이어그램

복심 곡선 또는 반향 곡선 사이에도 유사하게 캔트의 선형 변화를 적용하여야 한다 (그림 9.5, 9.6).

캔트변화 램프의 최대 기울기는 $144/V_{max}$를 넘지 않아야 한다. 즉,

$$\omega_{max} \ (\text{mm/m}) = \frac{144}{V_{max} \ (\text{km/h})} \qquad (9.33)$$

캔트변화 램프는 분기기 또는 신축 장치에 위치하지 않아야 한다. 이것이 불가능할

경우에는 속도 제한을 적용하여야 한다.

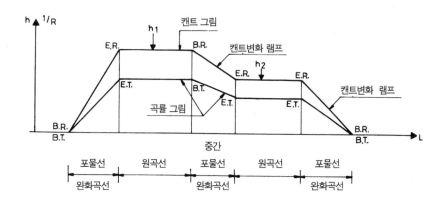

그림 9.5 동일 방향으로 연속한 두 원곡선간의 캔트와 곡률 변화 다이어그램

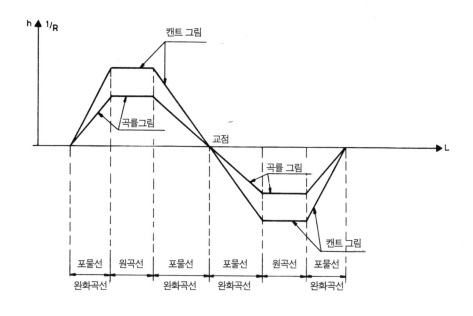

그림 9.6 반대 방향으로 연속한 두 원곡선간의 캔트와 곡률 변화 다이어그램

9.8 최고 속도와 최저 속도의 결합

식 (9.17)(제9.4절)은 곡선에서 최고와 최저의 열차 속도가 상당히 다를 때, 화물 또는 여객 열차에 대하여 문제를 야기하지 않는 정규 캔트(normal cant) 값을 구하기가 어렵다는 것을 암시한다. 따라서 여객 열차 속도의 증가는 표 9.2에 나타낸 것처럼 화물 열차 속도의 증가를 수반하여야 한다.

표 9.2 곡선에 대한 최고 속도와 최저 속도의 결합

	$V_{max} < 100$ km/h	$\rightarrow \quad V_{min} > 60$ km/h
100 km/h $< V_{max} <$	140 km/h	$\rightarrow \quad V_{min} > 70$ km/h
140 km/h $< V_{max} <$	200 km/h	$\rightarrow \quad V_{min} > 80$ km/h

9.9 곡선 상의 속도와 곡률 반경과의 관계

이 절에서는 반경 R의 곡선에 대한 최고 허용 속도, 또는 주어진 속도 V에 대하여 최소 허용 곡률의 반경을 계산하여 보자.

속도 V는 주어진 R에 대하여 명백하게 캔트 h, 캔트 부족 h_d 및 캔트 초과 h_e에 대한 여유를 다 써버렸을 때 최고로 된다.

$$\frac{11.8\,V^2_{max}}{R} - h_{d\,max} < 11.8\,\frac{h_{max}}{h_{max} + h_{d\,max}}\,\frac{V^2_{max}}{R} < \frac{11.8\,V^2_{min}}{R} + h_{e\,max} \quad (9.34)$$

식 (9.34)를 V_{max}에 대하여 풀면, 주어진 반경 R에 허용된 최고 속도를 가지며, 반면에 R에 대하여 풀면 주어진 속도 V_{max}에 요구된 최소 반경을 취하게 된다.

그러나 R_{min}에 관하여는 저속 열차의 최저 속도 V_{min}에 대한 최대 캔트 초과를 적용할 수 있음을 보장하여야 한다. 식 (9.34)는 다음을 주며,

$$\frac{11.8\ V^2_{max}}{R} - h_{d\,max} < \frac{11.8\,V^2_{min}}{R} + h_{e\,max} \quad (9.35)$$

$h_{d\ max}$, $h_{e\ max}$에 대한 최대 값을 제시하고 R에 대하여 풀면, (V_{min}를 가진) 저속 열차에 요구된 최소 반경을 취하게 된다.

그러므로 최저 속도에 관하여 식 (9.34)와 (9.35)는 동시에 유효하며, R_{min}에 대하여 구한 더 높은 값을 사용할 것이다.

철도망은 가능하면 언제나 가급적 R의 최대 값을 적용하도록 시도한다. 더 낮은 반경 값에 관련하는 방침은 주로 산악 또는 지반의 평면 특성에 기인하여 철도망간에 크게 다르다. 표 9.3은 일부 유럽 철도망에서 500 m 이하인 궤도 곡선 비율을 나타낸다.

표 9.3 여러 유럽 철도망에서 500 m 이하의 반경을 가진 곡선의 비율(지하철 시스템은 고려하지 않았다)

국가	반경 R이 500 m 이하인 곡선의 %
영국	3.0 %
프랑스	9.0 %
독일	13.0 %
스위스랜드	15.5 %
오스트리아	21.6 %

궤도의 곡률 반경이 작은 경우에는 궤간을 증가(역주 : 슬랙)시키며, 이것은 직선 궤도 구간에서보다 더 큰 값으로 귀착된다. 이 증가 분은 안쪽 레일에 적용한다. 반경 R = 300~600 m에 대한 궤간은 (목침목과 철침목의 경우에) 1.445 m, (콘크리트 침목의 경우에) 1.440 m에 이르기까지 증가될 수 있다(또한, 제11.3.4항 표 11.1 참조).

9.10 구배(기울기)

선로의 종단 선형은 가능하면 언제나 지반 지형을 따른다. 철도의 종 방향 구배(기울기)는 고속 도로와 비교하여 훨씬 더 작다. 구배의 최대 값은 주로 차량의 특성과 동력에 좌우된다. 200 km/h에 이르기까지의 속도와 혼합 교통의 본선에서 보통의 최대 구배 값은 12 ‰~15 ‰간의 범위를 가진다. 독일 철도에서 본선의 최대 구배는 12 ‰이지만, (여객 교통만을 가진) 프랑스 TGV의 최대 구배는 35 ‰이다(또한, 제1장 표 1.8 참조). 최대 구배는 점착의 이유 때문에 40 ‰를 넘을 수가 없다. 예를 들어, 차축의 50 %가 동력 장치를 갖춘 차량을 운영하는 어떤 경량 철도 시스템은 40 ‰에 이르기까지의 구배를 가지고 있다(56a). 그 이상에서는 래크(치차식) 철도 또는 강삭(鋼索) 철도의 사용이 고려된다.

9.11 종곡선

다른 구배 값을 가진 두 종 방향 구간 사이의 천이접속 구간은 반경 R_v의 원곡선을 삽입한다. 천이접속 구간은 (방향이 같은 경우에) 각 구배의 차이 또는 (방향이 다른 경우에) 그들의 합이 2.5 ‰보다 작은 한, 즉 만일 다음 식과 같다면 불필요하다.

$$\varDelta i < 2.5\% \tag{9.36}$$

수직 완화 곡선(역주 : 종 곡선)의 반경은 다음의 근사 관계로 계산한다.

$$R_v \, (\mathrm{m}) \;=\; \frac{V^2 \, (\mathrm{km/h})}{2} \tag{9.37}$$

여기서, 예외적인 경우에 다음 식과 같이 줄일 수 있다.

$$R_{v\,\mathrm{min}} \, (\mathrm{m}) \;\simeq\; \frac{V^2 \, (\mathrm{km/h})}{4} \tag{9.38}$$

표 9.4는 속도의 함수로서 최소 종곡선을 나타낸다.

표 9.4 속도의 함수로서 종곡선 반경

속도 V (km/h)	정규 값 (m)	예외적인 값 (m)
$V < 100$ km/h	5,000	2,500
$100 < V < 150$ km/h	10,000	5,000
$150 < V < 200$ km/h	20,000	10,000

종곡선의 길이 E는 다음의 식으로 구한다.

$$E = \Delta i \frac{R_v}{2}$$

(9.39)

여기서 Δi는 구배의 차이이다(그림 9.7).

포물선 완화 종곡선의 세로 좌표는 다음의 식으로 계산한다.

$$y = \frac{x^2}{2 R_v}$$

(9.40)

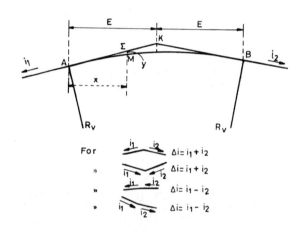

그림 9.7 종곡선

포물선 완화 곡선이 있고 따라서 캔트변화 램프가 존재하는 곳에서는 구배(기울기)의 변화가 없어야 한다. 동시의 수직과 수평 곡선을 피할 수 없으면 언제나 곡률의 최대 반경을 사용하여야 한다.

종곡선은 분기기의 시점 또는 종점에서 적어도 5~10 m 떨어져야 한다. 종곡선은 도상이 없는 강 교량에서 더욱 피하여야 한다.

9.12 표를 이용한 선형 설계

선형 설계를 용이하게 하기 위하여 상기 식의 대부분은 표의 형으로 사용한다. 그러한 표는 설계자의 지루한 계산을 면하게 하고 일견하여 값을 준다. 대부분의 철도 당국은 (컴퓨터를 광범위하게 사용하기 이전인) 오래 전에 그러한 표를 확립하였다.

9.13 컴퓨터 방법을 이용하는 선형 설계

컴퓨터 하드웨어와 소프트웨어의 발달은 철도 선형 설계의 혁명을 일으켰다. 지형학 및 선형 파라미터의 제한 값만을 요구하는 궤도 선형 계산과 설계를 허용하는 몇 개의

그림 9.8 컴퓨터 지원 설계 방법을 이용하는 궤도 선형 설계

프로그램이 있다. 그림 9.8은 CAD(컴퓨터 지원 설계)를 사용하는 신선의 궤도 선형 설계를 도해한다. 게다가, 컴퓨터의 응용으로 더 많은 대안 노선을 쉽게 측량하고 선택된 해를 더 상세히 검토할 수 있다.

9.14 신선의 건설

9.14.1 타당성 조사

철도 프로젝트를 실현하기 위한 결정은 정치가, 경제가 및 기술자가 참여하는 복잡한 절차의 결과이다. 타당성 조사는 그 중에서도 특히 실현하려는 한 프로젝트의 선택을 (경제적으로) 합리화함에 있어 강력한 도구이다.

타당성 조사는 특정한 철도 프로젝트의 비용에 대한 이익을 비교한다.

비용은 다음의 두 가지 기본 성분을 가진다.

- 건설비
- 운전비

철도 프로젝트 실현의 이익은 다음과 같을 수 있다(41).

- 여행 시간의 감소
- 운전비의 저감
- 사고의 감소
- 서비스 품질의 개선
- 지역과 국가의 발달
- 안전과 국가 통합 및 기타

수송 프로젝트의 평가 방법에는 여러 가지가 있다(166b), (166c).

- "현재 가(PV)" 방법에서는 (건설과 운전에 대하여) 프로젝트의 수명에 대한 모든 비용을 계산한다. 가장 낮은 현재 가(價)를 가진 대안이 가장 경제적인 것이다.
- "순 현재 가(NPV)" 방법에서는 각 대안의 순 현재 가를 다음과 같은 식에 따라 계산한다.

$$NPV = (B - O) - (C - Y) \tag{9.41}$$

여기서, NPV : 순 현재 가

　　　　B　　 : 모든 이익의 현재 가

　　　　O　　 : 모든 운전비의 현재 가

　　　　C　　 : 건설비의 현재 가

　　　　Y　　 : 잔존 가격(수명의 끝에서 프로젝트의 가치)

- "비용-이익" 방법에서는 비율 λ를 다음 식과 같이 계산한다.

$$\lambda = \frac{B - O}{C - Y} \qquad (9.42)$$

$\lambda > 1$인 경우는 프로젝트를 실현한다. 많은 대안의 해 중에서 가장 큰 λ 값을 가진 것을 선택한다.

- "내부 복귀 율(IRR)" 방법에서는 이익의 현재 기기 비용의 현제 가와 같은 (시행 착오법으로) 할인율의 가격을 계산한다. 만일, IPR이 자본의 기회 원가보다 크다면, 특수 철도 프로젝트를 실현한다(166b).

특수 철도 프로젝트를 실현하기로 일단 결정되면, 다음의 단계는 예비 검토를 다루는 것이다.

상기의 모든 방법에서 새로운 프로젝트의 실현 이후 예상되는 수요를 가능한 한 성밀하게 예측하여야 한다. 기술자는 많은 형의 모델(시간-시리즈 모델, 회귀 모델, 중력 모델, 경제 모델 등) 중에서 가장 적당한 것을 선택하여야 한다. 이 검토 단계에서는 여객 또는 화물의 예상되는 수량, 바람직한 여행 시간, 서비스하여야 하는 지역과 도시 집중을 정립하여야 한다.

9.14.2 예비 설계

예측된 수요 특성에 기초하여, 적당하고 이용 가능한 차량 유형을 결정할 수 있다. 각 차량의 유형은 동력, 최고 속도와 가속도, 요구된 최대 구배 등으로 특징을 짓는다.

그러나 타당성 조사에서 고려된 여행 시간은 중간과 최고 속도를 결정하며, 그것은 차례로 (선형과 종 곡선의) 최대 반경을 정한다.

기술자는 예비 검토를 시작하기 전에 가능한 한 많은 데이터를 수집하여야 하며, 그것은 최소로서 다음을 포함하여야 한다.

- 축척 1/50,000 또는 1/25,000의 지도
- 이용할 수 있는 (궁극적으로 위성으로부터의) 모든 항공 사진
- 토지와 도시 계획 뿐만 아니라 농업 계획
- 이용할 수 있는 모든 지질 정보, 수리 정보, 계측 정보 및 기타 정보
- 검토 지역에 대한 이전의 모든 보고서

이 예비 단계에서는 합리적으로 가능한 모든 노선(2~4)을 측량하여야 한다. 각 노선에 대한 선형과 종단면을 검토한다. 기술자는 가능한 한 적은 상하 변화와 가능한 한 적은 곡선의 전환을 가진 좋은 수직 종단 선형을 찾아야 한다. 이들에 기초하여 주요 기술 프로젝트, 이동에 대한 공익 사업 및 대략의 비용을 계산한다.

많은 대안의 노선 중에서 상기에 기술한 타당성 방법을 사용하여 가장 좋은 것을 선택한다.

9.14.3 초벌 설계

예비 설계의 완성은 합리적으로 평평한 지형의 50 m 폭에서부터 산악 지역의 아마도 2 km 이상까지 변할 수 있는 관심 있는 노선 회랑지대를 한정하는 것으로 귀착되어야 한다.

초벌 설계는 일반적으로 100 m 간격으로 측량한 횡단면과 함께 1/5,000의 축척으로 준비한다.

이 단계 동안의 고려 사항은 다음을 포함하여 모든 양상을 다루어야 한다.
• 장래의 교통과 운전 소요
• 축중과 궤간의 파라미터
• 구배, 최소 반경 및 기타 선형의 특성
• 노반과 배수의 양상
• 교량과 터널
• 건설 계획의 수립

이 국면의 마지막에 선택된 해법은 최종 설계에서 상세히 검토될 것이다.

9.14.4 최종 설계

검토의 최종 단계는 다루기 힘든 지형에서 일반적으로 1/2,000나 1/1,000 및 도시 지역에서 1/1,000나 1/500의 축척으로 수행한다. 이 검토 단계에서조차 속도, 곡률, 구배 및 토질역학 고려조건간에서 선형의 올바른 절충안을 달성하기 위한 몇 가지 시도를 할 수 있다.

기술자는 특유한 현장과 장비를 최소화하고 한정하도록 시도하여야 하는 장래의 유지보수 요구조건에 항상 유의하여야 한다.

9.14.5 궤도 선형의 말뚝 박기

선형의 계산과 설계 후에 그것의 이행은 말뚝 박기를 우선 시행한다. 말뚝은 다음과 같이 박는다.
- 복선의 경우에, 직선과 곡선 구간에서 궤도 사이의 공간에
- 단선의 경우에, 직선 구간에서는 좌, 또는 우에 상관이 없이 궤도의 옆에, 곡선구 간에서는 외측 레일 쪽에

곡선에서 궤도의 바깥쪽에 말뚝을 박는 것은 선형에 따른 바깥쪽 레일의 정밀한 부설을 촉진한다. 빠르게 주행하는 열차가 바깥쪽 레일에 의하여 안내되기 때문에 바깥쪽 레일의 정렬이 중요하다. 궤간은 안쪽 레일의 적합한 위치 설정으로 증가된다.

경제적인 이유 때문에, 복선에서 2중 말뚝 박기를 피하며, 말뚝은 두 궤도 사이의 공간에 박는다. 이 경우에, 바깥쪽 레일은 특정한 지점의 궤간 값을 고려하면서 곡선 구간에서 크게 주의하여 부설한다.

포물선 완화 곡선과 원곡선에서는 10 m마다 말뚝을 박는다. 더 가까운 말뚝이 필요할 때는 언제나 5 m마다 박는다.

직선 구간에서는 50 m마다 말뚝을 박는다.

포물선 완화 곡선이 직선으로 바뀌는 지점에서는 직선 구간의 신장 부분이 포물선의 끝에 접선임을 보장하여야 한다. 이것은 포물선 완화 곡선의 말뚝 박기가 적어도 두 0 편향 지점을 마련하기 위하여 직선 구간을 따라 (10 m 간격을 유지한) 4 말뚝만큼 확장하는 이유이다. 이들 4 말뚝의 정렬은 적어도 200 m 떨어진 지점에서 광학 측량 기구로 점검하여야 한다.

고정 점의 수와 요구된 캔트는 각 말뚝에 표시한다.

말뚝 박기 다음에 궤도를 수평 평면에 대하여 배열을 한다. 이 단계는 말뚝을 박은 고정 점과 궤간의 값을 기초로 하여 각 레일을 적당한 위치에 배치하는 것으로 구성한다.

10. 포인트와 크로싱

10.1 포인트와 크로싱의 목적과 기능

철도의 기본적인 특성은 이동에서 자유도가 하나라는 점이다. 이에 반하여, 2 자유도를 가진 도로 차량은 코스를 쉽게 바꿀 수 있다. 철도 공학에서는 철도 차량의 코스를 중단시킴이 없이 차량의 이동 방향을 변경할 수 있는 설비 또는 부분으로 정의되는 분기 장치(switching devices), 또는 포인트(switch)*를 이용하여 방향을 바꾼다.

분기 장치는 크게 다양한 형식이 있다. 분기 장치는 분명한 복잡성에도 불구하고 두

사진 10.1 분기기

사진 10.2 크로싱

---

*포인트가 때때로 분기기라고 불려질지라도 엄밀히 말하자면 전자는 한 레일이 다른 레일을 교차하게 할 수 있는 크로싱과 가드레일을 포함하지 않는 반면에 후자는 이를 행한다.

가지의 기본 형식으로 나누며 그리고, 둘을 결합하여 세 가지로 나눌 수 있다.

- 단순 분기기(사진 10.1)(역주 : 보통 분기기) 또는 복수 분기기(역주 : 3지 분기기, 우리 나라의 경우는 없음)는 궤도를 둘(또는 셋)로 나누며, 주행 차량이 코스를 바꾸는 것을 허용한다.
- 크로싱(사진 10.2)(역주 : 여기서는 분기기 내의 크로싱이 아닌 다이아몬드 크로싱을 말함)은 두 궤도가 방향의 변경이 없이 같은 수평면에서 교차한다.
- 분기 크로싱(역주 : 슬립 스위치)은 분기기와 크로싱의 기능을 결합한다(제 10.3절의 그림 10.8 참조).

따라서 포인트와 크로싱의 기능은 열차가 한 궤도에서 또 다른 같은 방향의 궤도로 이동할 수 있도록 노선 내에서 유연성을 마련하기 위하여 철도 노선이 서로로부터 분기되거나 또는 연결할 수 있게 하며, 결국 차량이 분류될 수 있도록 하는 것이다. 포인트와 크로싱은 이들의 요구 소선에 효율적으로 내응하도록 다음을 포함하는 이떤 수의 요구 조건을 충족시켜야 한다.

- 속도 제한을 가능한 한 가장 적게 부과한다.
- 운영상 긴급을 필요로 하는 곳에 정확하게 위치를 정한다.
- 운영상 최대의 유연성을 마련한다.
- 수송에 필요한 축중을 지지한다.
- 제작비가 저렴하고, 부설이 단순하며, 작업이 쉽고, 튼튼하며, 교체가 쉽다.
- 마모, 부식 및 쇠퇴에 저항하며 보수를 최소로 요구한다
- 신호 기술의 요구 조건에 양립할 수 있다.

10.2 분기기의 설비와 구성 요소

분기기는 다음과 같이 구별된다(그림 10.1).
- 본선 궤도(역주 : 기준선) 및 차량이 노선을 바꿀 수 있는 분기 궤도(역주 : 분기선)
- 수학적 교점 O. 이것은 두 궤도의 축(역주 : 궤도 중심선)이 교차하는 점이다.
- 두 궤도의 축에 의하여 한정되는 크로싱 각 ω. 크로싱 각은 일반적으로 그것의 탄젠트(예를 들어, 1 : 9)로 나타낸다. 크로싱은 고급 재료(일반적으로 망간 강)로 이

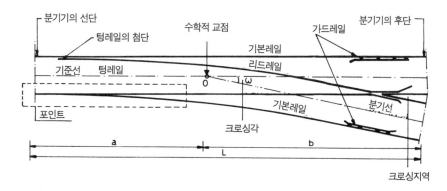

그림 10.1 분기기의 구성

루어져 있다.

- 기본 레일. 이 레일은 움직이지 않고 고정되어 있다.
- 텅 레일. 이 레일은 차량의 코스를 바꾸도록 움직인다. 결정적인 파라미터는 포인트의 곡률 반경 R이다. 텅 레일은 위치에 따라 차량이 한 궤도로, 또는 다른 궤도로 진행하는 것을 허용한다. 과거에 사용한 포인트에서는 양쪽의 텅 레일이 직선이었다. 새로운 포인트에서는 본선 궤도에 대응하는 텅 레일이 직선인 반면에 노선의 변경에 대응하는 다른 텅 레일은 곡선이다.
- 가드 레일(체크 레일). 이 레일(길이 3~10 m)은 크로싱에 정확하게 마주 보고 위치한다. 차륜이 크로싱의 직전에 결선부에 도달하므로 불규칙하고 컨트롤이 안되는 운동을 방지하는 가이드를 다른 차륜에 대하여 마련하는 것이 필요하며, 이것은 가드 레일을 설치하여 달성한다. 가드레일과 기본 레일간의 틈은 40~130 mm이다.
- 거리 a(분기기의 선단에서 수학적 교점까지)와 b(수학적 교점에서 분기기의 후단까지)
- 분기기의 길이 $L(L = a + b)$
- 접촉 위험 거리 c. 이것은 분기기의 선단으로부터 다른 궤도상의 또 다른 차량의 이동을 방해함이 없이 차량이 분기기의 한 궤도상에서 안전할 수 있는 범위를 넘어선 지점(역주 : "차량 접촉 한계 표"의 설치 위치)까지의 거리이다. 이 지점은 두 궤도 축간의 간격(역주 : 궤도 중심 간격)이 표준 궤간의 궤도에서 적어도 3.50 m이고 미터 궤간의 궤도에서 3.00 m이도록 정해진다.

포인트 반경 R의 보통 값은 150~500 m 사이의 범위를 갖는다. 저속과 중간 속도의 선로에서 구 분기기의 크로싱 각(각도 ω의 탄젠트)은 1 : 8과 1 : 10의 값이 주어졌던 반면에, 외국에서 최근에 부설된 분기기는 1 : 9 또는 1 : 12이다(169).

텅 레일의 횡단면은 그림 10.2에 나타낸 것처럼 점진적인 형상을 취한다(4).

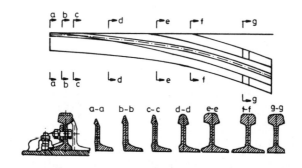

그림 10.2 포인트의 전단부터 거리의 증가와 함께 변화하는 텅 레일의 단면

10.3 분기기의 각종 유형

분기기와 크로싱은 의도한 코스의 변경에 좌우되어 아주 다양한 형을 취한다(역주 : 상세는 《선로공학》 참조.) 다음은 주요한 것들이다(역주 : 우리나라에는 그림 10.4~10.6과 같은 분기기가 없으며, 그림 12,13은 엄격한 의미에서 분기기의 종류가 아니고 분기기 배치의 예이다).

• 표준 분기기(역주 : 편개 분기기). 이 분기기는 한 궤도가 둘로 나뉘며 본선 궤도는 직선으로 남아 있다(그림 10.3).

그림 10.3 표준 분기기

- 단순 대칭 분기기(역주 : 양개 분기기). 이 분기기는 한 궤도가 둘로 나뉘며 본선 궤도와 2차 궤도가 바깥쪽으로 곡선을 가진다(그림 10.4).

그림 10.4 단순 대칭 분기기

- 한쪽 2중 분기기(역주 : 3지 분기기). 이 분기기는 한 궤도가 동일 방향에서 연속적으로 세 궤도로 나뉘며 본선 궤도는 직선으로 남아 있다(그림 10.5).

그림 10.5 한쪽 2중 분기기

- 양쪽 2중 분기기(역주 : 3지 분기기). 이 분기기는 한 궤도가 대칭으로 세 궤도로 나뉜다. 즉, 중앙의 직선 궤도와 대칭의 두 측면 궤도로 나뉜다(그림 10.6).

그림 10.6 양쪽 2중 분기기

- 다이아몬드 크로싱. 두 궤도가 코스의 변경이 없이 교차한다(그림 10.7).

그림 10.7 다이아몬드 크로싱

- 싱글 슬립(역주 : 싱글 슬립 스위치). 두 궤도가 교차하며, 그들의 코스는 한 방향에서만 한 궤도로부터 다른 궤도로 바꿀 수 있다(그림 10.8).

그림 10.8 싱글 슬립

• 더블 슬립(역주 : 더블 슬립 스위치).
두 궤도가 교차하며, 그들의 코스는
양 방향에서 한 궤도로부터 다른 궤
도로 바꿀 수 있다(그림 10.9).

그림 10.9 더블 슬립

• 두 개의 평행한 궤도 (1), (2)간의
싱글 크로스 오버. 코스는 방향 A에
서 (1)로부터 (2)로(또는 방향 B에
서 (2)로부터 (1)로) 바꿀 수 있지
만 방향 A에서는 (2)로부터 (1)로
바꿀 수 없다(그림 10.10).

그림 10.10 싱글 크로스 오버

• 두 개의 평행한 궤도 (1), (2)간의
더블 크로스 오버(역주 : 시셔스 크
로스 오버). 코스는 양쪽에서 (1)로
부터 (2)로 및 (2)로부터 (1)로 바
꿀 수 있다(그림 10.11).

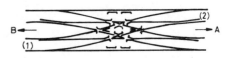

그림 10.11 더블 크로스 오버

• 일련의 연속한 분기기. 한 궤도가 연
속하여 몇 개의 궤도로 나뉜다(그림
10.12).

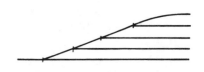

그림 10.12 일련의 연속한 분기기

• 궤도의 "부채꼴" 배치. 연속하여 궤
도를 나누며, 기지나 조차장에서 사용
한다(그림 10.13).

그림 10.13 궤도의 "부채꼴" 배치

10.4 분기기의 통과 속도

분기기는 캔트도 완화 곡선도 사용하지 않는 점에서 정규의 궤도와 다르다(역주 : 고속분기기에서는 완화곡선 사용). 그러므로 분기기의 최대 통과 속도는 비보정 원심 가속도 b와 분기기의 곡률 반경 R의 값에 좌우된다.

비보정 원심 가속도와 관련하여 캔트의 최대 값은 다음과 같다(제9장 9.4절, (9.20)식 참조).

$$h_{min} \text{ (mm)} = 11.8 \frac{V^2}{R} - 152 \, b_{max} \qquad (10.1)$$

분기기에서 횡 가속도 b는 승차감과 마모 때문에 너무 높지 않아야 한다. b_{max}는 일반적으로 $0.6 \sim 0.7$ m/sec²의 값을 취한다. 따라서, $b_{max} = 0.7$ m/sec², $h_{th} = 0$에 대하여 다음이 구해진다.

$$V \text{ (km/h)} = 3 \sqrt{R \text{ (m)}} \qquad (10.2)$$

분기기는 다음의 식에 따라서 작은 길이의 3차 포물선(제9.4절, 식 (9.23) 참조)으로 설계된다(역주 : 이 식은 국내의 일반 분기기에는 적용하지 않는다).

$$y = \frac{x^3}{6 \, lR} \qquad (10.3)$$

식 (10.2)에서 $V = 120$ km/h의 열차 속도를 사용하기 위해서는 분기기의 곡률 반경이 적어도 $R = 1,600$ m이어야 하는 반면에 $V = 150$ km/h의 열차 속도에 대하여는 반경 $R = 2,500$ m가 요구되는 것이 관찰된다.

그러나 그러한 선형은 공간의 요구 조건에서 분명히 과도하게 낭비할 것이다. 더욱이 텅 레일을 기본 레일에 충분히 접하게 할 수 있는 포인트를 설계하도록 능력을 가정한다. 이들의 이유 때문에 실용적인 분기기 설계에서는 이전의 이론적 고려가 요구하는 것보다 훨씬 더 짧게 텅 레일을 만든다. 이것은 포인트 입사각으로 알려진 유한의 각도로 기본 레일을 삭정하여 실현한다(169).

분기기의 주요한 특성은 일반적으로 곡률 반경, 크로싱 각(각도 ω의 탄젠트, 그림

10.1 참조) 및 텅 레일을 포함한다.

10.5 포인트와 크로싱의 탈선 보호

분기기 또는 크로싱에서는 차륜 플랜지가 레일을 올라타서 탈선을 일으킬 수 있다.
이 사고를 방지하기 위해서는 Y/Q 비(여기서, Y는 차륜과 레일간의 횡력이며, Q는
윤하중이다)는 제8.7.2항의 식 (8.8)로 구한 값을 초과하지 않아야 한다(Nadal의
식, 이것은 Nadal과 같은 시기에 같은 식을 제시한 Boedecher와 Charter의 이름
으로도 나중에 알려졌다).

$$\frac{Y}{Q} < \frac{\tan \beta - f}{1 + f \cdot \tan \beta} \tag{10.4}$$

여기서, β = 차륜 플랜지의 각도
$\quad\quad f$ = 차륜-레일간 마찰 계수

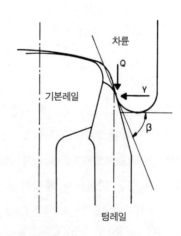

그림 10.14 분기기에서 차륜-레일 접촉

경험적인 데이터와 f의 평균값으로 구한 최저 Y/Q에서 출발하여 각도 β에 대하여 탈선을 방지하는 값을 계산할 수 있으며, 그러므로 차륜 플랜지 내측 표면의 최대 허용 마모도 구할 수 있다.

분기기에서 탈선을 방지하기 위하여 필요한 조건이 다음과 같다는 것을 도출할 수 있다(1), (170).

$$\frac{Y}{Q} < 0.4 \tag{10.5}$$

그러므로, 평균 값 $f = 0.3$에 대하여 다음이 구해진다.

$$\beta_{min} = 40° \tag{10.6}$$

10.6 높은 고속용 포인트와 크로싱

지금까지 본선(기준선)은 직선이라고 가정하여 왔다. 그러나 만일, 본선이 곡선이라면, 포인트에서 형편이 좋게 주행할 수 있는 속도가 증가할 것이다. 여기서 기호를 다음과 같이 두자.

R_o : 본선이 직선인 표준 분기기의 반경
R_m : 곡선 분기기의 본선 반경
R_t : 본선 반경이 R_m인 분기기의 바람직한 반경

분기기의 두 분기선은 반대 방향 또는 같은 방향의 굴곡일 수 있다. 반대의 굴곡에 대하여

$$R_t = \frac{R_o \cdot R_m}{R_o - R_m} \tag{10.7}$$

반면에, 같은 방향의 굴곡에 대하여

$$R_t = \frac{R_o \cdot R_m}{R_o + R_m} \tag{10.8}$$

그러나 고속에서는 크로싱 각이 감소된다. 따라서 독일 철도는 분기 궤도를 200 km/h의 속도로 주행할 수 있는 1 : 42 크로싱 각의 분기기를 사용한다(이 경우에 횡 가속도는 0.5 m/sec²로 된다)(역주 : 경부고속철도에 대하여는 ≪선로공학≫ 참조하기 바라며, 가동노스 크로싱을 사용하고 있다).

10.7 분기기와 크로싱의 침목과 배치

투윈 블록 침목 궤도의 경우에는 분기기 구간에서 목침목을 사용한다. 분기기가 다른 유형의 침목(목침목, 철침목) 위에 부설된다면, 분기기 구간에서 궤도의 나머지 구간과 같은 침목 유형을 사용한다(역주 : 경부고속철도에서는 콘크리트 침목 사용).

침목은 텅레일의 힐부에 이르기까지의 본선 궤도의 축(역주 : 기준선 궤도 중심선)에 직각으로 부설한다(그림 10.15). 이 지점을 넘어서는 분기기의 2등분 선에 직각으로 침목을 부설한다.

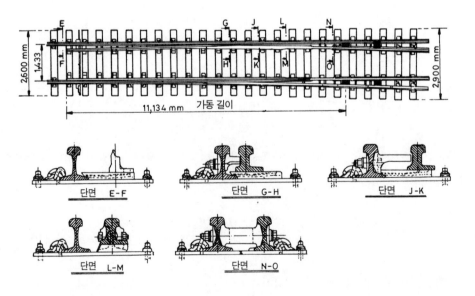

그림 10.15 유럽 시방서에 따른 UIC60 분기기의 궤광과 분기 침목의 배치

그림 10.15는 UIC 60형 분기기에서 궤광과 침목의 배치(유럽 시방서)를 나타내
며, 그림 10.16은 미국 시방서에 따른 분기기를 도해한다.

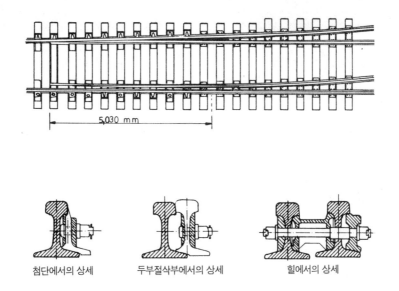

첨단에서의 상세   두부절삭부에서의 상세   힐에서의 상세

그림 10.16 미국(AREA) 시방서에 따른 미국 분기기의 궤광과 분기 침목의 배치

10.8 인력과 자동의 포인트 작동

포인트는 수동으로든지(로컬 또는 리모트 레버에 의하여)(사진 10.3), 또는 자동적
으로(사진 10.4) 작동된다. 자동 작동은 선로 교통 담당의 역무원이 조작하는 전
기 제어반의 제어로 움직이는 전기 작동 장치로 구동된다. 자동 포인트의 경우에는
크로싱 삼각형을 검게 그리는 반면에, 수동 크로싱의 경우에는 단순히 외형 선을
나타낸다.

포인트는 다음과 같이 작동된다. 두 텅 레일의 하나는 텅 레일에 인접한 기본 레일
에 접선으로 머무르고 있으며, 그 동안에 다른 텅 레일은 이웃하는 기본 레일과의 사
이에 차륜 플랜지가 통과하기에 충분한 틈을 두고 있다(그림 10.1, 10.17). 두 텅
레일의 세트가 수동으로든지 자동으로 작동되었을 때, 상기의 상태가 서로 바뀌게 되

사진 10.3 수동 포인트 사진 10.4 자동 포인트

어 접촉하고 있던 텅 레일이 열리게 되는 반면에 다른 텅 레일은 틈을 닫게 된다.

포인트의 자동 작동에서는 다음의 컨트롤을 자동으로 수행한다.

- 기본 레일과 텅 레일간의 간격
- 크로싱 시역에서 가드 레일의 게이지와 마모
- 스위치 장치의 전환에 필요한 힘인 설정 힘

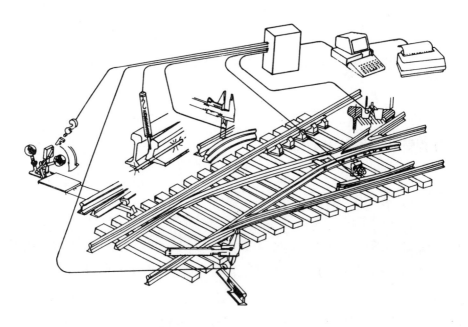

그림 10.17 포인트의 자동 작동

11. 궤도의 보수

11.1 궤도의 보수에 영향을 주는 파라미터

상기의 장들에서는 궤도와 노반의 설계를 최적화하는 방법 및 궤도 선형에 관하여 설명하였다. 그러나 각종 철도 시스템의 구성 요소가 영업에 사용되기 시작한 이후에는 구성 요소의 마모가 나타나기 시작하며, 어떤 기간 후에는 보수를 필요로 하기 시작한다. 궤도 보수는 열차의 안전과 승차감에 결정적인 영향을 미친다. 궤도의 보수비는 철도망의 총 비용 중에서 상당한 비율을 차지한다.

그러므로 궤도 보수비는 특정의 운전 속도에 대하여 열차 주행의 안전과 승차감이 언제나 허용될 수 있도록 보장하면서 가능한 한 낮게 유지하여야 한다. 안전에 관한 보수는 예방적이어야 하고, 승차감에 관한 보수는 교정적이어야 하며, 마지막으로 문제의 재정적 관점에서 충분한 안전 여유를 보장하고 궤도 품질의 돌이킬 수 없는 저하를 방지하도록 노력하여야 한다.

상기의 목표는 근본적으로 다른 두 클래스의 파라미터에 좌우된다. 즉, 한편으로 틀림 진행을 복구할 수 있는 기하 구조적인 파라미터(선형) 및 다른 한편으로 대부분의 경우에 부품의 교체 없이는 회복할 수 없는 기계적 파라미터(레일, 체결 장치, 침목, 용접 등)에 좌우된다.

그러나 기하 구조적인 파라미터는 기계적 파라미터보다 5~15 배 정도로 훨씬 더 빠르게 틀림이 진행한다(17). 따라서 평균 열차 하중(3~4천 톤/일, UIC 그룹 4)의 선로에서는 약 4~5천만 톤의 하중 후에 기하 구조적인 특성의 체계적인 복구가 행하여지는 반면에, 레일은 5~6억 톤 후에 교체한다. 이것은 약 4 년의 예정 보수 주기와 40~50년마다의 레일 교체를 의미한다(상기의 숫자는 크기 정도의 지표일 뿐이다).

기하 구조적 궤도 특성의 실제 값과 이론적인 값간의 편차는 "궤도 틀림"이라 부르며 이 복구는 궤도 보수를 통하여 행한다. 궤도 틀림은 "레일 손상"(제5장 5.7절 참조)과 구별되어야 한다.

11.2 궤도 틀림에 관련된 정의와 파라미터

$z_i(T, x)$와 $z_e(T, x)$를 킬로미터의 위치 x에서 (마지막 궤도 보수 작업 이후) 각각 열차 하중 T에 대응하는 인쪽 레일과 바깥쪽 레일의 높이라고 하자. 여기서 다음과 같은 양을 정의한다(그림 11.1).

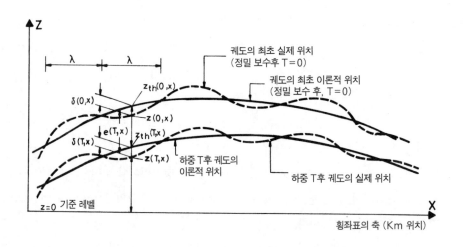

그림 11.1 궤도보수 작업을 위한 기본 피라미터

궤도 높이 $z(T, x)$

$$z(T, x) = \frac{Z_i(T, x) + Z_e(T, x)}{2}$$

궤도 침하 $e(T, x)$

$$e(T, x) = z(0, x) - z(T, x)$$

궤도 길이 L에 걸친 평균 침하 $m_e(T)$

$$m_e(T) = \frac{1}{L} \int_{x=0}^{x=L} e(T, x)\, dx$$

단속(斷續)의 위치에서 불연속적으로 수행한 측정에 대하여는 다음과 같이 될 것이다.

$$m_e(T) = \frac{1}{N} \sum_{i=1}^{N} e(T, x)\, dx$$

차등 침하 $\varDelta_e(T, x)$

$$\varLambda\, e(T, x) = e(T, x) - m_e(T)$$

궤도 길이 L에 걸친 침하의 표준 편차 $sd(T)$

$$sd(T) = \sqrt{\frac{1}{L} \int_{x=0}^{x=L} [e(T, x_i) - m_e(T)]^2\, dx}$$

그리고, 단속(斷續)의 값에 대하여

$$sd(T) = \sqrt{\frac{1}{N} \sum_{i=1}^{N} [e(T, x_i) - m_e(T)]^2}$$

궤도의 이론적 높이 $z_{th}(T, x)$

궤도의 실제 위치 $z(T, x)$는 미지로 되고 있는 이론적 위치 $z^*_{th}(T, x)$의 주변에서 변동하며, 그것은 값 $z_{th}(T, x)$을 이용하여 위치 x 주변의 어떤 길이 2λ에 걸쳐 근사 계산된다.

$$z_{th}(T, x) = \frac{1}{2\lambda} \int_{x-\lambda}^{x+\lambda} z(T, \xi)\, d\xi$$

11.3 궤도 틀림

11.3.1 면 틀림(고저 틀림)

면 틀림(고저 틀림) L_D(그림 11.2a)는 다음의 식으로 정의된다.

$$L_D = z_{th}(T, x) - z(T, x) \tag{11.1}$$

면 틀림은 궤도 품질에 대한 수직 하중의 영향을 설명함에 있어 더 확실하며 궤도 보수비의 크기를 사정함에 있어 (면 틀림에 수반하는 수평 틀림(다음의 항 참조)과 함께) 주요한 인자이다.

11.3.2 수평 틀림

수평 틀림 T_D(그림 11.2b)는 캔트의 이론 값과 실제 값간의 차이로 정의된다.

$$T_D = (z_i - z_e)_{th} - (z_i - z_e) \tag{11.2}$$

11.3.3 줄 틀림(방향 틀림)

줄 틀림(방향 틀림) H_D(그림 11.2c)는 궤도의 이론적 위치로부터 궤도의 실제 위치에 대한 수평 방향의 편차로 정의된다. 줄 틀림은 (이전의 두 유형의 틀림보다 더) 궤도의 횡 영향 및 차량의 특성과 특수성에 좌우된다.

11.3.4 궤간 편차

제2장과 제9장에서 설명한 것처럼, 궤도 재료의 기계적 성질과 차량의 특수성에 영

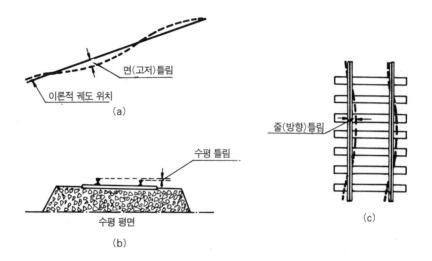

그림 11.2 면(고저), 수평 및 줄(방향)의 궤도 틀림

향을 받는 어떤 궤간 편차는 허용될 수 있다. 표준 궤간의 궤도에서 흔히 받아들일 수 있는 궤간 값을 표 11.1에 나타낸다.

11.3.5 평면성 틀림

(캔트가 일정한) 직선과 곡선 궤도 구간을 따라 두 횡단면(예를 들어, 그림 11.3에 나타낸 것처럼 두 침목)에 위치한 궤도의 4 지점은 같은 평면에 위치하여야 한다. 국

표 11.1 곡률과 침목 유형의 함수로서 궤간

목침목 또는 철침목의 궤도		콘크리트 침목의 궤도	
곡률의 반경 (m)	궤간 (mm)	곡률의 반경 (m)	궤간 (mm)
$R > 400$	1,435	$R > 600$	1,432
$350 < R < 400$	1,440	$300 < R < 600$	1,437
$300 < R < 350$	1,445		
$250 < R < 300$	1,450		
$R < 250$	1,455		

지적 뒤틀림(평면성 틀림) l_d는 다른 세 지점에 의하여 정해진 평면으로부터 한 점의 벗어남으로 정의된다.

만일 i와 $i+1$이 Δl만큼 떨어져 간격을 둔 궤도의 연속한 두 횡단면이라면(즉, 연속한 두 침목의 위치에서), 평면성 틀림은 단위 길이당 수평 틀림의 변동으로 정의된다.

$$l_d = \frac{T_{D_{i+1}} - T_{D_{i+1}}}{\Delta l}$$

탈선의 위험은 다음과 같을 때 예방된다.

$$l_d < l_{dlim}$$

여기서 l_{dlim}은 주로 속도에 좌우되며 궤도 설비와 차량의 유형에 더 석은 정도로 좌우된다.

그러므로 평면성 틀림과 수평 틀림은 독립한 파라미터가 아니라고 결론을 내린다. 그러나 특히 저속($V < 100$ km/h)과 중간 속도($V < 140$ km/h)에서는 평면성 틀림이 탈선의 가장 빈번한 원인이기 때문에 그들은 흔히 분리하여 조사한다. 이들 속도에서 결정적인 주된 안전 파라미터는 평면성 틀림이며, 반면에 상기에 언급한 다른 궤도 틀림은 더 적게 중요한 파라미터이다(173), (174).

11.4 궤도 틀림의 검측 방법

궤도 틀림은 수십 년 전까지 육안으로든지(큰 틀림의 발견만이 가능한 이 방법은 합리적인 것으로 입증되지도 않았고 평가도 주관적이다), 단순한 도구로 유능한 선로 원이 수행하였다. 그러나 근년의 현대적 철도 기술은 정해된 주기로 궤도를 순회하는 궤도 검측차(그림 11.4)를 이용하고 있다. 이들

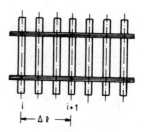

그림 11.3 평면성 틀림 : 세지점에 의하여 정해진 평면에서 한점의 벗어남

의 차량은 특정한 측정 기선(고저 틀림, 수평 및 방향 틀림에 대하여 10 m 정도, 국지적 뒤틀림에 대하여 2.5~3 m 정도, 역주 : 고속철도는 고저와 방향에 대하여 장파장 틀림도 검측)에 따라 각종 궤도 틀림의 값을 측정하는 기록 장치가 설치되어 있다. 그림 11.5는 면(고저) 틀림의 기록을 나타낸다.

각종 유형의 틀림 분포는 확률론적인 성질의 것이며 스펙트럼 분석을 이용하여 근사 계산할 수 있다. 따라서 각 클래스의 틀림에 대하여 그들의 발생 빈도, 그들이 대응하는 파장, 열차 속도와의 관계 등을 계산할 수 있다(4).

가장 단순한 첫째의 분석적 접근법은 특정한 길이에 걸쳐 틀림의 평균(절대) 값뿐만 아니라 단속(斷續)의 최대 값을 계산하는 것이다. 전자와 후자는 절대 틀림 값으로 계획할 것이다. 이들의 틀림 값은 저속과 중간 속도에서 사용되며, 이들 속도에서 크리티컬하고 결정적인 파라미터는 안전을 좌우하는 것들이다.

그러나 중간 속도, 고속 및 초고속에서 결정적인 파라미터는 승차감을 결정하는 것들이다. 이들 속도에서 높은 레벨의 승차감을 확보하면 교통 안전도 또한 보장된다.

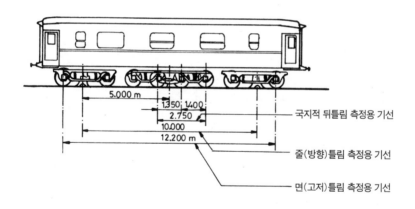

그림 11.4 궤도 틀림 검측차(프랑스)

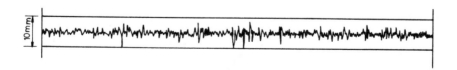

그림 11.5 검측차로 기록한 면(고저)틀림

따라서 상기 속도에서는 (검측차로 기록한 값에서 구한) 각종 틀림의 분석처리 값을 궤도 품질의 지표로서 사용한다. 이들 분석처리 값의 가장 특성적인 것은 특정한 유형의 틀림에 대하여 지정된 길이에 걸친 틀림의 표준 편차이며, 이것은 당해 틀림의 차등 값을 확실하게 평가한다(172).

중간 속도의 선로에서는 절대값과 분석처리 값이 지표로서 사용된다는 점을 주목하여야 하며, 흔히 전자를 더 많이 사용한다.

11.5 궤도 틀림의 한계 값

각각의 속도에 대하여 다음과 같은 두 개의 한계 값이 지정된다(역주 : 경부 고속철도에서는 복표 값, 주의 값, 작업 개시 값, 속도 세한 값으로 구분하여 관리하고 있다).

- 궤도 틀림의 "경보" 값. 궤도 틀림이 이 값에 도달할 때는 선로 팀이 궤도를 보수할 필요가 있다. 이들의 값은 L_{inf}로서 나타낼 것이다.
- 궤도 틀림의 "긴급" 값. 궤도 틀림이 이 값에 도달하지 않아야 하며, 그렇지 않으면 궤도 품질의 저하가 돌이킬 수 없게 되어 간다. 긴급 값은 L_{sup}로서 나타낼 것이다.

보수 작업의 결정은 한계 L_{inf}와 L_{sup}간에서 취하여야 한다.

궤도는 일반적으로 다음과 같이 열차 속도에 좌우하여 4 부류로 분류한다.

Ⅰ 고속 궤도($V > 200$ km/h)
Ⅱ 빠른 속도의 궤도(140 km/h $< V > 200$ km/h)
Ⅲ 중간 속도의 궤도(100 km/h $< V < 140$ km/h)
Ⅳ 저속 궤도($V < 100$ km/h), 주로 UIC 그룹 7, 8 및 9의 선로.

프랑스 철도에서의 면(고저) 틀림과 줄(방향) 틀림 및 궤도 부류 Ⅰ, Ⅱ, Ⅲ에 대한 표준 편차를 표 11.2에 나타낸다.

부류 Ⅳ에 결정적인 파라미터는 탈선을 피하기 위한 것이며 평면성 틀림의 비상 절대값은 4 mm/m를 넘지 않아야 한다(172).

표 11.2 프랑스 철도에서 이용하는 면 틀림과 줄 틀림의 표준 편차(mm), (172)

궤도 부류	I		II		III	
한계 값	경보값 L_{inf}	긴급값 L_{sup}	경보값 L_{inf}	긴급값 L_{sup}	경보값 L_{inf}	긴급값 L_{sup}
면(고저) 틀림 L_D	0.6	0.8	0.7	1.0	0.8	1.2
줄(방향) 틀림 T_D	0.4	0.6	0.5	0.7	0.6	0.8

11.6 궤도 틀림의 진행

선행의 절에서 명시한 한계 아래에 있는 궤도 틀림은 선로 팀의 보수를 정당화하지 않는다. 그러므로 이와 관련하여 발생되는 문제는 처음의 궤도 틀림이 열차 하중의 함수로서 어떻게 전개될 것인가라는 점이다. 궤도 틀림의 전개 경향에 관한 지식은 상기에 언급한 한계를 초과하기 전에 선로 팀에 의한 교정 작업의 시기 적절한 계획 수립을 도울 것이다.

11.6.1 면 틀림(고저 틀림)

일련의 시험과 통계적 분석 (173), (174)에 의하면, 보수 후 궤도에 존재하는 틀림은 2백만 톤 정도의 크리티컬 하중에 이르기까지 급하게 진행하며 이 하중을 넘으면 틀림의 진행이 늦어지게 된다. 이것은 이 하중에 이르기까지는 궤도가 충분히 안정되어 있지 않으며, 불안정의 기미를 나타내는 것을 의미한다.

11.6.1.1 궤도의 평균 침하
평균 침하의 전개는 다음의 경험 식으로 나타낸다(173).

$$m_e(T) = a_1 + a_0 \cdot \log \frac{T}{T_r} \qquad (11.3)$$

여기서, $T_r = 2$ Mt(1 Mt $= 10^6$ t, 역주 : 백만 톤)

a_1 : 하중 T_r에 대한 평균 침하(여기서, a_1의 값은 5~15 mm 범위를 갖는다)

a_0 : 주로 노반의 품질에 좌우되는 침하의 증가 속도(mm/10년). 평균값은 2~6

mm/10년의 범위를 갖는다.

비율 a_0 / a_1은 2 Mt의 하중에 도달한 후의 느린 틀림 진행을 설명하며, 0.25~0.70 사이의 범위를 가지는 것으로 알려졌다.

$$\frac{a_0}{a_1} = 0.25\sim0.70 \tag{11.4}$$

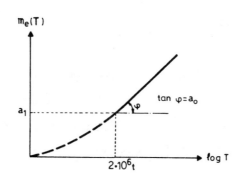

그림 11.6 열차 하중의 함수로서 궤도 침하의 평균 값 $m_e(T)$의 진행

11.6.1.2 면 틀림의 표준 편차

중간 속도와 고속의 궤도에서는 면 틀림 L_D의 차등 값에 특히 관심이 있다. 따라서, 표준 편차 $sd_{LD}(T)$를 적절히 적용시킨다. 일련의 통계적 연구 (173)는 (식 (11.3)과 유사한 형의) 다음의 식을 산출하였다.

$$sd_{LD}(T) = c_1 + c_0 \cdot \log\frac{T}{T_r} \tag{11.5}$$

여기서, c_1 : 하중 $T_r = 2 \cdot 10^6$ t에 대한 면 틀림의 표준 편차. 평균값은 1.0~1.35 mm이다.

c_0 : 열차 하중의 함수로서 면 틀림 표준 편차의 증가속도. 평균값은 2~6 mm/10년이다.

11.6.1.3 보수 주기

sd을 제11.5절(표 11.2)의 한계 세트에 명기한 면 틀림의 한계 값이라고 하자. 연

속한 두 보수기간 사이의 한계 열차 하중 T_{lim}이 다음과 같을 것임을 식 (11.5)으로부터 도출할 수 있다.

$$T_{\lim} = 2 \cdot 10^6 \cdot 10^{\left(\frac{sd_{LD}^{\lim} - c_1}{c_o} \right)} \tag{11.6}$$

양 c_0가 거의 일정하므로 연속한 두 보수기간 사이의 간격 T_{lim}에 결정적인 인자는 $sd_{LD}^{\lim}$과 c_1 항이며, 후자는 보수 후의 궤도 조건에 해당된다. 그러므로 시간의 간격 (역주 : 보수기간 한계 열차하중) T_{lim}의 증가는 보수 후 궤도의 최초 조건을 개량함에 의하여, 즉 궤도 보수 작업의 더 좋은 품질에 의하여 가능하다.

중간 속도와 저속의 경우에는 면 틀림의 표준 편차 대신에 평균값을 사용하며, 상기 식의 형은 동일하게 남아 있다.

11.6.2 수평 틀림

수평 틀림은 식 (11.5)와 유사한 전개의 법칙을 가진다. 따라서 표준 편차는 다음의 식으로 나타낸다.

$$sd_{TD}(T) = u_1 + u_o \cdot \log \frac{T}{T_r} \tag{11.7}$$

여기서, 계수 u_1(1.2 mm의 평균값을 가진다)과 u_o(0.1~0.4 mm/10년의 평균값을 가진다)는 식 (11.5)의 c_1, c_o와 유사하게 정의된다.

11.6.3 줄 틀림(방향 틀림)

수평면에 따른 궤도 하중은 다음과 같은 두 가지 주요 관점에서 수직 하중과 다르다.
- 결과로서 생기는 영향은 훨씬 더 불규칙하며 불연속적이다.
- 전개된 응력은 안전의 이유 때문에 탄성 한계 내에 남아 있어야 한다.

줄 틀림은 다른 유형의 틀림과 같이 2 Mt 정도의 최초 하중 T_r에 대하여 상대적으로 빠르게 진행하며 그 후에 상당히 늦어진다. 이 틀림의 전개 법칙은 열차 하중의 반-대수 식으로도 근사 계산할 수 있으나, 그것은 대부분의 경우에 편차와 큰 분산을 나타낸다. 다음의 식은 줄 틀림의 평균값에 대하여 제안된 것이다(173).

$$m_{HD}(T) = d_1 + d_o \cdot \log \frac{T}{T_r} \qquad (11.8)$$

여기서, 계수 d_1과 d_o는 식 (11.3)과 같이 정의되며, d_1 = 0.6~1.0 mm와 d_o = 0.15~0.30 mm/10년의 평균값을 가진다.

비율 d_o/d_1 = 0.2~0.3이며, 이것은 틀림의 진행이 참조 하중 T_r에 도달한 후 어떻게 느리게 되는지를 설명한다.

11.6.4 궤간 편차

궤간 편차는 주로 노반과 차량의 유형에 좌우되며 따라서 그들의 진개는 각종 파라미터에 관하여 사정하기가 어렵다.

11.6.5 평면성 틀림

평면성 틀림 전개의 관계도 또한 반-대수이다.

$$sd_{ld}(T) = g_1 + g_o \cdot \log \frac{T}{T_r} \qquad (11.9)$$

여기서, 계수 g_1(1.0~2.0 mm의 평균값을 가진다)과 g_o(0.2~1.0 mm/10년의 평균값을 가진다)는 다소 큰 분산을 가지며 식 (11.5)의 c_1, c_o와 같이 정의된다.

11.7 보수 작업용 기계 장비

최신의 철도 기술은 다음에 이용할 수 있는 일련의 보수 수단을 갖고 있다 (171a), (179), (180).

ⅰ) 도상 다짐, 줄 틀림과 면 틀림을 정정하는 "중(重)"장비(역주 : 멀티플 타이

탬퍼)는 줄 맞춤과 면 맞춤을 체계적으로 하는 일반적인 오버홀 작업에만 알맞은 정도로 사용된다. 이 장비의 사용에 필요한 조건은 도상이 건전하고 토사의 함유가 없으며 적당한 입도를 갖고 있고 적당한 기계적 강도를 갖고 있는 것이다. 그러한 장비의 성능은 시간당 평균 200~300 m이다(역주 : 이것은 근래에 크게 향상되었으며, 최신의 장비에 관하여는 문헌《궤도장비와 선로관리》, 《최신 철도선로》를 참조). 하부 채움(도상 다짐)은 궤도 틀림을 정정하는 작업이며 다음의 단계를 포함한다.

- 처음에, 측량 팀이 주어진 궤도에 요구된 높이 또는 줄 틀림의 정정량을 결정한다.
- 도상 다짐 기계가 궤도를 통과하면서 교정하여야 하는 궤도 틀림에 따라 궤도를 좌, 우 또는 위로 움직이고 다짐 봉을 내려서 침목 아래의 도상을 다진다.
- 검측 차가 통과하면서 남아 있는 틀림(보수 공차)을 측정한다.

중장비는 또한 다음을 포함하여야 한다.

• 도상 횡단면을 조정하는 도상 정리 장비(역주 : 밸러스트 레귤레이터)
• 도상 다짐 기계의 뒤에서 궤도의 안정성과 횡 저항력의 증가에 기여하는 도상 압밀 또는 안정화 장비(역주 : 동적 궤도 안정기)
• 도상 클리닝 장비(역주 : 밸러스트 클리너)

ii) 도상 다짐 "경(輕)"(포터블)장비의 사용도 도상 재료가 건전할 것을 필요로 한다. 이 장비는 쉽게 옮길 수 있으므로 유연성이 높으며, 다음에 사용하여야 한다.

• 중장비의 사용이 불리한, 약 300 m에 이르기까지 불연속 궤도 구간에 한정된 작업
• 특정한 궤도 지점에서 반복 다짐
• 분기기의 높이 조정(역주 : 분기기의 선형보수 작업은 현재 대개의 경우에 중장비인 "스위치 타이 탬퍼"를 이용하고 있다)
• 중장비를 입수할 수 없거나 특정한 궤도에서 중장비를 사용할 수 없는 궤도 구간의 체계적인 보수를 위하여(예외적으로만)

iii) 자갈 포크와 곡괭이 등과 같은 "손 도구"는 현재 사실상 안 쓰이지만 다음의 경우에 여전히 사용할 수 있다.

• 새로운 건전한 재료가 없이는 기계적 다짐을 할 수 없는 오래된 풍화 작용 상태

의 도상이 있는 궤도 구간에 대하여

- 다짐의 범위가 도상 다짐 경 장비의 사용조차도 정당화되지 않는 곳에서 외따로 있고 국지적이며 긴급한 반복 다짐의 경우에
- 철침목 또는 목침목에 대하여

예정된 보수 기간의 기회가 나는 대로 궤도 설비를 검사하고 만일 틀림이 있다면 교정을 한다. 이 목적에 다음의 장비를 사용한다.

- 볼트와 나사(나사 조이기와 풀기) 기계
- 목침목에 구멍을 뚫는 기계
- 레일 절단 기계
- 레일에 구멍을 뚫는 기계

11.8 보수 작업 계획의 수립

철도는 상호 작용의 예측이 단순하지도 않고 명백하게 쉽지도 않은 단속(斷續)의 하위 시스템으로 구성되는 점에서 독특하다. 그림 11.7은 전체의 보수 절차와 포함된 파라미터의 블록 다이어그램이다. 이 차트에서 각각 서로에 대하여 반대인 두 프로세스가 명백하다(171a), (180a).

- 궤도와 차량의 상호 작용으로 궤도 틀림이 증가하고 전체로서 시스템을 불안정하게 하는 경향이 있는 교통 프로세스
- 틀림을 줄이고 이전의 좋은 조건으로 궤도를 복구하는 보수 프로세스

상기에 언급한 두 프로세스는 평형이 되어야 하며 말하자면 보수 작업의 기본 목적이다. 이 평형은 다음과 같이 시기 적절하고 합리적인 계획의 수립으로만 달성할 수 있다.

- 이전의 보수 작업으로부터 체계적으로 저장된 정보에 기초한다.
- 기계 장비의 사용을 최적화한다.
- 선로 망에 따른 성질을 지방과 구간의 레벨로 정확하게 지정한다.

그림 11.8은 궤도 보수와 갱신(오버 홀)의 연속적인 단계를 도해한다. 인력과 장비의 자원을 더 좋게 사용하기 위해서는 책략상 필요한 보수 레벨에서와 보수 작업 동안에 그러한 다이어그램을 작성하는 것이 필요하다(178).

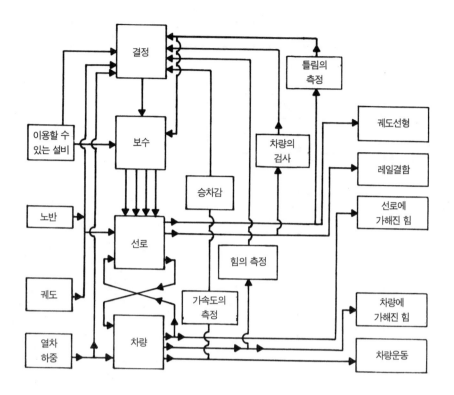

그림 11.7 보수 작업을 결정하는 각종 하위 시스템과 파라미터간 상호 작용의 블록 다이어그램

11.9 보수 작업의 기술적인 고려 사항

보수 작업을 수행할 때는 다음에 유념하여야 한다.

- 면 맞춤은 모든 줄 맞춤 작업과 함께 다음의 낮 이전에 그리고 어떠한 경우에도 궤도를 안정화하기 전에 수행하는 것이 필수적이다.
- 중장비로 면 맞춤을 하는 경우에는 줄 맞춤을 동시에 수행하여야 한다.
- 중장비로 면 맞춤을 하는 경우에 궤도의 안정화 이전에는 선로 교통으로 야기되는 추가의 면 맞춤을 하지 않아야 한다.
- 안정화 기간의 경과 후에 완전하게 교정되지 않은 틀림이 여전히 발견되는 경우에는 면 맞춤을 한 구간을 다시 양로하지 않고 경(輕)장비로 보충의 면 맞춤을 수행하여야 한다.

도상의 갱신(오버 홀) 후에 틀림이 급속하게 발달하는 동안 (2백만 톤 정도의 열차

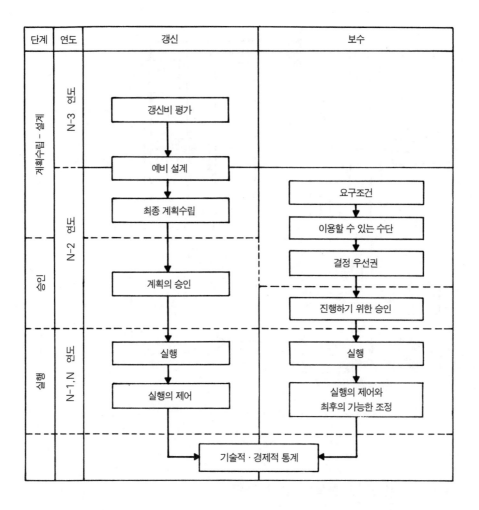

단계	연도	갱신	보수

그림 11.8 궤도 보수와 갱신(오버 홀)의 각종 계획 수립과 실행 단계의 순서도

하중을 받을 때까지) 민감한 기간이 뒤따른다는 것을 상기에서 설명하였다. 그러나 열차 하중(그룹 UIC 4, 5)이 중위인 선로에서의 이 기간은 약 1~4 개월에 상당한다. 열차 하중이 큰 선로에서의 이 기간은 15~40 일에 해당된다(또한, 제2장 그림 2.6 참조). 궤도는 이 기간 동안 연속적이고 신중한 주의의 대상이며, 이것은 각종 틀림의 진행을 모니터링하고, 틀림의 누적이 별나거나 과도할 때면 언제나 경 장비(또는 필요 시 중장비)로 시기 적절하게 국지적인 보수를 하는 것으로 구성된다. 그러므로 보수 후 민감한 기간은 궤도의 긴 수명과 장래 보수비 절감에 대한 관문이다. 이 기간 동안 상기에 언급한 조치를 취하지 않는 경우에는 문제가 빈번하게 발생할 것이며 궤도 선

형을 복구하기 위하여 증가된 노력을 필요로 할 것이다.

11.10 잡초 억제

잡초는 다음에 기인하여 도상과 노반에 심하게 해로운 영향을 줄 수 있다.
- 자유로운 배수에 영향을 주는 오물과 초목 부스러기로 도상의 오염
- 화학 작용뿐만 아니라 균열과 갈라진 틈에서 뿌리의 팽창으로 콘크리트 침목과 같은 부재의 부식을 가속
- 육안으로 보통은 관찰되는 궤도와 결함을 잡초가 가림에 따라 일상의 육안 검사로는 보이지 않을 것이다.

19 세기 말경에 도입된 최초의 철도용 잡초억제 화학제품은 1930년대까지 일부 국가에서 계속하여 사용하여온 비소에 기초한 화학제품이었지만 오늘날에는 사용하지 않는다. 나트륨 염소산염은 1930년대 동안에 잡초 억제용 화학제품으로 도입되었으며 (염화칼슘과 같은) 화염 진정제의 추가로 어떠한 유독한 영향도 없이 합리적으로 안전하게 하였다. 제2차 세계대전 이후에는 제초제, 특히 호르몬 선택 제초제가 널리 사용되어 왔다.

적용 비율은 1~20 kg/hectare이며 평균 4~8 kg/hectare를 사용하고 있다. 제초제는 액체형의 경우에 가장 큰 실용적인 속도에서 최대로 안전하게 hectare 당 가장 적은 실용적인 양으로 면적에 걸쳐 고르게 사용하여야 한다.

살포 열차도 이용할 수 있다. 그 용량은 300 km/일에 달할 수 있다(영국에서 4계절에 걸쳐 관찰한 일간의 평균은 130 km/일이었다)(180b).

12. 열차 동역학

12.1 열차의 견인

열차의 견인력을 공급하는 기관차는 일반석으로 피견인 차량과 구별된다. 기관차는 디젤 운전인 경우에 내연(디젤) 기관에서, 또는 전기 운전인 경우에 전기 모터에서 동력을 공급받을 수 있다. 디젤 운전은 다음 장의 제13.4절에서, 전기 운전은 제13.5절 내지 제13.10절에서 설명한다.

여객 또는 화물을 운반하는 피견인 차량은 차체와 차륜으로 구성된다. 차체는 차축(제12.9.2항 참조) 위에 직접 놓이든지, 또는 보기(제12.9.3항 참조) 위에 놓이든지 간에 차륜으로 지지된다. 견인을 제공하는 차륜은 구동 차륜이라고 부르는 반면에 견인을 마련하지 않는 차륜은 피견인 차륜이라고 한다.

견인 차량과 피견인 차량간의 구분은 부수 객차의 몇 개만이 구동 차륜을 갖고 있는 디젤-전기 동력 차량에서 덜 분명하다.

특정한 속도에서 열차 운전을 보장하기 위해서는 열차 주행에 저항하는 각종 힘을 극복하는 적당한 견인력을 마련하여야 한다.

12.2 열차 주행 중에 작용하는 힘

12.2.1 힘의 종류

열차의 주행 동안에는 이를 방해하는 힘이 발달하며, 이 힘을 견인력으로 극복하여야 한다. 방해하는 힘은 다음에 기인한다.
- 수평 직선 운동에서의 (기계적, 공기역학) 저항
- 궤도의 곡선에 기인하는 저항
- 구배에서 중력 성분. 오르막으로 주행할 때 양(陽), 내리막으로 이동할 때 음(陰)의 성분
- 출발 시와 속도가 일정하지 않을 때 가속도에 의한 관성

이하에 주어진 방정식의 대부분은 "경험적" 또는 "반-경험직"이며 특정한 유형의 차량에 대하여 구해진 값을 가진 계수를 포함한다(예를 들어, BR : 영국 철도, DB : 독일 철도, SNCF : 프랑스 철도 등).

12.2.2 주행 저항

열차 이동의 각종 저항을 극복하기 위하여 적용하여야 하는 (어떠한 다른 육상 수송 수단에도 적용할 수 있는) 힘은 식 (12.1)으로 나타낸다(181).

$$R = A + B \cdot V + C\,V^2 \qquad\qquad (12.1)$$

이 식에서
- $A + B \cdot V$ 항은 여러 가지 "기계적" 저항을 포함한다. (속도에 좌우되지 않고 차량의 특성에만 좌우되는) 처음의 항 A는 회전 저항과 곡선에서 차륜 플랜지와 레일간의 마찰로 발생된 저항(제2.7절 참조)을 나타낸다. 두 번째 항 $B \cdot V$는 속도에 비례하는 각종 저항력(차축과 샤프트의 회전, 기계적 전동(傳動) 장치, 제동 등)을 나타낸다.
- 세 번째 항 $C \cdot V^2$는 "공기역학적" 저항을 나타낸다.

파라미터 A, B, C는 다음 식(R : daN, V : km/h, 다른 양 : SI 단위)에 의

한 차량 특성의 함수로서 나타낼 수 있다(181).

$$A \ (\text{daN}) \ = \ \lambda \cdot M \sqrt{\frac{10}{m}} \qquad\qquad (12.2)$$

여기서, M : 총 열차 질량(톤)

m : 차축당 질량(톤)

λ : 차량의 유형에 좌우되는 값을 가진 파라미터. 예를 들어, 프랑스 철도의
차량에 대하여, $0.9 < \lambda < 1.5$

$$B \cdot V(\text{daN}) \ = \ 0.01 \ M \cdot V \ (\text{좋은 품질의 궤도와 보기 차량에 대하여}) \quad (12.3)$$

$$C \cdot V^{2}(\text{daN}) \ = \ k_{1} \cdot S \cdot V^{2} \ + \ k_{2} \cdot p \cdot L \cdot V^{2} \qquad\qquad (12.4)$$

식 (12.4)에서 처음의 항은 열차의 전방과 후방에서 일어나는 공기역학적 저항을
나타내며, 두 번째 항은 표면 $p \cdot L$을 따라 발생하는 공기역학적 저항을 나타낸다. 여
기서,

k_{1} : 열차의 전방과 후방의 형상에 좌우하는 파라미터. 예를 들어, 프랑스 철도의
재래 차량에 대하여 $k_{1} = 20 \cdot 10^{-4}$, TGV 열차에 대하여 $k_{1} = 9 \cdot 10^{-4}$,
(181)

S : 전방 표면의 횡단면적(m^{2}) (일반적으로 약 $10 \ \text{m}^{2}$)

k_{2} : 표면 p의 조건에 좌우되는 파라미터. 예를 들어, 프랑스 철도의 재래 차량에
대하여 $k_{2} = 30 \cdot 10^{-6}$, TGV 차량에 대하여 $k_{2} = 20 \cdot 10^{-6}$

p : 레일 레벨까지 내린 차량의 부분적인 주변 길이(perimeter)(m). 보통 값
약 10 m

L : 열차의 길이(m)

그림 12.1은 속도의 함수로서 기계적 저항과 공기역학적 저항의 증가를 도해한다.
공기역학적 저항은 고속에서 결정적임을 알 수 있으며, 그것을 감소시키기에 적합한
공기역학적 형상이 열차에 주어진다.

그림 12.2는 속도의 함수로서 주행 저항뿐만 아니라 이 저항을 극복하기 위하여 필요한 동력을 도해한다. 속도를 200 km/h에서 300 km/h로 증가시키기 위해서는 엔진 동력을 200 %만큼 증가시켜야 하는 것을 알 수 있다.

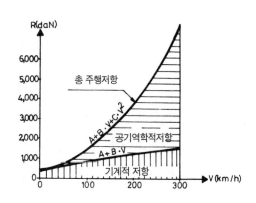

그림 12.1 속도의 함수로서 기계적 저항과 공기
역학적 저항, (23)

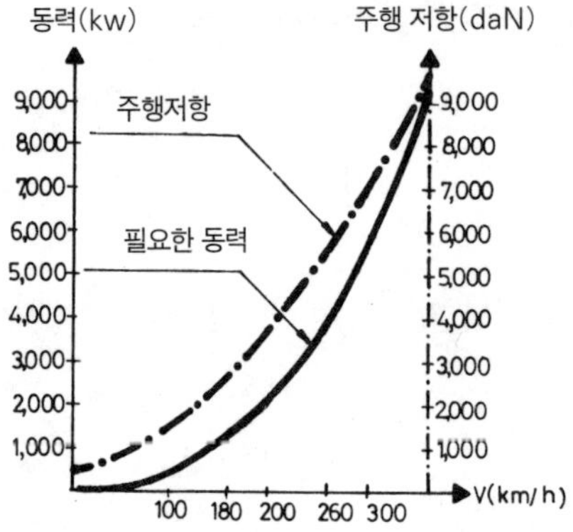

그림 12.2 속도의 함수로서 주행 저항과 필요한
견인 엔진 동력(0 구배에서) (프랑스
TGV 001의 경우, (22)

12.2.3 주행 저항의 경험적인 공식

식 (12.1)의 파라미터 A, B, C는 차량의 특성과 특색에 좌우된다. 여러 차량 제작 회사와 여러 철도망은 이들 파라미터를 계산하기 위한 경험적인 식을 개발하였다. 이하에서는 세계의 여러 철도 당국에서 사용하고 있는 식을 나타낸다.

12.2.3.1 프랑스 철도의 공식
12.2.3.1.1 디젤 또는 전기 기관차
주행 저항은 경험적 관계로 주어진다.

$$R(\text{daN}) = 0.65\ L + 13n + 0.01\ L \cdot V + 0.03\ V^2 \qquad (12.5)$$

여기서, L : 기관차 중량(톤)

n : 차축의 수

V : 속도(km/h)

12.2.3.1.2 피견인 차량

각종 식은 피견인 차량 유형의 차이점 때문에 큰 분산을 나타낸다. 이들의 식은 식 (12.1)의 $B \cdot V$ 항을 $C \cdot V^2$ 항과 합병함에 의하여 단순화된다. 피견인 차량에 대한 보통의 관례는 "비(比)의 저항" r이라고도 부르는 차량의 단위 중량 당 저항을 나타내는 것이다. 그러므로 (183),

- 보기 객차에 대하여

$$r \text{ (kg/t)} = 1.5 + \frac{V^2 \text{ (km/h)}}{4,500} \tag{12.6a}$$

- 표준화된 UIC형 차량에 대하여

$$r \text{ (kg/t)} = 1.25 + \frac{V^2 \text{ (km/h)}}{6,300} \tag{12.6b}$$

- 차축 위의 객차와 급행 화물열차의 차량에 대하여

$$r \text{ (kg/t)} = 1.5 + \frac{V^2 \text{ (km/h)}}{2,000 \sim 2,400} \tag{12.6c}$$

- 10 t/차축 하중의 화차에 대하여

$$r \text{ (kg/t)} = 1.5 + \frac{V^2 \text{ (km/h)}}{1,600} \tag{12.6d}$$

- 18 t/차축 하중의 경우에

$$r \text{ (kg/t)} = 1.2 + \frac{V^2 \text{ (km/h)}}{4,000} \tag{12.6e}$$

12.2.3.1.3 전기 객차

(견인 모터를 포함하는) 전기 객차는 일반적으로 고속 열차와 교외 통근 서비스에 사용된다. 전기 교외 열차의 경우에 총 주행 저항 R은 다음 식으로 주어진다(183).

$$R\,(\mathrm{kg}) \;=\; \left(1.3\,\sqrt{\frac{10}{m}} \;+\; 0.01\,V\right) P \;+\; C \cdot V^2 \qquad (12.7a)$$

여기서,

$$C \;=\; 0.0035\,S \;+\; 0.0041\,\frac{p \cdot L}{100} \;+\; 0.002\,N \qquad (12.7b)$$

여기서, P : 전기 객차의 총 중량(톤)

      m : 축중(톤)

      V : 속도(km/h)

      $S,\ p,\ L$: 식 (12.4)와 같다(제12.2.2항)

      N : 높인 팬터그래프의 수(제13.9절 참조)

(420 t의 질량을 가진) 고속 열차 TGV 선로 망의 경우에 총 주행 저항은 다음 식으로 주어진다.

$$R\,(\mathrm{N}) \;=\; 2,500 \;+\; 33\,V\,(\mathrm{km/h}) \;+\; 0.543\,V^2 \qquad (12.7c)$$

12.2.3.2 미국 철도의 공식

미국 철도는 비(比)의 차량 저항에 대하여 수정된 Davis 공식을 사용한다(182).

$$r\,(\mathrm{lb/t_s}) \;=\; 0.6 \;+\; \frac{20}{M} \;+\; 0.01\,V\,(\mathrm{mph}) \;+\; \frac{k}{m \cdot n}\,V^2 \qquad (12.8)$$

여기서, 1 lb : 0.454 kg

      1 t_s : 미(美)톤 = 2,000 lbs = 907.2 kg

      M : 열차 질량

      m : 차축 당 질량

n : 열차에서 차축의 수

C : 공기 저항 계수(표에서 구함)

S : 차량의 횡단면적(sq ft)

그림 12.3은 각종 차량의 유형에 대한 비(比)의 차량 저항을 도해한다.

① 도시간 철도. $V = 80$ mph, $m = 25$ lb/차축, 1,600 ts의 총 질량을 가진 16 차량의 열차,

② 혼합 화물 열차. $V = 60$ mph, $m = 15$ lb/차축, 평균 차량 질량 : 45 ts, 열차 총 질량 : 3,000 ts,

③ 대량 화물 열차. $V = 60$ mph, $m = 60$ lb/차축, 각각 240 ts의 21 차량으로 구성된 열차,

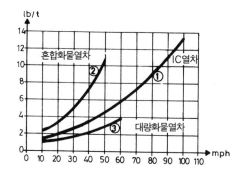

그림 12.3 미국 철도에서 비의 차량 저항 **그림 12.4** 독일 철도에서 비의 차량 저항

12.2.3.3 독일 철도의 공식

독일 철도는 화물 열차에 대하여 Strahl의 공식을 사용하고(그림 12.4),

$$r\,(\text{Nt/t}) \;=\; 25 \;+\; k\left(\frac{V\,(\text{km/h}) \;+\; \varLambda\,V}{10}\right) \qquad (12.9a)$$

도시간 열차에 대하여는 Sauthoff 공식을 사용한다.

$$r \text{ (Nt/t)} = \left[1 + 0.0025\,V + 0.48 \cdot 1.45 \frac{16 + 2.7}{800} \cdot \left(\frac{V + 15}{10} \right)^2 \right] \cdot g \quad (12.9b)$$

여기서, k : 혼합 화물 열차에 대하여 0.5, 대량의 열차에 대하여 0.25

V : 열차 속도

ΔV : 첨두 풍속(일반적으로 15 km/h를 취한다)

그림 12.4는 독일 철도의 각종 차량 유형에 대한 비(比)의 차량 저항을 도해한다.

12.2.3.4 광궤와 협궤 철도에 대한 공식

광궤(e = 1.676 m)에 대하여, 다음의 공식이 제안되고 있다(그림 12.5), (182).

•여객 열차

$$r \text{ (Nt/t)} = (0.6855 + 0.02112\ V \text{ (km/h)} + 0.000082\ V^2) \cdot g$$
$$(12.10a)$$

•화물 열차

$$r \text{ (Nt/t)} = (0.87 + 0.0103\ V \text{ (km/h)} + 0.000056\ V^2) \cdot g$$
$$(12.10b)$$

협궤(e = 1.000 m)에 대하여, 다음의 공식이 제안되고 있다(그림 12.6), (182).

•여객 열차

$$r \text{ (Nt/t)} = (1.56 + 0.0075\ V \text{ (km/h)} + 0.0003\ V^2) \cdot g \quad (12.11a)$$

• 화물 열차

$$r \ (\text{Nt/t}) \ = \ (2.6 \ + \ 0.0003 \ V^2) \cdot g \qquad\qquad (12.11\text{b})$$

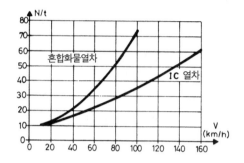

그림 12.5 광궤 철도에서 비의 차량 저항

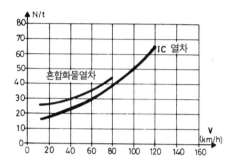

그림 12.6 협궤 철도에서 비의 차량 저항

12.2.4 터널에서 주행할 때 전개되는 저항력

노천의 운전에 비하여 터널에서의 운전은 승차감에 불리한 영향을 주는 압력의 갑작스런 증가, 증가된 공기역학적 저항, 열차가 교행할 때 발생하는 문제 및 적당한 환기를 확보하기 위한 필요성에 기인하여 어떤 특색을 가진다.

12.2.4.1 압력 문제

열차가 터널에 진입할 때, 열차의 전방 부분(선두)은 과도한 압력 파형을 발생시키는 입구에서 공기를 압축시키며(그림 12.7), 열차가 진행함에 따라 증가하는 크기는 열차의 후방 부분(후부)이 터널에 들어갈 때 최대에 도달한다. 질주하는 차량 뒤의 진공에 의하여 이 순간에 저압(underpressure) 파형이 발생한다. 터널을 따라 음속으로 전파되는 열차 전방의 과도한 압력 파형은 터널 벽에 의하여 반향하며 저압 파형의 형으로 되돌아간다. 그것은 터널 내부에서 열차 후부에 의하여 발생된 저압 파형에 대응하는 변화를 경험하며 마침내 과도한 압력 파형의 형으로 되돌아간다. 이들의 모든

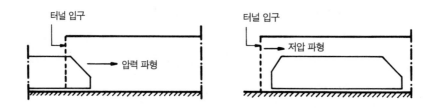

그림 12.7 열차가 터널에 진입할 때의 압력과 저압 파형

파형이 결합되었을 때, 그들은 시간의 함수로서 크기가 점진적으로 감소하는 압력 동요를 발생시킨다(23).

그러나 여객의 불쾌감은 그러한 압력 변동만큼 그렇게 많이 일으키지 않지만 압력 변동의 속도만큼 일으긴다는 점에 유의하여야 한다. 날씨의 돌연한 변화 동안 승색의 상당한 불쾌감이 없이 1,300 mm H_2O에 이를 만큼 변화시킬 수 있으며 1,000 m의 표고 증가는 1,100 mm H_2O의 압력 저하를 일으킨다. 대조적으로, 열차가 터널에서 이동하는 동안, 압력 변화는 훨씬 더 작지만 불쾌함은 훨씬 더 많다. 그 이유는 압력 변화의 속도에 있다. 인체는 압력이 급변하지 않는 것을 조건으로 상당한 압력의 변화에 적용할 수 있다(184).

그러므로 승차감에 영향을 주는 인자는 압력 변화 Δp와 압력 변화 속도 $\Delta p / \Delta t$를 포함한다. 여러 연구 (184)는 다음 식과 같은 경우에 승차감이 상당히 영향을 받지 않음을 나타내었다.

$$\Delta p \cdot \frac{\Delta p}{\Delta t} < c \qquad (12.12)$$

여기서 c는 상수이며, 정확한 값은 철도망마다 다르다.

그림 12.8은 철도 터널에서 행한 실험적 시험의 결과를 도해한다. 이들 시험의 과정 동안 전개된 압력 값에 대하여 차량이 중요한 영향을 갖는 것을 확인하였다.

승차감은 200 km/h의 속도에 도달할 때까지 의미심장하게 영향을 미치지 않는 것을 알게 되었다. 그러나 이 값을 넘으면 압력 변화와 그 압력 변화의 속도가 중요하게 되어가며, 터널에서의 대단히 높은 속도를 현재 금지하고 있다.

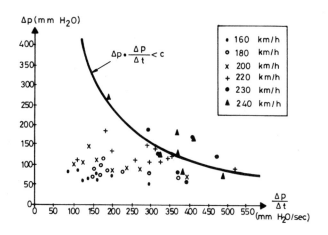

그림 12.8 열차 속도 증가의 함수로서 압력 변화와 압력 변화 속도(실험적 시험 결과), (184)

12.2.4.2 증가된 공기역학적 저항

공기역학적 저항은 터널에서 더 높다. 유형 "TEE(유럽 급행 수송)"에 대한 스위스와 프랑스 철도의 연구는 공기역학적 저항을 줄이기 위하여 터널에 만든 횡 환기공의 함수로서 주행 저항을 산출하였다(183).

환기공이 없는 터널

$$R \text{ (kg)} = 1,107 + 8.25 \cdot V + 0.490 \ V^2$$

250 m마다 환기공이 있는 터널

$$R \text{ (kg)} = 1,107 + 8.25 \cdot V + 0.224 \ V^2$$

500 m마다 환기공이 있는 터널

$$R \text{ (kg)} = 1,107 + 8.25 \cdot V + 0.246 \ V^2$$

노천에서의 주행 저항

$$R \text{ (kg)} = 1{,}107 + 8.25 \cdot V + 0.158 \, V^2$$

상기에 언급한 연구는 TEE 열차 중량 705 t에 대한 총 주행 저항과 필요한 동력
을 나타내었다(표 12.1).

표 12.1 705 t의 TEE 열차 중량에 대한 주행 저항과 필요한 동력, (183)

	노천에서	터널에서		
		250 m마다 환기공	500 m마다 환기공	환기공이 없음 터널 내 1개 열
열차 주행 저항 (kg)	6,480	8,170	8,830	14,930
필요한 동력 (kW)	2,820	3,550	3,840	6,500

공기역학적 저항을 줄이기 위해서는 S / Σ_l 비율을 줄이도록 노력하여야 하며, 여기
서 S는 열차 전방 표면의 횡단면적이고 Σ_l은 터널의 유효 횡단면이다(그림 12.9).
따라서,

• 단선 터널 $\dfrac{S}{\Sigma_l} = 0.30 \sim 0.50$

• 복선 터널 $\dfrac{S}{\Sigma_l} = 0.15$

그림 12.9 터널의 유효 횡단면 Σ_l

S / Σ_l 비율의 지나친 감소는 과도하고 값
비싼 터널 횡단면의 증가로 이끌 것임이 분
명하다(182).

터널에서 공기역학적 저항의 감소는 열차의 전방과 후방간의 압력 차이를 줄임으로
서 달성된다. 이것은 Channel 터널에서 달성되었으며, 이 터널은 375 m마다 연락

통로를 가진 두 개의 단선 터널로 구성되어 있다(제1.6절 참조). 계산 결과에 의하면, 두 터널간의 공기통과는 140 km/h의 속도에서 공기역학적 저항을 극복하기 위하여 필요한 동력을 13.5 MW에서 5.8 MW로 줄일 것임을 나타내었다(23).

12.2.4.3 터널에서 열차의 교행

터널에서 열차가 또 다른 열차와 교행할 때, 처음 열차에 의하여 발생된 압력 파형은 또 다른 열차에 충돌하며 그 반대도 역시 같다. 열차가 더 빠를 수록 더 강한 영향을 발생시키며 늦은 열차는 명백하게 더 큰 응력을 받는다.

이탈리아 철도가 행한 실험적 시험의 결과에 의하면 두 열차가 터널 안에서 교행할 때 주로 짧은 지속 시간(수십 분의 수 초) 때문에 공기역학적 영향이 승차감에 상당히 영향을 주지 않음을 나타내었다(184). 인간의 청각은 외부 영향이 1/2 초 이상 지속하는 경우에만 외부 영향에 의하여 방해를 받는다. 상기의 시험은 차량의 손상(주로, 창문 유리 깨짐)에 관하여 220 km/h에 이르기까지의 속도에서 의미심장한한 위험을 가지지 않음을 나타내었다(184a).

12.2.4.4 고속에서 터널 단면의 요건

상기의 모든 이유는 속도가 증가함에 따라 터널 횡단면이 증가함을 수반한다. 표 12.2는 복선 터널에서 각종 속도에 대한 유효 횡단면적 Σ_l을 나타내며 그림 12.10은 300 km/h의 주행 속도에 대한 터널의 치수를 도해한다. 그러나 고속($V > 250$ km/h)

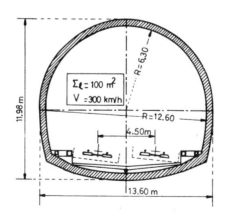

그림 12.10 고속 터널의 횡단면

터널의 설계에서는 궤도간의 간격(4.50~4.70 m)과 횡단면적 $\Sigma_l(80\sim100\ m^2)$뿐만 아니라 차량(특히 유리 부분)의 성능과 기계적 저항에 중점이 주어져야 한다.

표 12.2 여러 속도에서 복선 터널에 필요한 횡단면적

V_{max} (km/h)	160	200	240	300
Σ_l (m²)	40	55	71	~100

12.2.5 철도와 도로 차량간의 상대적인 주행 저항

철도 차량(여객 또는 화물)의 주행 저항은 도로 차량(표 12.3)보다 훨씬 더 낮다. 더 낮은 주행 저항은 첫째로 금속 레일에 대한 금속 차륜 회전 마찰의 낮은 계수에 기인하며, 둘째로 열차의 긴 길이에 의한 열차의 더 낮은 공기역학적 저항에 기인한다.

표 12.3 철도, 자가용차 및 트럭의 주행 저항

속도	여객 당 주행 저항 (daN)		자가용 / 철도 비율
	자가용차(4석)	철도 (11 량, 820 석)	
$V = 120\ \text{km/h}$	21	4.08	5.1
속도	수송 톤 당 주행 저항 (daN)		트럭 / 철도 비율
	트럭	철도	
$V = 80\ \text{km/h}$	20	4.6	4.3

12.2.6 궤도의 곡선에 기인하는 저항

곡선에서 발생하는 추가의 저항은 다음에 기인한다.
- 차륜 플랜지와 레일간의 마찰
- 보기 또는 2축 차량의 차축들이 항상 평행함에 따른 레일에 대한 차륜의 슬립

곡선에서 발생하는 추가의 비(比) 저항은 다음 식으로 나타낼 수 있다.

$$r_c\,(\text{kg/t})\ =\ \frac{k}{R} \tag{12.13}$$

여기서, k : 500~1,200간의 값과 500의 평균값을 가진 파라미터

　　　　R : 수평 평면에서 곡률의 반경(m)

12.2.7 중력에 기인하는 저항

직선 레벨의 궤도를 따르는 차량에서 중력의 방향에 수직인 힘 성분은 0이다. 그러나, 궤도의 평면이 경사졌을 때(예를 들어, 열차가 상향 구배 또는 하향 구배를 주행하고 있을 때) 힘 성분 R_g는 궤도의 평면에 평행하게 전개되고(그림 12.11), 상향 구배의 경우에 이 성분은 차량의 이동에 대한 추가의 저항이다.

선로의 종 구배가 작고 좀처럼 20 ‰를 넘지 않음에 따라 각도 ω가 대단히 작으며 따라서 $\sin \omega = \tan \omega$를 가정할 수 있다. 그러므로,

$$R_g = P \cdot \sin \omega = P \cdot \tan \omega = P \cdot i \qquad (12.14)$$

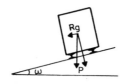

그림 12.11 중력 저항

여기서, i : 종 구배

선형 곡선과 중력에 기인하는 저항은 통상적으로 보정 구배라고 부르는 보통 용어로 단일화하며 통상적으로 kg/t으로 나타낸다.

12.2.8 관성 저항(가속 저항)

열차의 가속에서 생기는 저항력은 동역학의 고전적 방정식으로 주어지며 기하 구조적 특성과 차량을 만드는 재료에 좌우된다.

a가 견인 엔진에 따라 주어진 가속도라면, 비(比)의 관성 저항 r_{in}은 다음과 같을 것이다.

$$r_{in}(\text{kg/t}) = \frac{a}{g} \, q \qquad (12.15)$$

여기서, q : 차량의 고정 질량과 회전 질량(샤프트, 전기 모터, 전동 장치)을 고려하는 질량 계수. 만일, M_{rot}를 회전 질량, M을 총 열차 질량이라고 하면, 다음과 같이 된다.

$$q = 1 + \frac{M_{rot}}{M} \qquad (12.15a)$$

측정에 의하면, 1 cm/sec²의 가속도는 1 kg/t의 추가 저항력으로 귀착되며, 이것은 대략적으로 1 ‰ 상향 구배에서의 저항력 정도이다.

12.3 열차의 비(比) 견인력 또는 출발 힘

"비(比)의 견인력" 또는 출발 힘 Z는 열차를 출발시키기 위하여 필요한 힘이다. 출발 힘은 열차의 이동 동안에 발생되는 모든 저항력의 합을 극복하여야 한다. 열차의 모든 차량이 동시에 발차하는 경우에 힘 Z는 대단히 높아야 할 것이다. 그러나 실제 문제로서, 이것은 결코 사실이 아니며, 그 이유는 열차가 한 덩어리로서 출발하지 않기 때문이며, 차량간의 틈과 커플링(이하의 제12.10절 참조)이 차량을 연속하여 출발시키기 위하여 필요한 탄성을 도입한다.

디젤 엔진의 경우(그림 12.12a)에는 견인 엔진으로 전개된 힘이 속도의 증가와 함께 감소하며, 최대 견인력 Z는 출발할 때 전개된다. 속도가 증가함에 따라, 견인력은 처음에 선형으로 감소하며(AB 부분) 속도가 더욱 증가함에 따라 저항력이 대폭적으로 떨어져서(BC 부분) 견인 차량의 최대 속도에 대응하는 최대에서 평평하게 된다.

전기 열차(그림 12.12b)는 순간적인 과부하에 견딜 수 있으며, 그 경우에 견인력이 연속 작동에서보다 더 크므로 더 높은 속도에 도달한다.

그림 12.13은 여객 열차와 화물 열차의 경우에 상향 구배의 함수로서 비(比)의 견

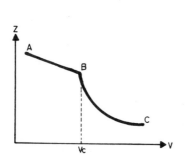

그림 12.12a 디젤 열차의 비(比) 견인력-주행
속도 다이어그램

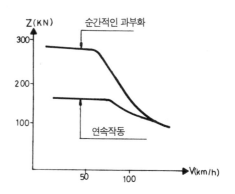

그림 12.12b 전기 열차의 비(比) 견인력-주행
속도 다이어그램

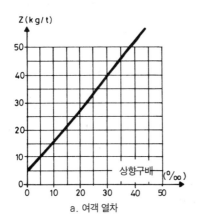

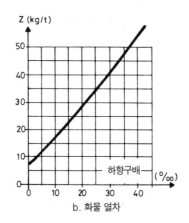

그림 12.13 상향 구배에 관계하는 열차의 비(比) 견인력 Z

인력 Z의 다이어그램을 도해한다. 비(比)의 견인력의 보통 값은 여객 열차에 대하여
10~20 kg/t이며 화물 열차에 대하여 10~30 kg/t이다.

12.4 점착력

철도 수송의 기본적인 특성은 헤르츠 스프링으로 알려진 타원형 표면을 따라 생기는
금속(차륜) 대 금속(레일) 접촉이다(그림 12.14, 또한 제2.7절과 제5.4.1항 참조).

점착력 F_{adh}은 헤르츠 타원 표면을 따라 생기며, 이것은 차륜의 연속적인 회전을 확보하기 위하여 필요하다. 이것은 점착력 F_{adh}이 견인력 Z와 같거나 클 것을 요구한다 (그림 12.15).

점착 계수 μ는 수직 윤하중 Q에 대한 수평 점착력 F_{adh}의 비율로서 정의된다.

$$\mu = \frac{F_{adh}}{Q} \tag{12.16}$$

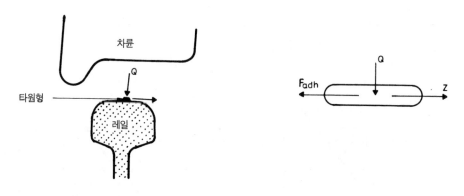

그림 12.14 점착력 F_{adh} **그림 12.15** 견인력 Z와 점착력 F_{adh}

점착 계수 μ는 주로 기후 조건에 좌우되지만 열차 속도에도 좌우된다(그림 12.16). 조건 $F_{adh} > Z$을 충족시키기 위하여 필요로 하는 μ의 값을 표 12.4에 나타낸다.

표 12.4 필요로 하는 점착 계수 μ의 값

운전 모드		제동 모드	
V(km/h)	μ_{min}	V(km/h)	μ_{min}
160	0.3		
200	0.1	0~200	0.095
300	0.07	200~300	0.06

점착 계수에 대한 각종 궤도와 차량 파라미터의 영향과 관련하여 다음이 구하여졌다 (187).

- 차륜 직경을 700 mm에서 920 mm로 증가시키는 것은 점착 계수의 증가를 거의 일으키지 않는다.
- 침목에 대한 레일의 횡 기울기(제2.9절 그림 2.13 참조)를 1/40에서 1/20으로 변화시키는 것은 점착 계수를 17 %만큼 감소시킨다.
- 윤하중을 8 t에서 12 t로 증가시키는 것은 점착 계수를 12 %만큼 감소시킨다.

속도와 관련하여 μ의 중앙값은 다음의 공식으로 구할 수 있다(182).

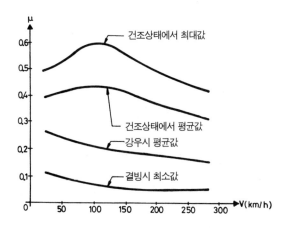

그림 12.16 열차 속도 V와 기후 조건에 관련되는 점착 계수 μ

$$\mu = \frac{7.5}{V\,(\text{m/sec}) + 44} + 0.161 \qquad (12.16\text{a})$$

마지막으로, 모터 차륜이 적합하게 작동하기 위하여 차륜의 이론적 원주 속도(그림 12.17)

$$V_{rot} = 2\,\pi\,\gamma_o\,n \qquad (12.17)$$

여기서, γ_o : 회전 반경

n : 회전 운동의 수

는 실제의 이동 속도보다 더 커야 한다($V_{rot} > V_{trans}$). 그렇지 않으면 다음과 같이 될 것이다(역주 : 역자가 기호 등 일부 수정).

- $V_{rot} < V_{trans}$인 경우에 제동
- $V_{trans} = 0 < V_{rot} \neq 0$인 경우에 차륜 미끄러짐(스키드)
- $V_{rot} = 0 < V_{trans} \neq 0$인 경우에 차륜 회전 중지

일정한, 또는 증가하는 속도는 열차 이동에 대하여 전개된 총 저항력과 같거나 커야 하는 것을 필요로 한다.

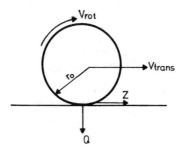

그림 12.17 속도와 차륜에 대한 힘

12.5 필요한 열차 동력

열차 이동에 필요한 견인력은 적당한 엔진 동력으로 확보한다. 엔진 동력은 공칭 동력과 유효 동력으로 구분된다. "공칭" 동력은 엔진 제조자가 명시한 동력이다. 공칭 동력의 일부는 엔진의 보조 장치로 흡수되며, 또 다른 일부는 모터 샤프트에서 차륜으로 동력이 전달되는 동안에 잃는다. 남아 있는 동력은 "유효" 동력이라 부르며 모터 차륜 및 전체로서 열차의 동력으로 실용적으로 이용할 수 있는 부분이다.

동력의 측정 단위는 마력(hp, ps, cv) 또는 킬로와트(kW)이다. 마력의 엔진 동력은 다음의 관계에서 도출한다.

$$N = \frac{Z\,(\mathrm{kg/t}) \cdot V\,(\mathrm{km/h}) \cdot P\,(\mathrm{t})}{270} \qquad (12.18)$$

여기서, Z는 비(比)의 견인력이며 P는 열차 중량이다.

그러므로 열차 동력이 속도에 좌우되는 것은 분명하며, 그것은 동력 값이 지시하는 모든 시간을 명시하여야 한다. 표 12.5는 여러 열차 부류의 운전에 필요한 동력을 나타낸다.

표 12.5 여러 유형의 열차에 필요한 동력, (181)

열차의 유형	중량 (t)	속도 (km/h)	5 ‰ 구배에서 동력(kW)
여객	800	160	4,400
화물	1,800	100	6,350
교외	190	140	1,050
고속 (TGV)	418	300	6,850

동력은 흔히 차량의 단위 중량 당으로 나타내며, 이 경우에 "비(比)의 동력" Nc (kW / t, 또는 ps / t)라 부른다(또한 제13장 13.6.3항 참조). 열차의 코스를 사정하는 파라미터는 최종 속도에 도달하기까지 필요로 하는 거리이다(그림 12.18).

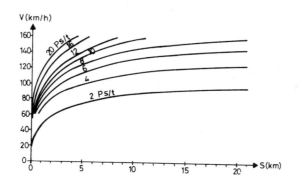

그림 12.18 열차 속도가 0에서 출발하여 최종 값에 도달할 수 있게 하기 위하여 필요로 하는, 비(比) 동력 함수로서의 거리 S

12.6 열차의 가속과 감속

열차의 가속도와 감속도의 값은 교통의 유형(여객, 화물) 뿐만 아니라 열차가 최고 속도에 도달하기까지의 거리에도 좌우된다. 지하철과 교외 철도에서처럼 이 거리가 짧을수록 가속도와 감속도의 값이 더 높아지게 된다. 인간 생리에 관계하는 이유 때문에 최대 가속도는 $1.2 \ m/sec^2$를 넘지 않아야 한다.

각종 유형의 차량에 대한 보통의 "가속도" 값은 다음과 같다.

- 화물 열차　　　　　　$0.2 \sim 0.4 \ m/sec^2$
- 도시간 열차　　　　　$0.4 \sim 0.6 \ m/sec^2$
- 교외 열차　　　　　　$0.6 \sim 0.8 \ m/sec^2$
- 지하철 열차　　　　　$0.8 \sim 1.0 \ m/sec^2$

각종 유형의 차량에 대한 보통의 "감속도" 값은 다음과 같다.

- 재래 화물 열차　　　　　$0.10 \ m/sec^2$
- 급행 화물 열차　　　　　$0.25 \ m/sec^2$
- 여객 열차　　　　$0.40 \sim 0.50 \ m/sec^2$
- 교외 철도, 지하철　　$0.8 \sim 1.0 \ m/sec^2$

승차감의 크리티컬 파라미터는 "저크(jerk)"라고도 알려진 단위 시간 당 가속도의 변화이다. 저크는 $1.5 \ m/sec^2/sec$의 값을 넘지 않아야 한다.

12.7 열차 제동

12.7.1 제동 시스템

철도 차량의 제동에는 두 가지 제동 시스템을 사용하고 있다(183), (187).

- "슈(또는 블록)" 브레이크. 이 제동 장치는 금속 슈의 압력을 받아 차륜에 전개된 마찰의 도움으로 작용한다. 차축의 양쪽 차륜에 대한 제동은 제동 슈로 마련한다.

- "디스크" 브레이크. 이 제동 작용은 차축에 고정된 강 디스크 또는 주철 디스크에 대한 마찰로 달성한다. 디스크 브레이크의 근본적인 단점은 500 ℃에 달하는 고온의 발생이다.

제동력의 전달에는 다음의 방법을 사용하고 있다.

- "공기 제동"은 기관사실에서 밸브를 작동시켜 일으키는 특수 콘딧(conduit)에서의 공기 압력의 변화를 이용한다. 이 시스템은 열차의 모든 차량이 동시에 제동되지 않는 결점을 갖고 있다.

- "전기-공기 제동"은 열차의 차량들에 대한 제동 작용의 전달 지연을 줄이기 위하여 1960년대에 개발되었다. 이 시스템에서의 공기 압력은 각 브레이크에서 전기적으로 작동되는 공기 밸브에 의하여 모든 차륜에서 동시에 조절된다. 이 시스템은 열차를 좇아서 선로에 따라 전달된 전기 신호로 작동된다.

- "전자기 제동"은 열차 속도의 큰 증가에 대처하도록 근래에 개발되었다. 이 유형에서의 제동 작용은 레일에 직접 가해진다. 제동은 제동 동안 전류를 전하는 전자석이 있는 특수 슈로 달성된다. 전자기 제동은 다른 시스템과 무관하게 또는 협력하여 작용할 수 있다.

- "전기역학적 제동"은 전기 견인 모터를 발전기로 전환하여 감속이 얻어지기 때문에 브레이크 슈를 없애었다. 제동으로 발생된 동력은 보조 목적에 사용된다. 전기 기관차의 경우에 회생 에너지는 팬터그래프를 통하여 동력 네트워크로 되돌릴 수 있다. 회생된 에너지는 도시간 열차에서 3~6 %, 대량 수송 및 화물 열차에서 20 %이며 높은 구배의 궤도에 있는 열차에서 40 %이다(182).

마지막으로, 철도 차량은 차륜 회전을 모니터하고 차륜 고착이 발견될 때는 언제나 제동력을 수정하는 "미끄럼 막이(안티-스키드)" 장치를 설치한다. 열차 제동을 고려하여 비, 눈 및 낙엽 퇴적에 기인하는 어떤 날씨 조건 하에서 발생될 수 있는 열등한 점착 조건에 특별한 관심을 갖는 것이 필요하다.

유한 요소 분석은 제동 시스템의 기계적, 열역학적 거동을 연구하는 가능성을 제공한다(그림 12.19).

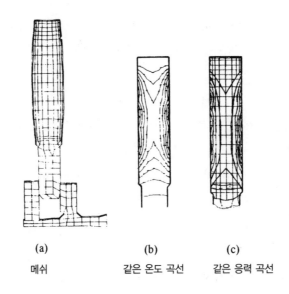

(a)	(b)	(c)
메쉬	같은 온도 곡선	같은 응력 곡선

그림 12.19 유한 요소법을 이용한 디스크 브레이크의 분석

12.7.2 제동 거리

여러 부류의 열차에 대한 제동 거리 L을 나타내는 경험 식이 개발되어 왔다(183), (203).

(1) 화물 열차(V < 70 km/h)

이것은 가장 오래된 식이다(Maison의 공식).

$$L \text{ (m)} = \frac{42.4 \ V^2 \text{ (km/h)}}{1,000 \ \phi \cdot \lambda + 0.0006 \ V^2 + 3 - i} \qquad (12.19)$$

여기서, i : 궤도 구배(‰ 또는 mm/m의 등가). 궤도 구배는 하향을 양, 상향을 음
으로 간주한다.

φ : 구배에 좌우되는 마찰 계수. 이 값은 다음과 같다.

$\varphi = 0.10,$ i < 15 ‰에 대하여

$\varphi = 0.10 \sim 0.00133(i - 15),$ i > 15 ‰에 대하여

λ : 제동 율. 총 차량 중량에 대한 제동력의 비로 정의하며 1 t를 제동하기

위하여 필요한 제동력을 나타낸다.

제동 율 λ는 제동 거리에 결정적인 인자이다. 표 12.6은 각종 유형의 차량과 브레이크에 대한 λ의 값을 나타낸다.

표 12.6 차량과 브레이크의 각종 유형에 대한 제동 율 λ

구분		λ
정상 제동	- 축중 P = 15~20 t의 견인 차량	80~95 %
	- 축중 P = 5~20 t의 피견인 차량	65~90 %
비상 제동	- 견인 차량	160~220 %
	- 피견인 차량	130~220 %

(2) 여객 열차(V = 70~140 km/h)

이 열차의 제동 거리는 Pedeluck의 경험 식으로 나타낸다.

$$L \text{ (m)} = \frac{\phi \cdot V^2 \text{ (km/h)}}{1.09375 \; \lambda \; + \; 0.127 \; -0.235 \; i \cdot \phi} \tag{12.20}$$

여기서, 각종 파라미터는 이전의 관계에서처럼 정의된다.

(3) 디젤-전기 객차

이 차량의 제동 거리는 다음의 식으로 나타낸다.

$$L \text{ (m)} = \frac{0.0386 \; V^2 \text{ (km/h)}}{\gamma - \dfrac{i}{100}} \tag{12.21}$$

여기서, γ는 가속도(m/sec²)이다.

(4) 기타의 경험 식

프랑스 철도가 개발한 상기의 공식들은 UIC에서도 사용하고 있다(186a). 그러나 독일 철도는 식 (12.9)~(12.21)의 제한을 극복하기 위하여 제동 거리에 대하여 다음과 같은 소위 Minden의 공식이라 부르는 식을 개발하였다.

여객 열차에 대한 제동 거리

$$L \text{ (m)} = \frac{3.85 \ V^2 \text{ (km/h)}}{[6.1 \ \varPsi \cdot (1 + \lambda/10)] + i} \qquad (12.22\text{a})$$

화물 열차에 대한 제동 거리

$$L \text{ (m)} = \frac{3.85 \ V^2 \text{ (km/h)}}{[5.1 \ \varPsi \cdot \sqrt{\lambda} - 5] + i} \qquad (12.22\text{b})$$

여기서 계산도표(노모그래프)로 주어지는 파라미터 $\varPsi$는 (제동 유형의 특성과 관련하여) 0.5~1.25간의 값을 취하고 있다(186b).

벨기에 철도에서 사용하고 있는 또 다른 경험 식은 다음과 같다

$$L \text{ (m)} = \frac{4.24 \ V^2 \text{ (km/h)}}{\lambda \dfrac{57.5 \ V}{V - 20} + 0,05 \ V - i} \qquad (12.22\text{c})$$

그림 12.20은 각종 차량의 유형에 대하여 중간과 저속에서의 제동 거리를 도해한다. 상기의 방정식으로 유도된 제동 거리는 (신호 시스템에도 좌우되는) 안전 여유로서 적어도 10 %만큼 증가시킨다. 속도가 더 커질수록 제동 거리는 더 길어진다(표 12.7). 그림 12.21은 고속에서의 제동 거리를 도해한다.

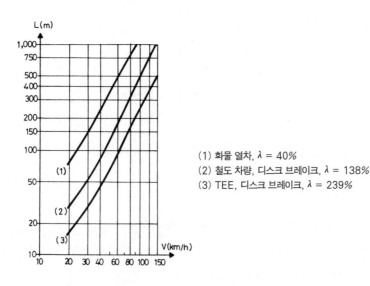

(1) 화물 열차, $\lambda = 40\%$
(2) 철도 차량, 디스크 브레이크, $\lambda = 138\%$
(3) TEE, 디스크 브레이크, $\lambda = 239\%$

그림 12.20 중간과 저속의 속도에 관련하는 제동 거리(0 구배에서)

표 12.7 속도의 증가에 관련하여 제동 거리의 증가

속도 V (km/h)	제동 거리 L (m)
160	1,300~1,400
200	2,500~3,000
260	6,000~8,000

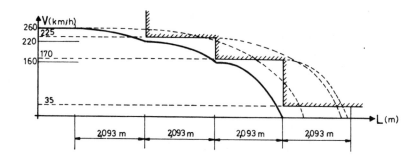

그림 12.21 고속에서 필요한 제동 거리(0 구배)

12.8 열차 시간표의 작성

이 장에서 전개한 관계사항은 열차 시간표를 작성할 수 있게 한다. 먼저, 다음의 기본 파라미터 값을 결정하는 것이 필요하다.

- 최대 허용 하중
- 계획된 정거 위치
- 주행 저항과 조정된 기울기
- 회전 질량의 관성 계수
- 궤도에 기인하는 속도 제한
- 차량에 기인하는 속도 제한
- 출발 시의 가속도
- 제동 시의 감속도

상기에 더하여 다음과 같은 운전과 상업적인 파라미터를 고려하여야 한다.

- 요구된 여행 시간

- 열차 교행

- 차량의 가장 좋은 사용

선로 용량의 최적화는 열차를 빠른 속도(여객)와 저속(화물)의 두 부류로 분류하는 것이 필요하다. 열차의 간격은 각 부류의 범위 내에서 특정한 속도와 제동 거리에 관련된다. 상기에 분석한 것처럼 속도가 더 빠를수록 제동 거리가 더 길어진다.

많은 컴퓨터 프로그램이 개발되어 왔으며 많은 철도 서비스에서 선로 시간표 작성의 정밀한 계산에 사용하고 있다. 그림 12.22는 복선 궤도에 대한 시간표 작성의 예를 도해한다(3).

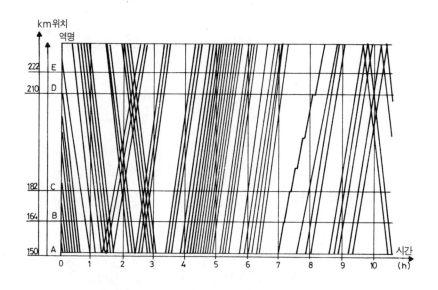

그림 12.22 복선 궤도에 대한 시간표 작성의 발췌

12.9 피견인 차량의 구성요소

이 장의 제12.1절에서 이미 언급한 것처럼, 모든 객차 또는 화차는 차체로 구성되며 차륜, 차축, 보기, 스프링, 커플러 및 완충기와 같은 한 세트의 부품과 장치를 필요로 한다.

12.9.1 차륜

표준 궤간의 선로에서 피견인 차량의 차륜 직경은 0.85 m와 1.05 m간의 범위를 가지며 평균값으로 1.00 m를 가진다. 미터 궤간에서 차륜의 직경은 평균 0.75 m이다. 축중을 증가시키는 경향이 계속되고 있으므로 차륜의 직경도 증가될 것으로 예상할 것이다. 그러나 현행 차륜의 직경을 넘는 것은 가능하지 않으며, 그 이유는 더 큰 차륜이 한편으로 중량, 따라서 제작비와 운전비를 증가시키며, 다른 한편으로 궤도 레벨로부터의 더 높은 차량 바닥 높이로 귀착되기 때문이다. 이것은 안정성 및 차량에서 이용할 수 있는 공간에 대하여 불리할 것이다(차량 한계는 고정되어 있으며 변경할 수 없다)(189).

기관차의 차륜 직경은 피견인 차량과 유사하다. 그림 12.23은 차륜 유형의 기하 구조적인 특성을 도해한다.

차륜에서는 두 가지 주요 부분으로 구분할 수 있다(사진 12.1, 역주 : 경부고속철도의 차량에서는 일체로 된 차륜 사용).

- "타이어". 타이어는 차륜의 외측 부분이며 레일과 접촉한다. 타이어는 마모가 많

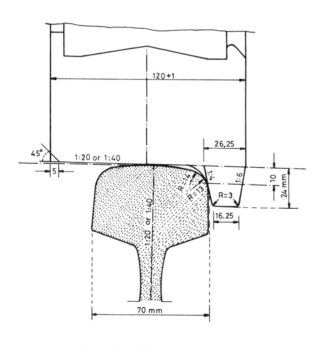

그림 12.23 차륜의 상세   사진 12.1 차량의 타이어와 차륜 림

이 되므로 마모에 크게 저항하는 재료로 만든다.

 - "차륜의 내부 디스크." 타이어 안쪽의 외측 부분은 "차륜 림"이다.

타이어의 두께는 65~70 mm 사이의 범위를 가지며, 마모가 되어 두께가 30 mm로 줄었을 때 타이어가 마모된 것으로 간주한다.

처음의 타이어 재료는 연철이었지만 빠르게 마모되어 버리고 적당하게 용접하기가 어려웠다. 따라서, 경질의 철로 교체하였지만 취성이 적어야 한다(188).

12.9.2 차축

차륜은 차축에 쌍으로 연결되며, 각 차량은 적어도 두 개의 차축을 갖고 있다. 차량 중량의 증가는 노반 하중을 합리적인 한계 내로 유지하여야 하는 필요성과 결합하여 제3 차축의 추가, 그 다음에 제4 차축의 추가로 이끌었다. 4축 차량이 현행의 룰이다.

차량에서 가장 먼 두 고정 차축간의 거리 δ를 차량의 "축거"라고 부른다(그림 12.24). 차량의 축거가 클수록 차량이 직선 궤도에서는 더 안정되지만 곡선 궤도에서는 주행하기가 더 어려워질 것이다. 반경 R의 곡선에서 차량이 주행할 수 있는 최대 축거 길이 δ는 다음의 관계로 주어진다.

차축은 다음의 부분으로 구성되어 있다(그림 12.25).
 • 베어링으로 지지되는 차축 저널 J
 • 차륜 본체에 끼어 넣는 차축의 부분인 고정 영역 B

$$\delta_{max} \;=\; 0.3\,\sqrt{R}$$

 • 두 차륜 사이에 위치하는 차축의 본체 A

차량 하중은 베어링에 가해지며 그 다음에 저널과 차륜으로 전달된다. 저널과 부싱(축받이 통)간의 마찰을 줄이기 위하여 저널과 부싱을 그리스 박스로 기름을 친다. 베어링은 현가 장치 스프링을 통하여 차체도 지지하는 그리스 박스 안에 설치한다. 베어링에는 저널 베어링 및 회전-접촉 베어링 등 두 종류가 있으며, 그것은 차례로 볼 베어링과 롤러 베어링으로 구분할 수 있다(195).

모터 차축의 하중 응력은 비틀림과 휨의 두 가지인 반면에 비-모터 차축의 응력은 휨뿐이다.

그림 12.24 차량의 축거

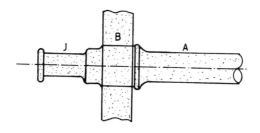

그림 12.25 차축의 부분

12.9.3 보기

차량에서 차축 수의 증가는 차축을 그룹으로 나눌 필요가 생기게 한다. 이것은 같은 프레임에 둘 이상의 차축이 설치되는 보기(bogie)로 달성한다(그림 12.26). 일반적으로 사용되는 보기(그림 12.27)에서 차축 본체와 차륜은 견고하게 결합되며, 그 결과로서 차축 본체와 차륜은 동일한 각(角)속도로 회전한다. 보기 프레임은 차량이 두 현가 장치 방향을 가지는 것을 조건으로 스프링과 충격 완충 장치를 통하여 차체와 차축에 연결된다(그림 12.27과 12.28).

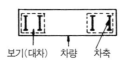

보기(대차)　차량　차축

그림 12.26 보기

고속 열차(V_{max} : 250~300 km/h)에서 시험하여온 이 재래형의 보기는 대단히 만족스러운 승차감과 안전을 보장한다. 그러나 작은 곡률 반경에서의 시험은 차륜 슬립과 바깥쪽 레일과의 차륜 플랜지 접촉을 나타내었다. 이것은 자체 안내 차축을 가진 보기, 스키드 제어 차축을 가진 보기 및 독립적으로 회전하는 차륜을 가진 보기를 포

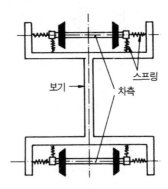

그림 12.27 재래형 보기의 구성과 스프링의 위치

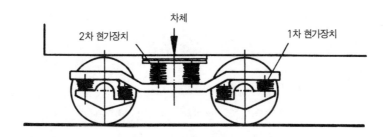

그림 12.28 차량의 1차와 2차 현가장치

함하여 새로운 유형의 보기를 설계하고 개발하게 하였다(190), (191).

12.9.4 스프링

스프링은 동일 차량의 부분간뿐만 아니라 잇따른 차량간에도 사용된다. 스프링은 목적에 따라 현가 장치, 압축, 커플링(연결기)일 수도 있다.

P가 스프링에 가해진 힘이고 $\varDelta l$이 스프링 길이의 변화라고 하면, 저장된 일 에너지는 다음과 같다.

$$W = \frac{1}{2} \cdot \varDelta l \cdot P^2 \qquad (12.23)$$

$\varDelta l$의 최대 값에 대한 구속은 스프링의 목적에 좌우하여 다음과 같이 설정된다.

- 기관차, $\varDelta l$: 10~15 mm
- 객차, $\quad \varDelta l$: 50~150 mm
- 화차, $\quad \varDelta l$: 15~55 mm

12.10 연결기와 완충기

연결기와 완충기는 열차를 구성하도록 차량들을 서로 연결하기 위하여 사용하는 장치이다. 연결기와 완충기의 주된 목적은 한 차량에서 다른 차량으로 수평 힘을 전달하기 위한 것이다.

객차 연결기의 스프링은 승차감의 이유 때문에 $\varDelta l$: 12~20 mm의 낮은 값을 가진다. 반대로, 화차 연결기에서는 $\varDelta l$: 30~50 mm이다.

객차의 완충기 스프링은 연결기 스프링과는 대조적으로 각종 충격과 진동을 충분하고 빠르게 흡수하도록 (50~70 mm의 범위를 갖는) $\varDelta l$의 더 높은 값을 가져야 한다. $\varDelta l$이 30~50 mm의 범위를 갖는 화차에 대하여는 유사한 요구 조건이 필요하지 않다.

Hook 연결기는 열차의 차량들을 연결하기 위하여 이전에 사용하였다. 그러나 오늘날에는 연속한 차량들의 연결, 특히 브레이크 에어 파이프와 전기 회로의 연결을 자동적으로 확보하는 자동 연결기를 이용하다.

완충기는 차량들간의 간격을 일정하게 유지하고 충격을 흡수하기 위하여 채용한다. 표준 궤간의 선로에서 레일 레벨에 대한 완충기의 높이는 0.90~1.25 m이다.

12.11 틸팅 열차

12.11.1 틸팅 기술의 필요성

현재 철도 선로의 대부분은 1 세기 이전에 건설되었으며, 그 당시의 기술과 수송 요건이 권고한 속도는 오늘날의 표준에 의하면 낮은 것으로 간주된다. 결과로서, 많은 철도 선로의 궤도 설계는 특히 산악 지역에서 작은 반경을 가진 곡선으로 특징을 이룬다.

철도는 지난 40년 동안 기본 궤도 구성요소, 즉 레일, 침목 및 도상을 개량함에 의하여, 그러나 대부분의 경우에 작은 반경의 문제를 거론함이 없이 시장의 요구에 적응하려고 시도하였다. 그러나, 이 점에 관하여 약간의 예외가 있다. 예를 들어 세계의 일부에서는 새로운 고속 선로가 건설되어 왔고 일부 기존 선로의 궤도 선형을 개량하여 왔다. 그러나 이들의 노력에도 불구하고 현행 철도 선로의 대부분은 그 선로가 처음 건설되었을 때와 거의 같은 궤도 선형의 특징을 여전히 가지고 있다. 따라서 "대부분의 경우에 철도는 새로운 선로의 건설 또는 기존 선로의 선형을 개량하는 사치(호사)를 가짐이 없이 여행 시간을 줄이어야 한다."

"틸팅 열차"는 기존 선로에서 운행할 수 있으며 곡선을 통과할 때 열차의 차체를 기울어지게 하는, 따라서 차체에 추가의 캔드를 주는 기계 장치에 의하여 (기존 열차에 비교하여) 더 높은 속도에 도달할 수 있으므로 이 점에 관하여 낮은 비용의 해법을 제공할 수 있다. 틸팅 열차의 기술은 적절한 상황 하에서 고비용의 선형 개량에 적합한 대안을 제공한다.

그럼에도 불구하고 틸팅 열차의 해법은 각각의 경우에 항상 신중히 검토하여야 하며, 다음의 여부에 대하여 검토하여야 한다.

- 여행 시간의 감소가 충분하다(비행기, 자가용차 및 버스와 같은 다른 수송 수단이 제공할 수 있는 것을 고려하여).
- 궤도, 신호 및 동력 공급 시스템에 대한 어떠한 개량도 필요로 할 것이다.
- 투자에 대한 수익이 충분할 것이다.
- 운전의 비용이 다른 수송 방법과 비교하여 경쟁적일 것이다.

12.11.2 틸팅 기술

이탈리아(ETR 열차), 스페인(Talgo) 및 영국(실험적 APT 열차)은 1970년대에 틸팅 열차 기술의 개발을 시작하였다. 1980년대 동안에는 일본도 틸팅 기술의 시험을 시작한 반면에, 틸팅 열차의 상업 운전은 이탈리아, 스페인 및 캐나다에서 개시하였다. 1990년대에는 스웨덴 틸팅 열차 X2000이 상업 운전을 시작하였다. 1992년에는 독일에서 VT 610으로 틸팅 열차가 영업 서비스에 들어갔으며, 핀란드(1995)가

뒤따르고, 이어서 독일(1996)과 스위스랜드(1996)의 신선에서 상업 운전에 들어갔다 (195a).

1996년에는 (부수적으로 신선의 건설을 필요로 하는) TGV의 선구자인 프랑스 국영 철도(SNCF)가 기존 선로에 대한 틸팅 열차의 연구를 시작하였고 기존의 TGV 열차를 실험적 틸팅 TGV로 전환하고 있다. 1997년에는 미국의 Boston~Washington 회랑 선에 대한 틸팅 기술의 적용이 검토되었다. 1999년에는 독일에서 (ICE 열차를 변형한 ICT 열차로) 고속 틸팅 열차의 적용을 또한 검토하고 있다.

틸팅 열차는 곡선에서 축거와 관련하여 차체를 기울어지게 하여 캔트 부족을 줄이게 한다(그리고 흔히 충분히 성과를 거두었다) (그림 12.29). 차량의 틸팅 기술에는 두 가지 다른 기술이 있다.

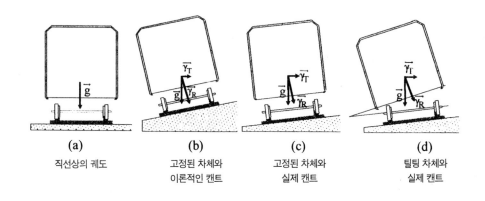

(a) 직선상의 궤도

(b) 고정된 차체와 이론적인 캔트

(c) 고정된 차체와 실제 캔트

(d) 틸팅 차체와 실제 캔트

그림 12.29 틸팅 열차가 마련한 추가의 캔트

- **수동(受動)적인 방법** : 차량의 회전 점이 차량 질량의 중심보다 위에 남아있도록 곡선을 통과할 때 수동적인 방법으로 차량의 현가 상태가 증가한다. 스페인의 Talgo에 적용된 이 방법은 차체와 차축 사이에서 3°~5°의 틸팅 각을 허용한다.
- **주동(主動)적인 방법** : 8°에 이르기까지 더 큰 틸팅 각을 달성하며, 그것은 비-보정 원심 가속도의 함수로서 설정한다. 열차가 완화곡선에 들어갈 때는 보기에서 발달된 횡 가속도를 가속도계로 탐지한다. 차체 축을 도는 차체 회전의 시작에 대한 지시는 열차의 전방에 위치한 전자 장치가 전달한다. 이 기술은 예를 들어 이

탈리아 Pendolino와 ETR, 스웨덴 X2000 및 독일 VT610에 적용하고 있다. 주행하여야 하는 곡선을 탐지하는 방법은 두 가지가 개발되어 왔다.

- **차상의 곡선 탐지 / 데이터 전달 시스템** : 보기에 설치한 가속도계는 보기의 횡 가속도를 탐지한다. 열차의 전방에 위치한 자이로스코프라 부르는 곡선 탐지 시스템은 열차가 완화곡선에 들어가는 때를 탐지한다. 그 후에 전자적으로 신호를 전송하고 이에 따라 (탐지된 가속도와 관련하여) 차체의 틸팅을 시작한다. 이 기술은 유럽의 틸팅 시스템에서 사용하고 있다.
- **전자석 곡선 탐지 시스템** : 차체의 틸팅이 정확한 시간에 시작되도록 궤도 내의 장치가 궤도 선형의 특성에 관련된 데이터를 열차의 차상 컴퓨터로 전송한다. 일본에서 적용하기 이전에 영국의 APT 열차에도 적용한 이 기술은 상기의 것보다 더 유효한 것으로 고려할 수 있지만 궤도 내의 탐지 장치를 필요로 하는 단점을 가지고 있다.

12.11.3 틸팅 열차의 기술과 작동 특징

틸팅 열차의 주요한 기술적 특징은 다음과 같다(195b).

(1) 틸팅의 각도

수동(受動) 틸팅 시스템(Talgo)의 특징을 나타내는 열차는 3°~5°의 틸팅 각을 달성하는 반면에 주동(主動) 틸팅 시스템의 특징을 나타내는 열차는 8°에 이르기까지의 틸팅 각을 달성한다. 따라서, 곡선에서 차체의 추가 캔트는 150~200 mm의 범위를 가진다.

(2) 최대 속도

모든 전기 틸팅 열차는 속도에 관하여 높은 성능을 갖고 있으며 200에서 250 km/h까지의 범위이다. 디젤 틸팅 열차는 160 km/h의 최대 속도가 특징이며 주로 교외 서비스에 사용된다.

(3) 속도 V_{max}와 반경 R의 관계

속도 V_{max}와 반경 R의 관계는 캔트와 캔트 부족의 값에 좌우된다. "재래" 차량에 대한 $V_{max}(\text{km/h})$와 $R(\text{m})$의 관계는 일반적으로 다음과 같다.

$$V_{\substack{\text{max} \\ \text{convent. train}}}(\text{km/m}) \cong 5.0 \cdot \sqrt{R(\text{m})}$$

틸팅 차량에 대한 이 관계는 다음과 같다.

$$V_{\substack{\text{max} \\ \text{tilting train}}}(\text{km/m}) \cong 6.0 \cdot \sqrt{R(\text{m})}$$

즉, 틸팅 열차를 이용하면 재래 열차에 비교하여 곡선에서 약 20 %의 속도 증가를 달성한다.

(4) 추가의 캔트

상기에 관찰된 속도의 증가는 틸팅 시스템에 의하여 도입된 추가 캔트의 결과로서 생기며, 추가의 캔트는 150~200 mm에서 범위를 정한다.

(5) 틸팅의 기계 장치

틸팅의 기계 장치는 공기, 유압 및 전기 등 세 가지 다른 종류가 개발되어 왔다. 레일에 가해지는 힘을 줄이기 위해서는 자체-조타 레이디얼 보기의 기술을 적용한다.

(6) 축중

모든 틸팅 열차는 재래의 여객 열차와 비교하여 더 낮은 축중을 가지며 13~15 t 사이의 범위를 갖는다.

(7) 궤간과 차량의 기하 구조적 특성

틸팅 열차는 여러 궤간(1.435 m, 1.168 m, 1.524 m, 1.000 m)에 대해 높은 적용성과 차량의 기하 구조적 요건의 특징을 갖는다.

(8) 신호

틸팅 기술의 사용은 일반적으로 (재래 열차와 비교하여) 속도의 증가를 수반한다. 이것은 제동 거리의 증가로 귀착되며 따라서 신호의 필연적인 변화를 필요로 한다.

(9) 동력의 공급

동력 공급 시스템도 철도 회사와 관련 국가의 특정한 요구 조건에 좌우되는 범위에서 약간의 개조를 필요로 한다.

(10) 차량 한계

틸팅 기술의 차량은 차량 한계가 곡선에서의 추가 캔트를 참작하기에 충분한 방식으로 설계된다. 따라서 틸팅 열차가 터널에서 주행할 때 문제가 발생하지 않는다.

(11) 궤도의 특성과 틀림

틸팅 열차의 운행을 위해서는 궤도의 높은 품질(UIC 60 레일, 콘크리트 침목, 35 cm의 최소 두께를 가진 도상)을 필요로 한다. 최대 속도가 160 km/h를 넘지 않는 경우에는 목침목 궤도가 적당하나.

궤도 틀림과 궤도 보수의 빈도는 재래 열차가 운행되는 궤도와 (거의) 유사하다.

12.11.4 틸팅 열차에 의한 여행 시간의 감소

표 12.9는 틸팅 열차의 여행 시간 성능을 재래 열차와 비교하여 나타낸다. 틸팅 열

표 12.9 재래 열차와 비교하여 틸팅 열차로 달성한 여행 시간의 감소

틸팅 열차의 유형	도시 A	도시 B	거리 (m)	재래 열차		틸팅 열차		틸팅 열차에 의한 여행 시간의 감소 %
				V_{max} / V_{min}	여행 시간 (h. min)	V_{max} / V_{min}	여행 시간 (h. min)	
VT 611	Baarbrucken	Frankfurt	211	140 / 74.9	2.57	160 / 88.4	2.30	15.25
X2000	Stockholm	Gothenbrug	253	160 / 95.4	4.45	200 / 143.1	3.10	33.33
X2000	Stockholm	Malmoe	616	160 / 99.9	6.10	200 / 142.2	4.20	29.73
ETR 460	Milan	Rome	605	200 / 121.0	5.00	250 / 144.0	4.12	16.00
ETR 460	Milan	Como	46	150 / 72.6	0.38	150 / 92.0	0.30	21.05
ETR 460	Rome	Bari	503	180 / 93.7	5.22	180 / 117.4	4.17	20.19
S 220	Helsinki	Truku	200	160 / 100.0	2.00	200 / 123.7	1.28	19.17
S 220	Helsinki	Seinajeki	346	160 / 109.3	3.10	220 / 140.3	2.10	22.11
VT 610	Nurnberg	Bayretth	93	130 / 77.5	1.12	160 / 97.9	0.57	20.83
VT 610	Nurnberg	Hof	167	130 / 80.2	2.05	160 / 99.2	1.41	19.20
Talgo	Madrid	Burgos	282	140 / 95.1	2.58	140 / 107.8	2.37	11.80

차는 재래 열차와 비교하여 12 % ~ 33 %간의 여행 시간 감소를 달성한다. 틸팅 열차는 동력 비율이 증가한 결과로서 (직선 궤도에서) 더 높은 속도를 달성한다.

그러나 틸팅 열차의 적용이 속도의 증가를 수반하지 않을 때는 (곡선에서 더 높은 속도의 결과로서만) 여행 시간의 감소가 15 %의 평균값과 함께 12에서 20 %까지의 범위를 가진다. 이것은 직선 궤도에 대한 속도의 증가가 재래의 고속 열차로도 달성될 수 있으므로 "틸팅의 직접 효과"로 간주할 수 있다.

12.11.5 경제적 데이터와 평가

프랑스 국영 철도(SNCF)가 1998년에 다룬 연구에 따르면, 팅팅 열차로 달성한 1분의 여행 시간 감소는 비-틸팅 TGV 열차에 대한 35~40백만 유로화의 비용과 비교하여 160 km/h에 이르기까지의 속도에서 1.5~4.5백만 유로화, 160 km/h 이상의 속도에서 9~18백만 유로화의 비용이 든다.

13. 디젤 운전과 전기 운전

13.1 각종 견인 시스템

선행의 장에서 언급한 것처럼 견인 차량의 목적은 열차를 견인하는 것이다. 철도 차량이 완전히 열차 견인 엔진인 경우에는 기관차라고 한다. 견인력의 발생은 증기(스팀), 디젤 또는 전기 모터에 의지한다.

견인에 사용된 처음의 동력 발생 수단은 증기이었다. 철도의 보급은 실제로 처음에 증기의 산업 혁명에 기인하였다. 최초의 증기 차량은 1804년에 출현하였고 1830년대에 철도의 견인에 사용되었다. 증기 기관은 120년 이상 동안 열차의 견인을 위한 주된 수단이었다.

13.2 증기 운전

13.2.1 증기 엔진의 작동 원리

증기 기관은 다음의 원리에 기초한다(그림 13.1). 차륜 T는 크랭크 TM으로 로드 MD에 연결된다. 로드 MD는 증기 실린더의 피스톤 로드 DE에 연결되며, 그것에 의하여 증기 힘으로 발생된 로드 DE의 왕복 운동을 차륜 회전으로 전환한다. 로드(각각의 쪽에 하나)에 연결된 모터 차축의 차륜은 주된 구동 차륜으로 알려져 있다. 단일의 구동 차축은 필수의 견인력을 마련하기에 충분하지 않으며 따라서 다른 구동 차축들을 마련한다. 그러나 후자는 로드에 직접 연결할 수 없으므로 연결 로드라고 부르는 로드를 이용하여 주된 구동 차륜에 연결하며, 그것은 차례로 차륜 크랭크 TM, T_1M_1 등에 연속적으로 연결된다. 이들 차축은 연결 차축이라 부른다. 연결된 차축과 주된 구동 차륜의 차축은 구동 차축이다. 연결된 차축의 총 수는 5 개를 좀처럼 넘지 않거나 또는 많아야 6 개이지만 결코 두 개 미만일 수가 없다.

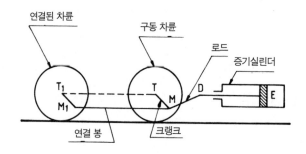

그림 13.1 증기 기관의 작동 원리

증기 기관차는 연료로서 석탄이나 석유를 사용할 수 있다. 석탄이든지 석유로 생긴 열 에너지는 상기에 언급한 작동 원리에 따라 증기 압력 동적 에너지로서 저장되며 필요할 때는 열차 운동 에너지로 전환된다.

13.2.2 증기 기관차의 주요부

증기 기관차의 주요부는 다음과 같다.
- 주로 회전 장치, 프레임, 연결 장치, 완충기, 현가 장치 등뿐만 아니라 운전실로 구성하는 차량. 운전실에는 기관차의 운전과 컨트롤 및 전체로서 열차를 주행시키기 위한 모든 설비와 기구가 위치한다.
- 증기 생산 설비, 즉 보일러와 관련 부품
- 엔진, 즉 증기 실린더, 피스톤, 슬라이드 밸브, 분배 장치

- 각종 보조 시스템, 즉 제동용 공기 압축, 중앙 가열, 구동 차륜과 레일간의 점착력을 증가시키기 위한 모래 박스, 윤활 장치와 제동 장치, 몇 개의 안전 시스템 등

13.2.3 증기 기관차의 단점과 포기

증기 기관차는 현재 아프리카와 아시아에서 약간의 선로에서만 상업적으로 채용되고 있는 반면에 유럽과 북미에서는 이미 박물관의 항목이며 남아 있는 아주 적은 기관차는 여행지의 견인용으로만 사용된다. 증기 기관차가 더 이상 사용되지 않는 이유는 많다(181).

- 낮은 연료 효율. 석탄의 연소로 생긴 에너지의 약 6 %만이 열차의 견인에 사용된다.
- 열등한 기술적 성능. 증기 기관차는 3,000 마력과 120~140 km/h의 최대 운전 속도를 넘을 수 없다.
- 많은 수의 급수 설비를 유지하는 것이 필요하다.
- 유지관리비가 많이 든다.
- 연료 보충 절차가 시간을 소비한다. 증기 기관차는 하루에 12~14 시간만 운전할 수 있다.
- 증가된 화재의 위험
- 환경에 유해(대기 오염, 소음)하다.

13.3 증기 운전에서 디젤 운전과 전기 운전으로

13.3.1 증기 운전에서 디젤 운전으로

열차의 디젤 운전은 제2차 세계대전 이전에 잠깐 도입되었지만 대전이 끝난 이후에 체계적으로 발달하였다. 디젤 기관차는 디젤 내연 기관으로 구동된다. 디젤 운전은 증기 운전에 비교하여 훨씬 더 높은 효율성, 더 낮은 운전비(거의 50 %만큼), 훨씬 더 좋은 성능(동력, 속도), 더 깨끗한 운전과 개량된 승차감, 운전자에게 용이하고 격렬

함이 더 적은 작업을 제공한다.

13.3.2 디젤 운전에서 전기 운전으로

전기 철도 운전의 출현은 1879년까지 거슬러 올라간다. 차량에서 전기 동력의 최초 사용은 1890~1914년 사이에 개발된 시가 전차와 함께 도시 서비스로 제한되었다.

전기 운전은 1900년에 재래 철도에 처음 도입되었으며, 그 때 파리와 런던 지하철 선로에서와 스위스랜드의 산악 선로에서 채택하였다.

전기 운전은 1920년 이래, 특히 1950년 이후 광범위하게 사용되었다. 운전비는 디젤 운전에 비하여 35 % 더 낮지만, 필요로 하는 영구 시설에 기인하여 더 높은 초기 비용을 필요로 한다(제13.7.1항 참조). 따라서 전기 운전은 교통이 많은 선로에서만 사용한다.

13.3.3 가스 터빈 기관차

가스 터빈 기관차는 1960년대와 1970년대 초기에 개발되었다. 가스 터빈 기관차의 기본 요소는 과열되고 압축된 가스의 연소 산출물의 팽창으로 작동되는 가스 터빈 엔진이다. 가스 터빈은 높은 에너지 소비에 기인하여 1973년의 에너지 위기 이후 더 이상 비용 효과적으로 되지 않았으며, 현재 사용되고 있는 예는 극히 적다.

13.4 디젤 운전

13.4.1 디젤 운전의 작동 원리

디젤 엔진의 기본 요소(그림 13.2)는 실린더 C이며, 실린더 안의 왕복 운동으로 피스톤 P를 움직이고 있다. 이 왕복 운동은 주된 구동 축 OP에 대하여 로드 PK와 크랭크 OK에 의하여 회전 운동으로 전달된다. 다음의 순서로 기능을 수행하는 밸브 A, B 및 I가 실린더 커버에 위치한다.
- 흡입

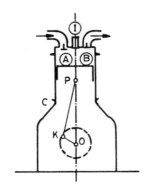

그림 13.2 디젤 기관의 도해적 표현

- 가스 연료의 압축과 주입
- 가스 연소 산출물의 압축과 팽창
- 배기

  엔진의 작동을 시작시키기 위하여 압축 공기를 들여보내는 제4밸브는 다른 세 밸브 근처에 마련된다. 모든 네 밸브는 스프링으로 눌려지며 레버와 캠샤프트에 의하여 적당한 때에 열리고 닫힌다.

  상기에 언급한 설명은 흡입, 주입 및 배기가 피스톤의 같은 쪽, 특히 위쪽의 실린더 챔버에서 일어나는 단일 작용 엔진에 관련된다.

  디젤 엔진의 모터 기능은 다음과 같이 네 사이클로 수행된다.

1. **흡입 행정.** 이것은 실린더 C가 신선한 공기로 채워지는 동안 밸브 A가 열리고 밸브 B가 닫힘과 함께 피스톤이 피스톤 행정의 상부 끝(UET)에서 시작하여 피스톤 행정의 하부 끝(LET)까지 내려가는 시간을 포함한다.

2. **압축 행정.** 이것은 LET로부터 밸브 A와 밸브 B가 닫혀서 닫힌 채로 있을 때 UET까지의 피스톤 상승에 상당한다. 따라서 실린더의 공기 압력은 1기압에서 30~40 기압으로 증가하며, 온도가 400~500 ℃에 달하게 한다. 피스톤이 UET에 도달하기 직전에 연료가 압력 하에 실린더로 주입된다. 피스톤이 UET에 도달하는 순간에 작은 방울의 연료가 계속하여 발화한다. 그 다음에 실린더 내의 압력이 50~80 기압에 도달하며 온도가 1,800~3,000 ℃에 도달한다.

3. **팽창 행정.** 이것은 닫힌 밸브와 팽창하는 가스의 작용 하에서 UET에서 LET까

지의 피스톤 행정에 상당한다. 밸브 B는 적당한 순간에 열린다.

4. 배기 행정. 이것은 밸브 B가 열림과 함께 LET에서 UET까지의 피스톤 행정을 커버한다. 이 행정의 처음 순간의 동안에 큰 몫의 가스가 실린더로부터 방출되면서 연소 가스를 밀어낸다. 나머지는 밸브 A가 열렸을 때 피스톤이 UET로 상승하는 동안 피스톤에 의하여 밀려진다.

피스톤은 상기 사이클의 완료와 동시에 최초 위치로 되돌아가며 프로세스가 반복된다. 그러나, 전체 사이클을 2 행정으로 완료하는 것이 가능하며, 이 경우에 2 행정 엔진을 갖는다. 실린더의 수에 관하여 직렬형에서 4, 5 또는 8 실린더 또는 V형 배열에서 8~12 실린더를 가지고 있는 디젤 엔진이 있다. 모터의 속도는 저속(750 r.p.m.)에서 고속(1,200~1,500 r.p.m.)까지의 범위를 가진다. 저속 모터는 동일 동력에 대하여 더 무겁다. 실린더는 고온에 대처하기 위하여 벽들 사이에서 물을 순환시키는 2중 벽을 가지고 있다.

13.4.2 트랜스미션 시스템

디젤 기관차에서 모터로부터 차륜으로의 구동 동력 트랜스미션은 다음의 방법으로 달성한다.

- "유체 역학적" 트랜스미션과 "유체 역학적" 속도 변화에 의하여(예를 들어, Voith형)
- "유체 역학적" 트랜스미션과 "기계적" 속도 변화에 의하여(예를 들어, Mekydro형)
- "전기적" 트랜스미션에 의하여. 이 경우에 디젤 엔진은 발전기를 구동시키고 발전기는 차례로 일련의 전기 모터를 구동시키며, 그리고 이것은 기계적으로 그들의 구동 차륜에 연결된다. 전기적 트랜스미션의 경우에는 기어 박스가 채용되지 않으며 운전 조건은 전기 기관차의 운전 조건과 동일하다. 디젤-전기 기관차라 부르는 이 유형의 디젤 기관차는 본질적으로 구동 차축의 모터를 공급하는 직류 발전기 설비이다. 견인의 요구조건이 높은 경우에는 몇 개의 디젤 기관차를 연속하여 동일 열차에 사용할 수 있다.
- 다른 수단에 의하여. 예를 들어, "유체 정역학적" 트랜스미션에 의하여, 또는 완전히 기계적 트랜스미션에 의하여.

13.4.3 디젤 기관차의 요구 조건

디젤 엔진은 다음의 요구 조건에 적합하여야 한다.
- 중간 속도와 고속에서 그리고 충만한 또는 거의 충만한 열차 하중에서 트랜스미션 박스의 높은 유효성과 함께 수평 궤도, 상향 또는 하향 구배에 대하여 중간 또는 무거운 하중의 견인 용량
- 한편으로 저속 범위에서, 그리고 다른 한편으로 충만한 하중에서 상향 구배에 대한 오버하중(overload) 용량
- 고속에서 슬립이 없이 제동하기 위한 용량뿐만 아니라 하향 구배에서 기계적 브레이크를 사용함이 없이 속도 한계 내로 유지하기 위한 용량
- 유리한 작동 영역 내에서 모터의 작동
- 높은 신뢰성과 낮은 유지관리비

13.4.4 디젤 운전의 장점과 단점

디젤 엔진은 전기 운전과 비교하여 다음과 같은 장점을 갖고 있다.
- 더 낮은 궤도 건설비
- 자율성

그러나 디젤 엔진은 전기 운전과 비교하여 다음과 같은 단점을 갖고 있다.
- 더 낮은 기계적 성능(동력, 힘, 속도)
- 더 높은 에너지 소비
- 더 많은 공기 오염과 소음
- 더 높은 유지관리비

13.5 전기 운전

열차 운전에 필요한 에너지를 디젤 기관차 자체 내에서 발생시키는 디젤 운전에 비하여, 전기 운전에 필요한 에너지는 외부의 하위 시스템인 동력 공급 하위 시스템에 의하여 전기 기관차에 전해진다.

13.5.1 동력 공급 하위 시스템

동력 공급 하위 시스템은 다음을 포함한다.

- "변전소." 변전소에서는 전압을 낮추며 (어떤 전기 운전 시스템에서) 교류(AC) 주파수를 변화시키거나 또는 AC를 직류(DC)로 정류한다.
- "송전선"과 "도체 레일." 이들은 전기 에너지를 변전소에서 전기 기관차로 송전한다.

변전소는 다음과 같이 전력을 얻을 수 있다.

- 유럽에서 50 Hz, 미국에서 60 Hz의 주파수로 국가의 고압 전력 망으로부터
- 또는, 국가의 망보다 상당히 더 낮은 주파수(일반적으로 16 2/3 Hz)로 개별적인 고압 배전 망으로부터. 이 개별적인 망은 공공의 망에 연결될 수 있으며, 또는 독립적일 수 있다. 즉, 자체 농력 생산 설비를 가질 수 있다.

그러므로 선로(기존 또는 신설)의 전철화를 계획할 때는 선로까지 공공 전력 망의 접근성 뿐만 아니라 전력 망으로부터 이용할 수 있는 에너지를 고려하여야 한다.

변전소에서는 전력 망으로부터 얻은 전기 에너지의 특성을 변화시키며(전압 감소 및/또는 주파수 전환 및/또는 AC에서 DC로 정류), 전환된 에너지는 송전선을 통하여 차량으로 보낸다. 변전소 간격은 10~70 km의 범위를 가지며 주로 전기 운전 시스템과 선로 교통 하중에 좌우된다.

변전소에서 차량까지의 송전선은 일반적으로 단상 구성이다. 전기 운전 엔진은 다음과 같은 도체로부터 전력을 획득한다.

- 철도에서와 (때때로) 지하철에서 사용하는 것처럼 "가공(架空)선"
- 또는, 지하철과 일부 교외 철도에 사용하는 "도체 레일"(하나 또는 둘).

하나만의 송전선 또는 도체 레일이 준비되는 경우에는 레일을 통하여 전류의 복귀를 달성한다. 한쪽 레일이든지 양쪽 레일을 채용할 수 있다.

13.5.2 견인 하위 시스템

견인 하위 시스템은 모든 장치와 설비를 가진 전기 견인 엔진을 포함한다. 이 하위 시스템에서는 전기 에너지가 열차의 이동에 사용하는 기계적 에너지로 전환된다.

가공(架空) 송전선의 경우에는 "팬터그래프"를 통하여 전선에서 차량으로 전력이

전달된다. 제3 또는 제4 레일 도체의 경우에는 차량의 "집전 슈"가 전력을 받는다(제 13.8.5항 참조).

13.5.3 두 단속 하위 시스템의 요구 조건

상기에 언급한 전력 공급 및 견인 등 두 하위 시스템은 여러 가지 요구조건을 가지며, 에너지 전달(전력 공급 하위 시스템) 또는 에너지 사용(견인 하위 시스템)에 할당된 우선권에 좌우하여 여러 가지 견인 시스템이 개발되었다.

13.6 전기 운전 시스템

13.6.1 직류 운전

직류는 견인 하위 시스템의 점에서는 교류에 우선한다. 그러므로 오랫동안(20 세기초기 이후 1950년경까지) 좋은 모터 운전에 우선권이 주어졌다. 최근까지 직권 여기(勵起) DC 모터가 철도 운전에 가장 좋은 견인 조건을 제공하였으므로 철도 설계자들은 직류를 사용하는 전기 운전 시스템을 추구하였다. 그러나, 직류는 변압할 수 없다. 그러므로 초기의 송전 시스템은 견인 모터와 같은 전압으로 작용하였다. 채용된 주된 전압은 다음과 같았다.

- 750 V. 주로 제3과 제4 레일 시스템에 대한 송전용
- 1,500 V. 다른 전압들보다 더 널리 보급
- 3,000 V

상기의 전압들은 공공 전력 망에 채용된 전압(150,000 V, 220,000 V 및 280,000 V)보다 훨씬 더 낮으며 효과적인 송전을 위해서는 너무 낮다. 그러므로, DC 운전은 큰 횡단면($400{\sim}900$ mm^2)의 송전선과 근접하여 간격을 둔 변전소를 필요로 한다. 변전소의 간격은 1,500 V의 경우에 $15{\sim}20$ km이며 3,000 V의 경우에 $35{\sim}45$ km이다.

그러므로 직류 운전은 견인 하위 시스템의 점에서는 우수할지라도 전력 공급 하위 시스템의 점에서는 열등함이 입증되었다. DC 운전은 현재 세계의 전철화 선로 중에

서 약 50 %이며 프랑스, 스페인, 이탈리아, 러시아, 일본, 영국의 일부 등에 주로 사용되어 왔다(후술의 그림 13.4 참조).

13.6.2 교류 운전

교류는 동력 공급 하위 시스템에 관하여는 직류보다 우수하지만, 견인 하위 시스템에서는 문제에 부닥친다. 견인 엔진의 요구 조건을 충족시키는 AC 모터는 집전기를 사용하는 직권 여기(勵起) 상태의 AC 모터이지만, 그것은 AC 주파수에 비례하는 문제에 직면한다. 그러므로, 공공 전력 본선에 사용되는 50 Hz보다 낮은 주파수로 AC를 사용할 필요가 발생한다.

13.6.2.1 15,000 V, 16 2/3 Hz의 AC 운전

이 시스템의 변전소는 두 근원 중 어느 하나에서 전력을 얻는다.

- 국가의 전력 망으로부터(50 Hz나 60 Hz의 주파수로). 이 경우에는 변전소에서 전압 강하와 주파수 변환을 한다.
- 저주파 AC를 송전하는 개별적인 망으로부터. 이 경우에는 변전소에서 전압 강화만을 한다.

15,000 V, 16 2/3 Hz의 AC 운전은 변전소가 특별 저주파 AC 전력 설비로부터 전력을 공급받는 중앙 유럽(독일, 오스트리아, 스위스랜드)과 변전소가 50 Hz 국가 전력 망으로부터 전력을 공급받는 북유럽(스웨덴, 노르웨이)에서 현재 사용되고 있다. 이 AC 운전 시스템은 세계적으로 전철화 선로의 20 %에 상당한다.

15,000 V, 16 2/3 Hz 전기 운전에서는 변전소가 50~60 km씩 떨어져 있으며 송전선은 DC 운전보다 상당히 더 적은 횡단면적을 갖는다. 그러나, 이 시스템은 모터, 주로 그것의 큰 자화율(磁化率)에 관련되는 단점을 가진다.

13.6.2.2 25,000 V, 50 Hz의 AC 운전

상기에 기술한 두 시스템의 단점을 극복하기 위해서는 그들의 어떠한 단점도 나타내지 않고 양 시스템의 장점을 결합하는 견인 시스템을 추구하는 것이 필요하다. 이것은 차상에서 운반할 수 있는 능률적이고 가벼운 중량의 이그니트론(ignitron, 아크 점화 장치형 수은 방전관) 정류기의 개발로 1950년 이후에 달성되었다(후자는 사이리스터

(반도체 소자)로 대치되었으며, 그 다음에 1980년대 동안 GTO 기술로 대치되었다. 이하의 제13.10.3항 참조). 이 시스템에서는 변전소가 국가 망으로부터 전력을 공급받아 전압을 단순하게 25,000 V, 50 Hz로 낮추며, 송전선을 통하여 기관차로 송전한다. 기관차에서는 전압을 다시 낮추고, 정류하여 직권 여기(勵起) 상태의 DC 견인 모터에 사용한다.

25,000 V, 50 Hz 시스템은 세계적으로 전철화 선로의 30 %에 상당하며 새로운 전철 운전 설비에서 거의 독점적으로 사용된다. 변전소는 60~100 km씩 떨어져 있으며 송전 도선은 DC 시스템보다 3~5 배 더 작은 횡단면적을 가진다. 이 시스템은 더욱이 일련의 DC 모터를 사용할 수 있으며, DC 모터는 열차의 구동에 우수하다.

1,500 V DC를 사용하는 운전 시스템과 25,000 V, 50 Hz AC를 사용하는 시스

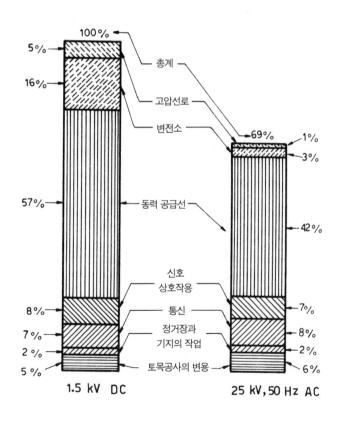

그림 13.3 DC와 AC 운전 시스템의 건설비(서유럽의 경제 데이터)

템에 대한 건설비를 비교하면 후자가 전자보다 30 %만큼 더 낮은 값이 산출된다(그림 13.3).

그림 13.4는 여러 유럽 국가에 대한 운전 시스템을 도해하며 그림 13.5는 각 시스템의 기본 구성요소와 특성을 나타낸다.

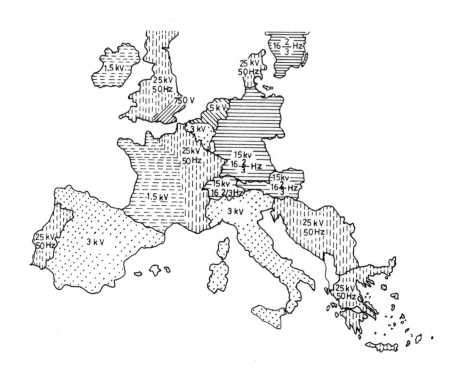

그림 13.4 여러 유럽 국가의 운전 시스템

13.6.3 디젤과 비교한 전기 운전의 장점과 단점

전기 기관차의 기본적인 장점은 비(比)의 동력(50~55 kW/t)이 디젤 기관차의 비(比) 동력(20~25 kW/t)의 2배 이상인 점이다(그림 13.6).

전기 엔진은 순간의 과부하(출발할 때, 급구배에서 등)를 지속하는 반면에 디젤 엔진은 허용 수명과 보수비 구속을 고려하는 한 가능하지 않다.

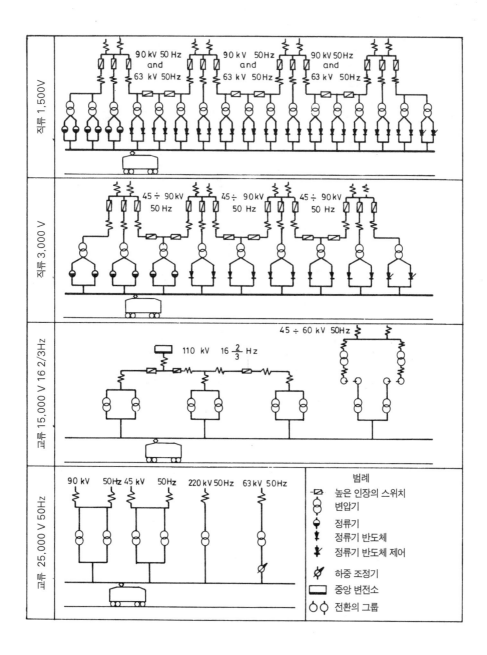

그림 13.5 각종 전기 운전 시스템의 기본 구성요소와 특성, (6)

더욱이 전기 견인 엔진에서는 높은 표고 지역을 횡단하는 선로를 따른 동력 강하가 관찰되지 않는다. 엔진에 들어가는 공기가 상당히 감소되므로 이것은 디젤 엔진에 대

표 13.1 자동차와 디젤 열차에 의한 대기 오염

구분	좌석 수	등가 지수$(CO+NOx)$
자동차	5	8.72
디젤 열차	500	0.60

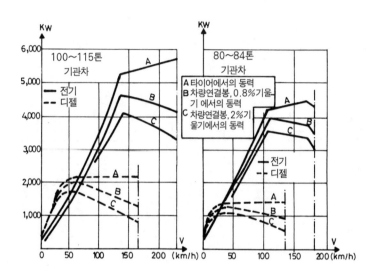

그림 13.6 전기와 디젤 견인 엔진 동력의 비교

하여 경우가 아니다.

긴 터널의 경우에는 제한된 공기 공급에 기인하여 전기 운전이 필수적이다.

마지막으로, 전기 엔진은 대기 오염이 설혹 있다손 치더라도 조금밖에 없으며, 동시에 보수는 디젤 기관차보다 훨씬 더 단순하고 쉽다. 그럼에도 불구하고 디젤 열차조차 (승객-km 당 1 : 14의 비율로) 자동차보다 훨씬 더 적게 오염시킨다는 점에 유의하여야 한다(표 13.1).

13.7 전기 운전의 실행성 분석

13.7.1 실행성 분석의 파라미터와 절차

실행성 분석에서는 다음의 두 비용 요인을 고려하여야 한다.

• 송전선과 변전소를 포함하는 건설비. 이것은 교통에 좌우되지 않는다.

• 운전비와 보수비. 이것은 교통과 함께 증가한다.

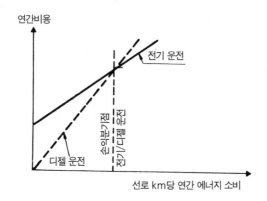

그림 13.7 전기와 디젤 운전에 대한 선로의 킬로미터 당 에너지 소비의 함수로서 연간 비용

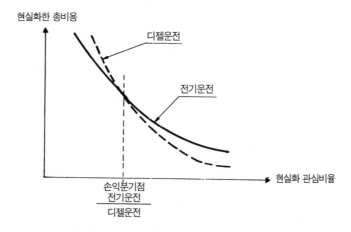

그림 13.8 전기 운전이 비용 효과적으로 되는 교통 하중을 사정하기 위한 실행성 분석

일반적으로 연구된 양은 선로 교통의 함수로서 연간 총 비용이며 선로 교통의 지표는 선로의 킬로미터 당 연간 소비된 에너지로 되고 있다. 그림 13.7은 디젤과 전기 운전의 연간 비용에 대한 상대적인 표시이다.

여기서 낮은 교통에서는 전기 운전이 비용 효과적이 아님을 알 수 있다. 그러나, 전기 운전이 비용 효과적으로 되어 가는 점을 넘어 접근함에 따라 문제의 더 상세한 조사가 필요하다.

해석의 기간은 일반적으로 다음의 20~25년이며, 전체의 비용(최초의 건설비와 연간 운전비)은 현재 가(價) 방법을 이용하여 각 견인 시스템에 대하여 일정한 가격으로 전환한다(41). 그림 13.8은 전기 운전이 비용 효과적으로 되는 교통 하중의 정밀한 결정을 할 수 있게 하는 각 운전 시스템에 관련하는 곡선의 형을 도해한다.

전기 운전의 실행성 분석은 특히 향후 20~25년의 액체 연료 가격에 관하여 많은 불확실성을 포함하며, 관심이 있는 현실화를 평가하고 그것에 의하여 각종 비용을 일정한 가격, 실행성 분석기간 등으로 전환한다. 따라서 (실행성 분석의 결과에 대하여 한 파라미터 변화의 충격을 시험하는 것을 목적으로 하는) 민감성 분석을 수행하는 것도 타당하다(41).

13.7.2 전철화 선로의 선택 기준

전술한 분석은 모든 경우에 적용할 수 없으며 게다가 대부분의 경우에 특정한 선로의 전철화가 타당한지의 여부에 대하여 쉽고 빠르게 결론에 도달할 필요가 발생한다. 따라서 여러 철도망은 이 효과에 대하여 단순한 기준을 적용하며, 가장 널리 사용되고 있는 것은 선로에 대한 열차의 수 또는 (더 정밀하게) 선로의 km 당 에너지 소비이다.

당해 기준은 인건비, 에너지의 비용, 재정적 투자비 등에 관한 각 국가의 특성이 포함되므로 철도마다 다르다.

그러나 기준은 처음의 근사 평가를 행하기 위하여만 사용될 수 있을지라도 선로를 주행하는 열차의 수이다. 예를 들어, (에너지의 비용이 낮았던) 1973년까지 전철화 비용 효과의 고려가 적격으로 되기 위해서는 선로가 방향 당 적어도 하루에 30 열차만큼 주행되어야 하였다. 1973년과 1979년의 에너지 위기 이후에 이 기준은 방향 당 일간 약 15 열차로 되었다.

그러나 적은 수나 많은 수의 차량들로 열차가 구성될 수 있다고 가정하면, 차량의 수를 고려하는 기준을 추구한다. 그러한 기준은 선로의 km 당 에너지 소비이다. 예를 들어, 프랑스 철도는 원칙적으로 전철화 비용 효과성의 분계 점으로 7만 kW/선로 km의 연간 소비를 고려하는 반면에 독일 철도는 이 한계를 15만 kW/km로 추정한다(198) (203). 그러므로 철도망마다의 기준은 상당히 다를 수 있다.

특정한 선로에 대한 열차 하중 또는 에너지 소비가 상기의 한계를 넘을 때는 선로를 전철화하기 위한 어떠한 결정도 하기 전에 제13.7.1항에 설명한 것처럼 상세한 실행성 검토를 하여야 한다.

13.8 송전선

13.8.1 송전선의 부분과 요소

송전선(전차선)의 개념은 다음을 포함한다.
- 급전선, (팬터그래프에 닿는) 접촉 전차선, 조가선, 받침 선
- 전주(사진 13.1) 또는 프레임(사진 13.2)을 사용하는 전차선지지 구조물
- 절연 애자, 전주 브래킷(사진 13.3, 그림 13.9), 장력 조정 장치(일반적으로 1,200 m마다), 평형 추, 각종 설치 하드웨어, 전주를 송전선과 지반에 연결하는 와이어, 변전소까지의 연결을 위한 도체

사진 13.1 전차선을 지지하는 전주   사진 13.2 전차선을 지지하는 프레임

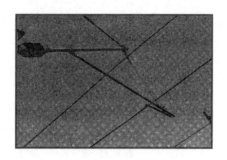

사진 13.3 전주 브래킷과 절연 애자

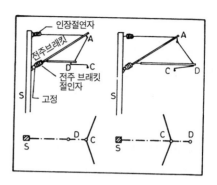

그림 13.9 절연 애자와 전주 브래킷

가공 송전선은 그림 13.9에 도해한 것처럼 전주 브래깃으로 지지하며, 전주 브래깃은 차례로 궤도 중심에서 2.2~3.00 m에 세운 지지 전주에 절연 애자로 설치한다. 전주 브래깃은 일반적으로 아연 도금 강관이다.

13.8.2 송전선 횡단면의 계산

송전선의 횡단면과 그 외 특성의 계산은 공칭 값에서 10 % 이하의 변동을 허용하면서 변전소에서 기관차 배전반까지 허용 전압 강하를 기초로 하여 수행한다.

전압 강하의 이론적인 계산은 통과하는 하중이 일정하다는 가정에 기초하지만, 그러나 이것은 운행 중인 열차의 수, 열차의 위치 등이 변화하기 때문에 사실이 아니다. 따라서, 송전선의 계산은 다음과 같이 소규모의 물리적인 모델을 이용하여 수행한다.

- 변전소는 변전소의 내부 회로를 시뮬레이션하는 적당한 저항기로 보충하여 전압이 일정한 전원으로 시뮬레이션을 한다.
- 급전선과 귀전선은 적당한 저항기로 시뮬레이션을 한다.
- 열차는 선로의 여러 지점에 연결할 수 있는 가변 저항기로 시뮬레이션을 한다.
- 적당한 측정 도구는 변전소 출력 저항, 각 변전소에서의 총 전류, 견인 엔진 배전반에서의 전압 등을 (변전소 간격과 송전선 횡단면의 함수로서) 직접 읽게 한다.

이 물리적 모델은 송전선, 변전소 간격 등 여러 조합의 시험과 확인 및 최적 해를 선택할 수 있게 한다.

어쨌든, 송전선 전압은 25,000 V, 50 Hz 견인의 경우에 UIC 규정에 따라 정규의 견인 엔진 동력의 공급을 보장하기 위하여 27,500 V의 최대 값, 25,000 V의 표준 값, 19,000 V의 최소 값을 가져야 하며, 17,000 V로 떨어지는 것은 순간적이어야 한다(200).

13.8.3 송전선 가선 방식

주로 열차 속도, 또한 기후 조건(풍속과 풍향)과 전주 간격에 좌우되어 각종의 송전선 가선 방식이 사용되고 있다(그림 13.10). (120 km/h에 이르기까지) 저속에서는 심플 가선 방식이 적당한 반면에, 중간 속도와 고속에서는 카테너리형 가선 방식이 필수적이다(202).

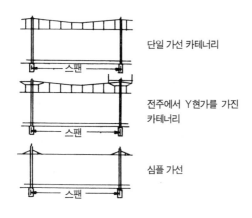

단일 가선 카테너리

스팬

전주에서 Y현가를 가진 카테너리

스팬

심플 가선

스팬

그림 13.10 송전선 가선 방식

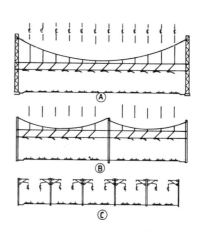

Ⓐ

Ⓑ

ⓒ

그림 13.11 전철화하기 전에 궤도의 재배선과 철거

13.8.4 궤도 배선

몇 개의 궤도가 평행하게 부설되어 있을 때(정거장, 터널 출·입구, 교량 등)는 언제나, 전철화하려는 궤도의 총수를 줄이기 위하여 궤도를 다시 배선하고 약간의 궤도는 철거하는 것이 유리하다. 그림 13.11은 약간의 궤도 철거와 총 비용의 감소를 허

용하는 그러한 재 배선을 나타낸다. 재 배선은 장래의 연결, 분기기 및 크로싱을 고려하여야 한다(197).

13.8.5 도체 레일에 의한 동력 송전

전기 동력은 제13.5.1항에서 언급한 것처럼 가공 송전선이든지 도체 레일(하나 또는 둘)을 이용하여 기관차에 송전한다. 도체 레일은 주로 지하철과 일부의 교외 철도에 사용된다.

도체 레일 해법(그림 13.12)은 대단히 큰 가공 선로 횡단면이 필요하게 되는 대단히 중량인 교통 하중의 경우에 바람직하다. 도체 레일은 900 mm²의 횡단면을 가진 가공 도체에 동등하며, 그것은 터널의 경우에 더 작은 차량 한계를 허용하고 따라서

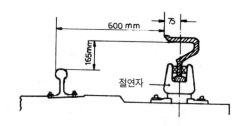

그림 13.12 도체 레일에 의한 동력 공급

상당히 절약할 수 있게 한다(1).

건널목 또는 분기기 부근에서는 제3 레일이 중단되며 동력 공급의 연속성은 특수 절연 케이블을 이용하여 확보한다.

안전에 특별히 주의하여야 하며, 인력 작업 또는 통과 지역은 절연 플레이트로 도체 레일을 덮어야 한다. 도체 레일은 가공 시스템보다 눈과 서리에 더 민감하다. 일부의 지하철(예를 들어, 런던 지하철)에서는 주행 레일에서 땅으로의 누전을 피하기 위하여 양과 음의 두 도체 레일을 사용한다.

13.9 전차선 지지 전주

13.9.1 전주의 재료

가공 선을 지지하는 전주는 다음의 하나로 이루어져 있다.
- 주강
- 아연 도금 강
- 프리스트레스트 콘크리트
- 철근 콘크리트

13.9.2 전주의 간격

지지 전주의 간격은 다음의 요인에 따라 50~75 m간의 범위를 갖고 있다.
- 팬터그래프의 동요
- 기관차의 횡 운동
- 기후 조건

그림 13.13은 다음 사항의 추가로 생기는 팬터그래프의 횡 운동 D를 도해한다(197).
- 줄 틀림(방향 틀림) H_D(제11.3.3항 참조)
- 수평 틀림 T_D. 이것은 아래와 같은 비율 μ

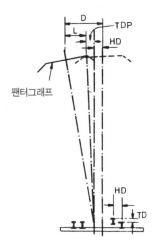

$$\mu = \frac{\text{가공 선의 높이}}{\text{궤간}}$$

로 곱한 팬터그래프 운동에 대하여 편의(偏倚)한다.

$$T_{DP} = T_D \cdot \mu$$

그림 13.13 팬터그래프의 동요

- 열차의 속도, 가공 선의 높이, 기관차의 현가 장치 스프링 등에 좌우되는 기관차의 횡 운동 L

종과 횡의 팬터그래프 운동은 상세히 계산하여야 한다. 최고 열차 속도(1990년의 시험 주행에서 515 km/h, 제1.1.3항 참조)에 대한 주된 구속 요인은 최대 허용 팬터그래프 동요이며 금속 대 금속(차륜 - 레일) 접촉은 그 정도가 더 적다는 점이 강조되어야 한다.

13.9.3 전주의 기초

전기 운전용 전주를 설치할 때, 지반의 최종 침하를 최소화하기 위해서는 굴착과 되메우기 단계(그림 13.14)에서 특별한 주의를 필요로 한다.

견고한 지반에 전주를 설치할 때(그림 13.15)는 다음과 같이 모멘트에 기초하여 계산한다(197).

$$M = c \cdot B \cdot L^3$$

여기서, c는 흙의 특성에 좌우되는 계수이다.

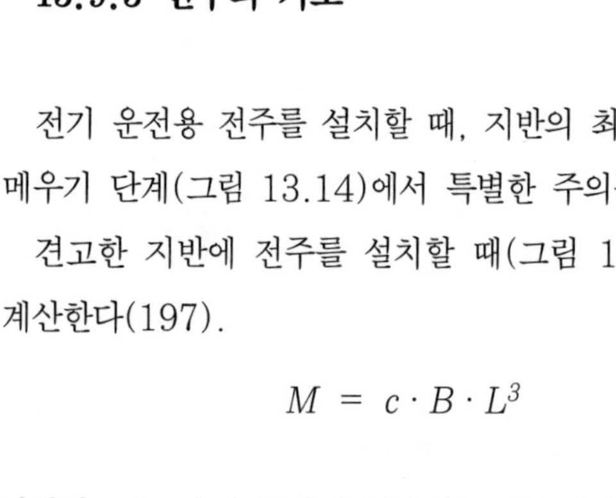

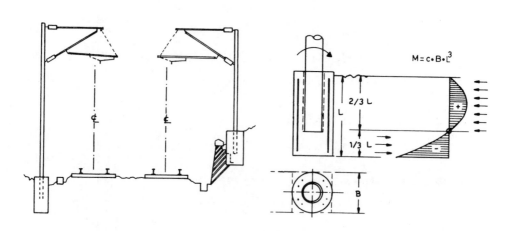

그림 13.14 전주의 설치

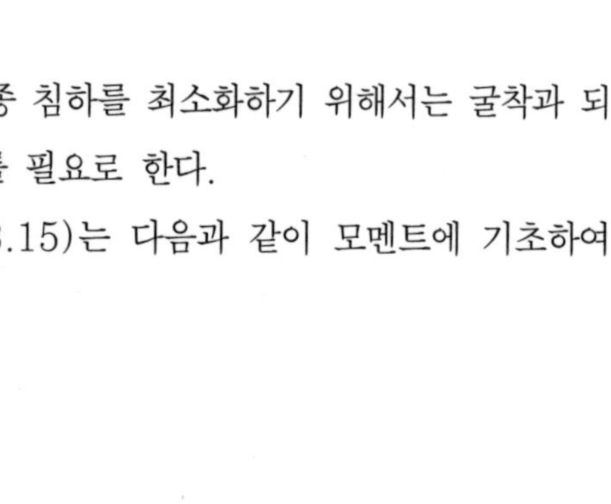

그림 13.15 좋은 품질의 지반에 대한 전주 기초의 계산

열등한 지반의 경우에는 전주를 작은 기초 슬래브 상에 설치한다(그림 13.16).

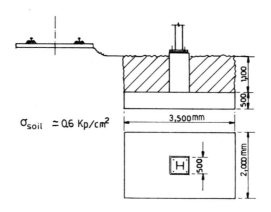

σ_soil ≃ 0.6 Kp/cm²

그림 13.16 열등한 품질의 지반에서 전주의 설치

13.10 변전소

13.10.1 변전소 급전 직류 시스템

DC 시스템을 공급하는 변전소는 3상 전압을 낮추는 것에 더하여 또한 AC를 DC로 정류한다.

정류는 처음에 AC 모터 - DC 발전기 커플로 수행하였으며, 나중에 수은-풀 정류기로, 더 근래에 실리콘(규소) 정류기로 교체되었다.

현대적 변전소는 하나 또는 두 개의 출력 전압을 가진 고압-중간 전압 변압기와 정류기 어셈블리를 포함한다(그림 13.17). 실리콘 다이오드(2극 진공관) 또는 사이리스터(반도체 소자)가 정류기로서 사용되어 왔지만 1980년대 중반 이후에는 GTO 기술로 교체되어 왔다(이하의 제13.10.3항 참조).

13.10.2 변전소 급전 교류 시스템

AC 변전소(그림 13.18)에서는 전압을 낮출 뿐이며, 따라서 이러한 종류의 변전소는 DC 변전소보다 더 단순하다. AC 변전소의 설계는 특히 단락에 주의하여야 한다.

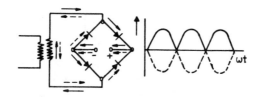

그림 13.17 DC변전소의 단순화한 개요도

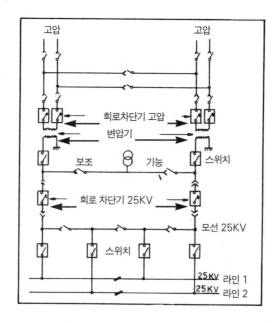

그림 13.18 35 kV, 50 Hz AC 변전소

이것은 예방 구성 및 단락의 위험을 제한하는 장치를 추가하여 예방할 수 있다.

13.10.3 사이리스터에서 GTO 기술로

사이리스터(반도체 소자)는 1980년대 중반까지 광범위하게 사용되었다. 그 시기에 도입된 Gate Turn Off (GTO) 기술(그림 13.19)은 정류 회로의 생략을 허용하였으며 따라서 명확하게 하중 손실을 감소할 수 있게 하였다(그림 13.20).

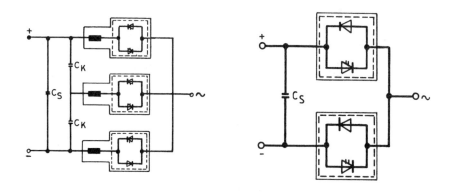

그림 13.19 사이리스터와 GTO 기술

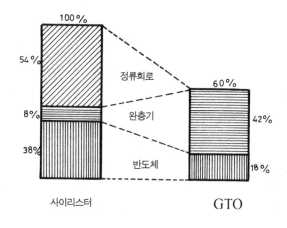

그림 13.20 사이리스터와 GTO 기술에 대한 하중 손실

13.10.4 중앙 원격 제어

오늘날 변전소 및 변전소에서 공급되는 시스템은 선로, 변전소 및 각 변전소에서 공급되는(그러므로 제어되는) 구간을 나타내는 시각의 패널이 있는 경우에, 중앙 제어 스테이션에서 원격 제어하고 모니터한다. 원격 제어는 갖가지 주파수로 구성된 신호 코드를 사용하여 달성된다. 근년의 전자 제어 회로는 0.3 초 정도의 실행 시간을 가

능하게 한다.

13.10.5 전기 통신 시스템에 대한 전기 운전의 방해

(전기 운전의 경우에) 동력 송전선에 추가하여 철도 전기통신 케이블도 철도 궤도의 옆에 (일반적으로 지하에) 설치된다. 동력과 전기통신 케이블간의 간섭을 방지하기 위해서는 전기 통신망에서 유도되는 전압을 정밀하게 계산하여야 한다.

견인 동력 케이블이 공공 동력 망의 선로와 교차하는 곳에서도 문제가 발생한다.

13.11 동기와 비동기 모터

전기 모터는 다음과 같이 세 개의 일반적인 부류로 분류할 수 있다(그림 13. 21).

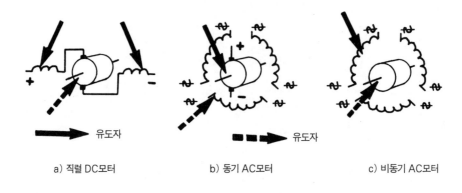

a) 직렬 DC모터   b) 동기 AC모터   c) 비동기 AC모터

그림 13.21 전기 모터의 세 가지 경우

- **직류 모터.** 유도자가 고정되어 있으며(고정자) DC를 이용한다. 고정자와 움직이는 부분 또는 회전자 사이에서 유도가 발생되며, 회전자 권선이 교류를 전하도록 브러시를 통하여 DC로 공급된다. 모터 속도는 모터에 적용되는 DC 전압을 변화시킴에 의하여 뿐만 아니라 유도된 자장을 변화시킴에 의하여도 조정된다. 회전의 방향은 유도자의 연결을 거꾸로 함에 의하여 전환된다(극성 반전).
- **동기 모터.** 유도자가 회전하며(회전자) AC를 이용한다. 회전자와 3상 AC를 전

하는 고정 부분(고정자) 사이에서 유도가 일어난다. 회전 속도는 3상 교류의 주파수를 변화시켜서 조정한다. 회전의 방향은 AC 위상 순서를 거꾸로 함에 의하여 전환된다.

- **비동기 모터.** 유도자가 고정되어 있으며(고정자) 3상을 이용한다. 고정자와 3상 AC를 전하는 움직이는 부분 또는 회전자 사이에서 유도가 일어난다. 속도는 3상 AC 주파수를 변화시킴에 의하여 조정된다. 회전의 방향은 유도자의 위상 순서를 거꾸로 함에 의하여 전환된다.

비동기 모터는 다음과 같은 장점을 제공한다.

- · 더 가벼운 중량. 동일 동력의 동기 모터와 비교하여 약 반.
- · 더 높은 효율과 토크
- · 더 적은 궤도 부하

현재 사용 중인 대부분의 전기 기관차는 직류 모터를 사용한다. 예를 들어, 프랑스 철도는 4,400 kW의 동력과 160 km/h의 속도와 함께 중량이 90 톤으로 Alsthom이 제작한 BB 시리즈의 전기 기관차를 채용하고 있다. 스웨덴 철도는 ABB가 제작한 R/C 시리즈의 기관차를 사용한다. 독일 철도는 3,300 kW의 동력과 160 km/h의 속도를 가진, Krupp이 제작한 E 181.2 시리즈의 기관차를 사용한다. 비동기 모터의 예에는 독일 ICE, 고속 Eurostar 파리-런던 철도 연결 등이 있다.

동력에 관련되는 동기와 비동기 모터는 실용적으로 동등하다. 비동기와 동기 모터는 그들의 더 큰 회전 속도 때문에 직류 모터보다 더 효과적이다. 비동기 기술은 명령의 복잡한 전자 시스템에도 불구하고 급속히 팽창되고 있다. 그러나, 동기 모터를 가진 기관차는 1990년에 515 km/h의 속도로 주행하였다(제1.1.3항 참조). 동기와 비동기 모터간에서의 선택은 각각의 구매, 운전 및 보수비의 분석에 기초하여야 한다.

13.12 전기 기관차의 보수 - 기지

차량의 좋은 운영에 중요한 인자는 능률적인 적시의 보수이다. 보수는 예방적이어야 하며 다음의 원리에 기초하여야 한다.

- 요원과 설비의 전문화
- 보수 기간의 적시 계획 수립

- 모든 결함의 정밀한 모니터링에 적합한 기구와 컴퓨터 장비
- 연속적인 컨트롤과 결과의 평가
- 비용의 감소

전기 견인 엔진에 대하여는 각종 루틴 검사와 보수를 수행하여야 한다: 2일 검사, 주간 검사, 월간 기술적 검사, 2개월 보수, 4개월 보수, 연간 보수, 10년 주기의 일반적인 분해 수리, 20 주기의 일반적인 분해 수리 등.

4개월 레벨에 이르기까지의 보수는 지방의 기지(depot)에서 수행할 수 있다. 이 레벨을 넘는 보수는 보수 공장(facility)에서 다룬다.

참고 문헌

GENERAL REFERENCES

1. Alias, J. (1984), *La Voie Ferrée-Tome 1: Techniques de Construction et d' Entretien*, Eyrolles, Paris.
2. Alias, J. (1993), *La Voie Ferrée-Tome 2: Signalisation*, Ecole Nationale des Ponts et Chaussées (ENPC), Paris.
3. Alias, J. (1993), *La Voie Ferrée-Tome 3: Exploitation Technique et Commerciale*, ENPC, Paris.
4. Esveld, C. (1989), *Modern Railway Track*, The Netherlands.
5. *World Congress on Railway Research* (1994), International Congress, Paris.
5a. UIC (1999), *Shaping the Future of Rail*, Paris.
6. Oliveros Rives, F. Rodriguez Mendez, M., Megia Puente, M. (1983), *Tratado de Explotación de Ferrocarriles*, Editorial Rueda, Madrid.
7. Railway Industry Association of Great Britain (1983), *Track Course*, London.
8. Fiedler, J. (1991), *Grundlagen der Bahntechnik*, Werner - Verlag, Düsseldorf.
9. The Permanent Way Institution (1993), *British Railway Track*, 6th Edition, Echo Press Ltd, Loughborough.
10. H.M. Stationery Office (1992), *Railway Construction and Operation Requirements - Structural and Electrical Clearances*, London.
10a. Murthy, T.K., Mellitt, B., Brebbia, C.A. (1994), *Computers in Railways*, Computational Mechanics Publications, Southampton.

REFERENCES PER CHAPTER

CHAPTER 1

11. World Bank (1982), *The Railway Problem*, Washington.

12. Union Internationale des Chemins de Fer (UIC) (1980), *Le Chemin de Fer d'Aujourd'hui et de Demain*, Paris.

13. UIC (1994), *The Role of the Railways in the Development of the Economy*, International Seminar, N. Delhi.

14. European Conference of Ministers of Transport (ECMT) (1986), *European Dimension and Prospects of the Railways*, International Seminar, Paris.

15. ECMT (1990), *Prospects for East-West European Transport*, International Seminar, Paris.

16. ECMT, Round Table 47 (1980), *Scope for Railway Transport in Urban Areas*, Paris.

17. ECMT, (1985), *Improvements in International Railway Transport Services*, Paris.

18. ECMT (1986), *High Speed Traffic on the Railway Network of Europe*, Paris.

19. ECMT (1989), *Rail Network Cooperation in the Age of Information Technology and High Speed*, Paris.

20. UIC (1999), *Railway Statistics 1985-1998*, Paris.

20a. ECMT (1999), *Transport Evolution 1970-1998*, Paris.

20b. ECMT (1992), *Transport Growth in Question*, 12th International Symposium, Lisboa.

20c. ECMT (1995), *New Problems-New Solutions*, 13th International Symposium, Luxembourg.

20d. ECMT, Round Table 103 (1996), *The Separation of Operations from Infrastructure in the Provision of Railway Services*, Paris.

20e. ECMT, Round Table 107 (1998), *User Charges for Railway Infrastructure*, Paris.

21. Commission of the European Communities (1990), *The European High-speed Train Network*, Brussels.

22. Metzler, J.M. (1980), *Les Grandes Vitesses Ferroviaires*, ENPC.

23. Profillidis V. (1985), 'High-Speed Trains', *Technica Chronika (Scientific Journal of Greek Engineers)*, Vol. 5, No 3, Athens.

24. *Modernization of Railway and Airway Transport - The Impact of Liberalization* (1994), International Conference, Democritus Thrace University, Xanthi.

24a. ECMT (1995), *Why Do We Need the Railways*, International Seminar, Paris.

25. Gohlke, R. (1988), 'The Future of the European Railways', *Rail International*, August - September 1988.

26. Bouley, J. (1983), 'Changing Course in Changing Times', *International Railway Journal*, February 1983.

27. Amatore, P. (1990), 'The Future of the Railways in an Integrated European System', *Rail International*, April 1990.

28. Batisse, F. (1988), 'La Mobilité Ferroviaire dans le Monde', *Révue Générale des Chemins de Fer* (RGCF), September 1988.

29. Profillidis, V. (1990), 'Present Status and Future Prospects of Greek Railways - An Analysis of a Railway Network in a Difficult Situation', *Transportation Planning and Technology*, Vol. 14.

30. RGCF (1992), *Le TGV Nord*, RGCF, January-February 1992.

31. Alston, Liviu (1984), *Railways and Energy*, World Bank Editions.

32. UIC (1993), *The Railways - An Indispensable Part of the European Transport System*, Paris.

33. ENPC (1989), *L'Europe des Transports et des Communications*, Séminaire International, Paris.

34. Estival, J.-P., Profillidis, V. (1985), 'For a New Strategy of the European Rail Networks', *Rail International*, July 1985.

35. Profillidis, V. (1986), 'Railway Infrastructure of the Networks of the Peripheral Countries of the European Economic Community', *Rail International*, December 1986.

35a. RGCF (1992), *Le Tunnel sous la Manche*, December 1992.

36. Brubel, H. (1977), 'Die Technische Gestaltung des Neubaustrecken der Deutschen Bundesbahn', *Die Eisenbahningenieur*, Vol. 1, No. 1.

37. Misiti, L. (1978), 'La Direttissima Roma-Firenze', *Ingegneria Ferroviaria*, N.1.

38. Devaux, P. (1989), *Les Chemins de Fer*, Presses Universitaires de France.

39. Hochbruck, H. (1984), 'Perspektiven des Schudlverkehrs, Magnet- und/oder Rad/Schiene - Technik', *Eisenbahntechnische Rundschau*, No 7/8, Darmstadt.

40. Roumeguère, Ph. (1985), 'Les Inastallations Fixes du TGV Deux Ans après leur Mise en Service', *Rail International*, Vol. 8/9.

41. Profillidis, V. (1994), *Transport Economics*, Democritus University Press.

42. UIC (1991), *Pour une Transformation du Système Ferroviaire International dans le Cadre d'une Politique Nouvelle des Transports en Europe*, Paris.

43. ECMT (1994), *Internalizing the Social Cost of Transport*, Paris.

43a. Estival, J. -P. (1988), *Rapport de Mission sur les Méthodes des Coûts Marginaux utilisés au sein des Réseaux du Groupe des Dix*, CEE-UIC.

44. RGCF (1991), *Dix Ans de TGV*, October 1991.
45. Roumeguère, Ph. (1994), 'Le Schéma Directeur Français des Liaisons à Grande Vitesse', *RGCF*, June-July 1994.
46. Brand, M.M., Lucas, M.M. (1989) 'Operating and Maintenance Costs of the TGV High Speed Rail System', *American Society of Civil Engineers (ASCE), Journ. of Transp. Eng.*, Vol. 115, No 1.
46a. Lammich, K. (1994), 'Deutschland nach dem Tarifaufhebungsgesetz: Was bleibt übrig von der Kontrollierten Verkehrsmarketordnung', *Deutsher Verkehrs*, No 1-2, Hamburg.
46b. Pintag, G. (1989), 'Capital Cost and Operations of High Speed Rail System in West Germany', *ASCE, Journ. of Transp. Eng.*, Vol. 115, No.1.
46c. Profillidis, V. (1987), 'A Methodology of Quantification of the Public Benefit that the Railways offer to the Society and a New Approach for the Appreciation of the Management of the Railway Undertaking', *XVII Panamerican Railway Congress Association*.
47. Profillidis, V. (1990), 'Light Rail Technologies in the 1990s', *International Conference on Electric Transport*, November 1990, Basel.
47a. Profillidis, V. (1995), 'Light Rail Transit Systems: Present Trends and Future Prospects', *Journ. of Light Rail Transit Association*, January 1995, London.
47b. ECMT (1994), *Light Rail Transit System*, Paris.
47c. ECMT (1992), *Guided Transport in 2040*, Paris.
48. Profillidis, V. (1991), 'Combined Transport between Greece, Europe and the Middle East-Present Trends and Future Prospects', *International Conference, University of Trieste*, September 1991.
49. ECMT (1986), *The Cost of Combined Transport*, Paris.
49a. Institute of Transport, University of Trieste (1994), *Logistics and Transport in Europe for the Year 2000*, International Seminar, Trieste.
49b. ECMT (1993), *Possibilities and Limitations of Combined Transport*, Round Table 91, Paris.
50. Legrand, P., Chubaneix, J.-P. (1994), 'Sirène, le Serveur International pour la Réalisation des Echanges Normalisés en Europe', *RGCF*, April 1994.
51. Rigaud, G., Ousten, J. (1992), 'Chemins de Fer et Energie', *RGCF*, December 1992.
52. Auzannet, P., Bellaloum, Ad. (1993), 'Le Coût des Transports pour la Collectivité', *RGCF*, March 1993.

53. Raschbichler Hg. (1992), 'Die Mangetschnellbau Transrapid-Ein Neues Verkehrsystem für des Personen - und Gütertransport', *Zeitschrift für Eisenbahnwesen und Verkehrestechnik*, No 8-9, Berlin.

53a. Roumeguère Ph. et al. (1998), 'Les Réseaux Ferroviaires Européens', *RGCF*, February 1998.

CHAPTER 2

54. Sauvage, R., Richez G. (1978), 'Les Couches d' Assise de la Voie Ferrée', *RGCF*, December 1978.

55. Profillidis, V. (1983), *La Voie Ferrée et sa Fodation-Modélisation Mathématique*, Ph.D. Thesis, Ecole Nationale des Ponts et Chaussées, Paris.

56. Prud' homme, A. (1970), 'La Voie', *RGCF*, Paris, January 1970.

56a. Bonnett, C.F. (1992), 'Trackwork for Lightweight Railways', *Proceedings of the Institution of Civil Engineers*, Part 1.

57. Bendat, J., Piersol, A. (1971), *Random Data: Analysis and Measurement Procedures*, Wiley, New York.

58. Ohyama, T. (1992), 'Adhesion Characteristics of Wheel-Rail System and its Control at High Speeds', Quarterly Report, *RTRI*, Tokyo, Vol. 33, No 1.

59. Organisme des Recherchers et d' Essais (ORE), Committee C152, Report (RP) No. 2 (1983), *Preliminary Study concerning the Application of the Mathematical Methods for Characterizing the Vehicle-Track Interaction*, Utrecht.

60. Deutsche Bundesbahn (1993), *Bundesbahn - Zentralamt München*, DB-TL 918235.

61. ORE, C116, RP 10 (1981), *Study of Optimum Rail Inclination and Gauge Related to Wheel Profiles adapted to Wear*, Utrecht.

61a. Kalker, J. (1967), *On the Rolling Contact of Two Elastic Bodies in the Presence of Dry Friction*, Ph. D. Dissertation, Delft.

62. Esveld, C. (1978), *Spectral Analysis of Track Geometry for Assessing the Performance of Maintenance Machines*, ORE, DT 77, Utrecht.

63. ORE, D 161, RP 4 (1987), *The Dynamic Effects due to Increasing Axle Loads from 20 to 22.5 t*, Utrecht.

63a. Kaess, G., Theiss, H. (1984), '*Der Oberbau auf den Neubaustrecken der DB*', Eisenbahningenieur, Vol. 9.

63b. Tassily E. (1998), '*Interaction Dynamique Voie/Roue: Modèles Existants et Perspectives de Recherche*', RGCF, Paris, July-August 1998.

64. Profillidis, V., Kouparoussos, A. (1984), 'Mechanical Behaviour of the Railway Subgrade', *KEDE, Scient. Bulletin of the Ministry of Public Works of Greece*, Vol. 3-4, Athens.

65. UIC, Fiche 719 (1994), *Ouvrages en Terre et Couches d' Assise Ferroviaires*, Paris.

66. UIC, Question 7H14 (1978), *Adaptation de la Plate-forme dans l' Optique des Circulations à Grande Vitesse et de l' Augmentation de la Charge par Essieu*, Paris.

67. Deutsche Bundesbahn (1974), *Vorläufige Richtlinien für Plannung und Herstellung der Erdbauwerke von Strecken mit hohen Geschwingdigkeit*, OS 836/2.

68. Hartmark, H. (1979), 'Frost Protection of Railway Lines', *Engin. Geology*, Vol. 13, Amsterdam.

69. Ayres, D. (1961), 'The Treatment of Unstable Slopes and Railway Track Formations', *Journ. of the Soc. of Engineers*, Vol. 52, No. 4, London.

70. Sugiyama, T., Okada, K., Muraishi, H. (1993), 'Development of Method for Predicting Railway Embankment Collapse due to Rainfall Based on Damage Examples', Quarterly Report, *RTRI*, Tokyo Vol. 34, No. 4.

71. Taillé, J.-Y. (1992), 'TGV Nord et Géologie', *RGCF*, January-February 1992.

72. Tirant, P., Sarda, J. (1965), 'Chargements Répétés des Sols Fins Compactés et Non Saturés', *Bull. de Liais. des Labor. des Ponts et Chaussées*, (LCPC), July-August 1965.

73. Sauvage, R., Langlade, J. (1981), 'L' Utilisation des Géotextiles dans les Plates-formes Ferroviaires de la SNCF', *RGCF*, July-August 1981.

74. Profillidis, V. (1985), *Geotextiles-Mechanical and Hydraulic Behaviour-Applications*, Textbook, Thessaloniki.

75. Rankilor, D. (1981), *Membranes in Ground Engineering*, John Wiley.

76. Perrier, H. (1983), *Sol Bicouche Renforcé par Géotextile*, LCPC, Paris

77. ORE, D117, RP15, 16 (1981), *Filtration et Drainage*, Utrecht.

78. SNCF (1982), *Ouvrages en Terre Armée*, Paris.

79. République Française, Ministère des Transport (1979), *Ouvrages en Terre Armée-Recommandations et Règles d'Art*, Paris.

79a. Caillou, J., Vallet, D., Cervi, G. (1994), 'La Voie sans Ballast - Vers une Solution pour les Grandes Lignes', *RGCF*, June-July 1994.

80. Rowe, K. (1984), 'Reinforced Embankments: Analysis and Design', ASCE, *Journal of the Geotechnical Engineering Division* (JGED), Vol. 110, No. 2.

CHAPTER 4

81. Eisenmann, J. (1977), *Die Schiene als Träger und Fahrbahn*, Verlag Ernst, Berlin.
81a. Zimmermann (1941), *Die Berechnung des Eisenbahnoberbaues*, Third Edition, Wilhelm Ernst und Sohn, Berlin.
82. Hill, R. (1950), *The Mathematical Theory of Plasticity*, Oxf. Univ. Press.
83. Chang, C., Adegoke, C., Sellig, F. (1980), 'Geotrack Model for Railroad Track Performance', *ASCE, J.G.E.D.*, Vol. 106, No. GT 11.
84. Desai, C., Siriwardane, H.(1982), 'Numerical Models for Track Support Structures', *ASCE, J.G.E.D.*, Vol. 100, No. GT3.
85. Zienkiewicz, O. (1980), *The Finite Element Method in Engineering Science*, McGraw-Hill.
86. Imbert, J. (1979), *Analyse des Structures par Eléments Finis*, Editions Cepadues, Toulouse.
87. Zienkiewicz, O,. Valliapan, S., King, I. (1969), 'Elastoplastic Solutions of Engineering Problems. Initial Stress-Finite Element Approach', *Int. Journ. of Num. Meth. in Engin.*, Vol. 1.
88. Salençon, J., Halphen, B. (1984), '*Elasto-plasticité*', ENPC.
89. Ecole Polytechnique (1972), *Plasticité et Visco-plasticité*, Seminar, Paris.
90. Drucker, D. (1951), 'A More Fundamental Approach to Plastic Stress-Strain Relations', *Proceeding, 1st U.S. Nat. Congr. Appl. Mech.*
91. Profillidis, V. (1986), 'Applications of Finite Element Analysis in the Rational Design of Track Bed Structures', *Computers and Structures*, Vol. 22, No. 3.
92. Profillidis, V., Humbert, P. (1986), 'Etude en Elastoplasticité par la Méthode des Eléments Finis du Comportement de la Voie Ferrée et de sa Fondation', *Bull. de Liaison des Laboratoires des Ponts et Chaussées*, Vol. 141.
93. Profillidis, V. (1985), 'Three-Dimensional Elasto-Plastic Finite Element Analysis for Track Bed Structures', *Civil Engineering for Practicing and Design Engineers*, Vol. 4, No. 9.

94. Lopez Pita, A., Oteo Mazo, C. (1978), 'Análysis de la Deformabilidád de una Via Férrea Mediante el Método de Elementos Finitos', *AIT*, No. 15.

95. Profillidis, V., Poniridis, P. (1990), 'Non-linear Analysis of Metropolitan Railway on Reinforced Concrete Slab', *Scientific Bulletin of the Ministry of Public Works of Greece*, Vol. 105-106, Athens.

96. Profillidis, V., Poniridis, P. (1986), 'The Mechanical Behaviour of the Sleeper-Ballast Interface', *Computers and Structures*, Vol. 24, No. 3.

97. Prud'homm, A. (1976), 'Les Problèmes que Pose pour la Voie la Circulation des Rames à Grande Vitesse', *RGCF*.

98. ORE, D 71, RP 9, RP 10 (1978), *Stress in the Track, Ballast and the Subgrade under the Action of Repeated Loading*, Utrecht.

99. ORE, D 117, RP 18, RP 25, RP 27, RP 28, RP 29 (1984), *Optimum Adaptation of the Conventional Track to Future Traffic*, Utrecht.

100. Deutsche Bundesbahn (1978), *Herstellung von Planumsschutzschichten aus Korngemischen*, München.

101. Frederick, C. (1987), 'Vibrations in Ground: Railway Induced Ground Vibrations', *Rail International*, October 1987.

102. Girardi, L. (1981), 'Propagation des Vibrations dans les Sols Homogènes ou Stratifiés', *Inst. Techn. du Bat. et des Trav. Publ.*, No 397.

103. Gutowski, T., Dym, C. (1976), 'Propagation of Ground Vibration: a Review', *Journ. of Sound and Vibration*, No. 49.

104. Clement, H. (1994), 'Les Voies Ferrées de Metro et la Protection de l' Environnement en Milieu très Urbanisé', *RGCF*, April 1994.

104a. Wayson, R.L., Bowlby, W. (1989), 'Noise and Air Pollution of High-Speed Rail Systems', *ASCE, Journ. of Transp. Eng.*, Vol. 115, No. 1.

104b. Japan Environment Agency (1985), 'Further Measures for Achieving Environmental Quality Standards for Shinkansen Railway Noise', *Jap. Envir. Sum.*, Vol. 13.

105. ORE, C 137, RP 12 (1981), *'Railway Noise: Measurements of the Running Noise caused by Trains on Different Types of Bridges'*, Utrecht.

106. The Institution of Civil Engineers (1984), *Track Technology*, Conference Proceedings, Nottingham.

106a. Shenton, M. (1982), *Track Standards for High Speed Trains*, ORE Colloquium, Arrezo (Italy).

107. Alias, J. (1982), 'Sans Bonnes Voies , pas de Chemin de Fer Sûr', *Le Rail et le Monde*, No. 17.

107a. Zicha, J.H. (1989), 'High Speed Rail Track Design', *ASCE, Journ. of Transp. Eng.*, Vol. 115, No. 1.

108. Wiley, R. (1975), *Advanced Engineering Mathematics*, McGraw-Hill.

CHAPTER 5

109. Profillidis, V. (1991), 'Mechanical Behaviour of the Rail', *Professor G. Nitsiotas's Honorary Volume*, University of Thessaloniki.
110. Dang Van, K., Gence, P. (1978), 'Evolution des Critères de Fatigue-Application au cas des Rails', *RGCF*, December 1978.
111. Eisenmann, J. (1970), 'Stress Distribution in the Permanent Way due to Heavy Axle Loads and High Speeds', *AREA*, Vol. 71.
112. Fowler, G. (1976), *Fatigue Crack Initiation and Propagation in Pearlitic Rail Steels*, Ph. D. Thesis, Univ. of California.
113. ORE, D71, RP2 (1966), *Stress Distribution in the Rails*, Utrecht.
114. ORE, D117, RP3 (1973), *Rail Behaviour in Relation to Operation Conditions*, Utrecht.
115. Lévy, D. (1989), 'Conception d' un Système de Mesure et d' Analyse de l'Usure Ondulatoire des Rails', *RGCF*, May 1989.
116. Mair, R., Groenhout, P. (1981), 'Croissance des Defectuosités Transversales dues à la Fatigue dans le Champignon des Rails de Chemin de Fer', *Rail International*, February 1981.
117. Sauvage, R., Amans, F. (1969), 'Railway Track Stability in Relation to Transverse Stresses exerted by Rolling Stock - A Theoretical Study of Track Behaviour', *Rail International*, November 1969.
118. Sauvage, R., Pascal, P. (1990), 'Nouvelle Méthode de Calcul des Efforts Dynamiques entre les Roues et les Rails', *RGCF*, December 1990.
119. Sperring, D., Squiers, J. (1983), 'Rail Wear and Associated Problems', *British Railway Track Course*.
120. Profillidis, V. (1986), 'Continuous-Welded Rail', *Bulletin of Greek Civil Engineers*, No. 172, Athens.
121. Timoshenko, S., Langer, B. (1932), 'Stress in Railroad Track', *ASME*, Vol. 54.
122. Panagiotopoulos, P. D. (1985), *Inequality Problems in Mechanics and Applications-Convex and Non-Convex Energy Functions*, Birkhäuser Verlag.
122a. Panagiotopoulos, P.D. (1993), *Hemivariational Inequality-Applications in Mechanics and Engineering*, Springer.
123. Tassily, E. (1987), 'Propagation des Ondes de Flexion dans la Voie Ferrée considerée comme un Milieu Périodique', *RGCF*, March 1987.

124. Tounend, P. (1980), 'Analyse de la Probabilité et Coût des Défauts en Forme de Tache Ovale dus à la Fatigue des Voies en Alignement et en Courbe dans des Conditions de Fortes Charges par Essieu', *Rail International*, July-August 1980.

124a. Alfelor, R. M., Mc Neil, S. (1994), 'Heuristic Algorithms for Aggregating Rail-Surface-Defect Data', *ASCE, Journ. of Transp. Eng.*, Vol. 120, No. 2.

125. Yasojima, Y., Machii, K. (1965), 'Residual Stresses in the Rail', *Permanent Way*, No. 26, Vol. 8, Society of Japan.

126. UIC (1979), *Catalogue of Rail Defects*, Paris.

127. Edel, K., Ortmann, R. (1990), 'Fracture-Mechanical Characteristics of Rail Materials', *Rail International*, August-September 1990.

128. ORE, DT 119 (1981), *Etude de l' Influence du Chargement des Essieux sur le Tassement de la Voie*, Utrecht.

129. ORE, D 141, RP 2 (1979), *Influence at the Track of an Increase of Mass Axle from 20 to 22.5 t*, Utrecht.

130. ORE, D 141, RP 1 (1979), *Statistical Study of the Evolution of Rail Defects in Relation to the Medium Axle Mass*, Utrecht.

131. Zarembski, A. M. (1979), 'Effect of Rail Section and Traffic on Rail Fatigue Life', *American Railway Engineering Association*, Bulletin 673, Vol. 80.

132. Matsuura, A. (1992), 'Dynamic Interaction of Vehicle and Track', *Quarterly Report*, RTRI, Vol. 33, No. 1, Tokyo.

133. Orringer, O. Morris, J. M., Steele, R. K. (1984), 'Applied Research on Rail Fatigue and Fracture in the United States', *Theoretical and Applied Fracture Mechanics*, Vol. 1.

133a. Gence P. (1998), 'Cinquante Ans des Recherches Metallurgiques dans le Domaine du Rail', *RGCF*, July-August 1998.

133b. Fortin J.-P. (1998), 'Interaction Voie et Longs Rails Soudés', *RGCF*, March 1998.

CHAPTER 6

134. FIP (Fédération Internationale de la Précontrainte) (1987), *Concrete Railway Sleepers*, Thomas Telfod Editions, London.

135. ORE, D71, RP8 (1973), *Load Distribution under the Sleeper*, Utrecht.

136. Buekette, J. (1983), 'Concrete Sleepers', *Track Course*, RIA, London.

136a. American Railway Engineering Association (1982), *Concrete Ties*.

137. SATEBA (1992), *Twin-Block Railway Sleepers*, Paris.

137a. Hodgson, W.H. (1983), 'Steel Sleepers', *Track Course*, RIA, London.

138. ORE, D 71 (1973), *Sollicitation de la Voie, du Ballast et de la Plate-forme*, Utrecht.

139. Bonewitz, W., Fuhrer, G. (1992), 'Einsatz von Elastomeren bei Shienen-befestigung bei Eisenbanhen und Nahverkehrsbanhen', *Die Bundesbahn*, No. 3, Darmstadt.

140. Lindsey, D. (1983), 'Rail Track Fastenings', *Track Course*, RIA, London.

141. ORE, D11, RP1 (1974), *Methods of Fastening Rails to Sleepers*, Utrecht.

142. Watanabe, J. (1980), 'Engineering of Rail Fastening', *Japan. Rail. Eng.*, Vol. 19, No. 45.

143. Sauvage, R., Errieau, J. (1970), 'Les Poses de Voie sans Ballast', *RGCF*, March 1970.

144. Brown, J. (1983), 'Continuous Slab Track', *Track Course*, RIA, London.

144a. Squires, J. H., Sperring, D. G. (1983), 'Theory and Development of Resilient Pads', *Track Course*, RIA, London.

144b. Eisenmann, J. (1977), *Investigations into Behaviour of Plastic Pads.*

144c. Zarembski: A. (1997), 'The Use of Timber Sleepers in Main Tracks', World Railway Equipment, *IRCA*, Brussels.

CHAPTER 7

145. Profillidis, V. (1988), 'Mechanical Behaviour of the Railroad Ballast', *1st Panhellenic Congress of Geotechnical Mechanics*, Athens.

146. Raymond, G., Davies, J. (1978), 'Triaxal Tests on Dolomite Railroad Ballast', *ASCE, Journ. of the Geotechn. Engin. Div.*, Vol. 104, No. GT6.

147. Brown, S. (1978), 'Repeated Load Testing of a Granular Material', *ASCE, Journ. of the Geotechn. Engin. Div.*, Vol. 104, No. GT6.

148. Lopez Pita, A. (1977), 'Analyse de la Déformabilité du Ballast au moyen d' Essais en Laboratoire', *Associación de Investigation del Transporte*, Madrid.

149. Hartmark, H. (1979), 'Frost Protection of Railway Lines', *Engineering Geology*, Vol.13.

150. Gray, P.S. (1983), 'Structural Requirements and Specifications of Ballast', *Track Course*, RIA, London.

151. ORE, D 117, RP 5 (1974), *Deformation of Track Ballast under Repeated Loading*, Utrecht.

152. SNCF (1979), *Constitution de la Voie Courante*, Paris.

153. ORE, D 117, RP 28 (1983), *Tables for the Behaviour of the Track-Subgrade System.* Utrecht.

153a. Wilmott, D. J. (1983), 'New Track Construction', *Track Course*, RIA, London.

CHAPTER 8

154. Profillidis, V. (1987), 'Parametric Analysis of Transverse Track Resistance and Application to the Design of the Ballast Section', *KEDE, Scient. Bulletin of the Ministry of Public Works of Greece*, Vol. 1-2, Athens.
155. ORE, C138, RP8 (1984), *Permissible Maximum Values for the Y- and Q- Forces and Derailment Criteria*, Utrecht.
156. Moreau, A. (1987), 'La Vérification de la Sécurité contre le Déraillement', *RGCF*, April 1987.
157. Amans, F., Sauvage, R. (1969), 'La Stabilité de la Voie vis-à-vis des Efforts Transversaux Exercés par les Véhicules', *Annales des Ponts et Chaussées*, Vol. 1.
157a. Erchkov, O. P., Kartzev, V. J. (1980), 'Recherches Théoriques et Expérimentales sur les Mouvements des Véhicules Ferroviaires Circulant à une Vitesse de 200 km/h et Exigences Relatives à l'Entretien des Lignes à Grande Vitesse', *Rail International.*
158. ORE, C138, RP5 (1980), *Effect of Train Speed on the Permissible Maximum Value of Load ΣY=S from the Point of View of Track Displacement*, Utrecht.
159. ORE, D117, RP8 (1976), *Influence of Various Measures at the Lateral Resistance of an Unloaded Track*, Utrecht.
160. ORE, C138, RP7 (1982), *Influence des Variations Oscillatoires de la Charge d' Essieu sur la Valeur Maximale Admissible de l' Effort Transversale du Point de Vue de Déripage de la Voie*, Utrecht.
161. ORE, B55, RP8, (1983), *Prevention of Derailment of Goods Wagons on Distorted Tracks*, Utrecht.

CHAPTER 9

162. UIC, 703R (1989), *Layout Characteristics for Lines Used by Fast Passenger Trains*, Paris.
163. Bourguet, A., Joly, R. (1993), 'Rail Vehicle Operation on Curves with Constant Radius and with Variable Radius', *Rail International*, December 1993.
163a. Taille, J.-Yv. (1990), 'Naissance d' une Ligne Nouvelle-Les Etudes de Tracé', *RGCF*, Paris.

164. Gubar, J. (1990), 'Railway Transition Curve Planning Methods', *Rail International*, April 1990.

165. Esveld, C. (1991), 'Digital Assessment of Geometrical Track Quality', *Rail International*, April 1991.

166. Hofer, M. (1964), *Absteken von Kreisbogen*, Springer.

166a. Busdy, R.H., Drake, D.G.H. (1983) 'Feasibility Studies and Outline Design', *Track Course*, RIA, London.

166b. Adler, H. (1987), *Economic Appraisal of Transport Projects*, The Word Bank, Washington.

166c. Roe, M. (1987), *Evaluation Methodologies for Transport Investment*, Avebury, Aldershot.

CHAPTER 10

167. Oeconomos, J. (1987), 'Les Nouveaux Appareils de Voie UIC 60 de la SNCF', *RGCF*, March 1987.

168. Bourda, A. (1991), 'Un Système d' Information pour les Postes d' Aiguillage et de Circulation', *RGCF*, January 1991.

169. Lugg. P. (1983), 'Crossings and Turnouts', *Track Course*, RIA, London.

170. ORE, C 138, RP 8 (1984), *Permissible Maximum Values for the Y- and Q- Forces and Derailment Criteria*, Utrecht.

171. Deutsche Bundesbahn (1988), *Merkblatt für den Entwurf von Gleisan-schlüssen*, Frankfurt.

CHAPTER 11

171a. Profillidis, V. (1986), 'Basic Principles for the Track Maintenance Works', *Technika Chronika*, Vol. 6, Issue 3, Athens.

172. Janin, G. (1982), 'La Maintenance de la Géometrie de la Voie', *RGCF*, June 1982.

173. ORE, D117, RP2, RP7 (1973), *Etude de l' Evolution du Nivellement en Fonction du Trafic et des Paramètres d' Armement*, Utrecht.

174. ORE, C9, RP9, *'Tolérances en Service Admises dans la Super-structure de la Voie en Relation avec son Etat et la Marche des Véhicules'*, Utrecht.

175. Lewis R. (1983), 'Track Recording Machines', *Track Course*, RIA London.

176. Collins R. (1983), 'Heavy Duty High Speed Lines', *Track Course*, RIA London.

177. Thomas, Cl., Vallée, Cl. (1992), 'TGV Nord-L' Entretien des Installations Fixes', *RGCF*, January-February 1992.
178. Tardieu Gaspar J.E. (1983), 'Algunas Consideraciónes sobre la Renovación de Via', AIT, No. 53, Madrid.
179. Sasama, H. (1994), 'Maintenance of Railway Facilities by Continuously Scanned Image Inspection', *Japan Rail. Eng.*, Vol. 33, No. 2, Tokyo.
180. Renaux, Ph., Bergeon, D. (1994), 'La Voiture de Mesure de la Géometrie de la Voie de la RATP', *RGCF*, May 1994.
180a. Nozawa, D. (1980), 'Present Condition of Track Maintenance', *Japan. Rail. Eng.*, Vol. 20, No. 3, Tokyo.
180b. Waghorn, D.W. (1983), 'Weed Control', *Track Course*, RIA, London.
180c. Hilgenstock H., Wenty R. (1996), 'Spot Maintenance of Plain Track Switches and Crossing: Achieving Rationalisation by means of Mechanisation' *Rail Engineering International*, Vol. 3.
180d. Izzard W. (1997), 'Train Maintenance in Modern Rail Systems, World Railways Equipment', *IRCA*, Brussels.

CHAPTER 12

181. Metzler, J.-M. (1989), *Géneralités sur la Traction*, ENPC, Paris.
182. ABB (1992), *Traction Vehicle Technic for All Applications*, Mannheim.
183. SNCF (1988), '*La Dynamique du Mouvement des Trains*', Paris.
184. Bianchi, C. (1980), 'Fenomeni Aerodinamici della Marchia Veloce in Galleria, *Tecnica Professionale*, February 1980, Roma.
184a. Moritoh, Y., Zenda, Y. (1994), 'Aerodynamic Noise of High Speed Railway Cars', *Japan. Rail. Eng.*, Vol. 34, No. 1, Tokyo.
185. Cuicheu, C. (1982), 'La Résistance à l' Avancement', *RGCF*, January 1982.
186. Lacôte, F. (1992), 'The Limits of the Wheel-Rail Contact System', *Rail International*, June - July 1992.
186a. UIC, *Codes for Braking*: 540 V, 544-1, 543 VE, Paris.
186b. Wende, D. (1983), *Fahrdynamic*, Transpress VEB Verlag für Verkehrswesen.
187. Boiteux, M. (1990), 'Influence de la Vitesse et de Différents Paramètres Constructifs sur l' Adhérence en Freinage', *RGCF*, July-August 1990.
188. Leluan, A. (1990), 'Méthodes d' Essais de Fatigue et Modèles d' Endommagement pour les Structures de Véhicules Ferroviaires', *RGCF*, December 1992.

189. Edel, K.-O., Shaper, M. (1992), 'Fracture Mechanics Fatigue Resistance Analysis of the Crack - Damaged Tread of Overbraked Solid Railway Wheels', *Rail International*, November 1992.
190. Joly, R. (1988), 'Circulation d' un Véhicule Ferroviaire en Alignement et en Courbe-Bogie à Essieux Auto-Orientés', *Rail International*, April 1988.
191. Pyrgidis, Ch. (1990), *Etude de la Stabilité Transversale d' un Véhicule Ferroviaire en Alignement et en Courbe-Nouvelles Technologies des Bogies-Etude Comprarative*, Ph. D. Thesis, ENPC.
192. Tsujimura T., Takao K. Sato K. (1993), 'Recent Trend of Brake Disc Material', *Japan Rail. Eng.*, Vol. 32, No. 3, Tokyo.
193. La Vie du Rail (1993), *L' Art de Faire Pencher les Trains*, November 1993.
194. Boutonnet, J.-Cl. (1993), 'Où en sont les Sybic', *RGCF*, November 1993.
195. Yamanaka, T. (1995), 'Vehicle Design Concept Towards 21st Century', *Japan Rail Eng.*, Vol. 32. No. 4, Tokyo.
195a. Profillidis V. (1998), 'A Survey of Operational Technical, and Economic Characteristics of Tilting Trains, *Rail Engineering International*, Vol. 2.

CHAPTER 13

196. Bethge, W. (1990), 'Sicherung der Anlagen der Deutschen Bundesbahn gegen Electromagnetische Beeinflusung', *Glassers Annalen*, No. 5.
196a. Barwell, A.P. (1983), 'Route Survey for Electrification', *Track Course*, RIA, London.
197. Suddards, A.D. (1983), 'Electrification, Construction and Installation', *Track Course*, RIA, London.
198. Metzler, J.-M. (1990), *La Traction Electrique*, ENPC.
199. Irsigler, M. (1990), 'Guidelines for Construction and Maintenance of Overhead Line System on High-Capacity Lines', *Rail International*, June-July 1990.
200. Luppi, J., Lamon, J-P. (1992), '*La Caténaire 25 KV*', RGCF, March 1992.
201. Obermayer, H.J. (1986), '*Taschenbuch Deutsche Electrolokomotiven*', Franck'sche Verlangschandlung, Stuttgart.
202. Jutard, M., Fitaire, M., Le Duc, E. (1989), 'Moyens d' Etude des Arcs de Rupture du Contact Pantographe-Caténaire', *RGCF*, November 1989.

203. Köck, F. (1990), 'Fahrzengdiagnose der ICE – Triebkopfe und anderer Hochgeschwindigkeitsfahrzeuge', *ETR*, No. 6.

204. Kobayaski, T., Ikeda, K. (1994), 'Development of New Types of Contact Wire for High Speed Train on Shinkansen', *Japan. Rail. Eng.*, Vol. 34, No. 1, Tokyo.

205. Nagosawa H., Murashima O. (1993), 'Development of High-Speed Section Insulator for Contact Line', *Japan. Rail. Eng.*, Vol. 32, No. 4, Tokyo.

206. Hill, R.J., Pozzobon, P. (1996), 'Interactions between 3KV DC and 25KV/ 50Hz Traction Systems for High-Speed Railways', *Rail Engineering International*, Vol. 3, 1996.

207. Gigch, V., Duin V., Heijsker V. (1996), 'Sizing the Traction Power Supply System with the Aid of Probability Theory', *Rail International*, January 1996.

208. Daffos J. (1998), 'Mesures des Effores d' Inscription de Divers Wagons dans le Courbe de Rungis', *RGCF*, Paris, July-August 1998.

209. Raison J. (1998), 'Les Equipements de Frein des Rames TGV', *RGCF*, March 1998.

210. Lacôte F., (1998), 'Les Mutations du Matériel et de la Traction au xx Siècle', *RGCF*, July-August 1998.

철도공학 개론
Railway Engineering

초판 1쇄 인쇄일 2004년 4월 30일
초판 1쇄 발행일 2004년 5월 7일

저   자   V. A. Profillidis
역   자   서사범
발 행 인   서정임

발 행 처   도서출판 BG북갤러리
등록일자   2003년 11월 5일(제318-2003-00130호)
주   소   서울시 영등포구 여의도동 14-13번지 가든빌딩 608호
전   화   02)761-7005(代)
팩   스   02)761-7995
http://www.bookgallery.co.kr
E-mail : cgjpower@yahoo.co.kr

값 25,000원

* 저자와 협의에 의해 인지는 생략합니다.
* 잘못된 책은 바꾸어 드립니다.

ISBN 89-91177-00-X 93530